SISTEMAS DE INNOVACIÓN EN MÉXICO: REGIONES, REDES Y SECTORES

Sistemas de Innovación en México: regiones, redes y sectores

Daniel H. Villavicencio Carbajal
Pedro L. López de Alba
(coordinadores)

CONCYTEG
Complejidad, Ciencia y Sociedad
CONACYT
Consejo Nacional de Ciencia y Tecnología
PLAZA Y VALDES
P Y V
EDITORES

Primera edición: diciembre 2009

Plaza y Valdés, S.A. de C.V.
Manuel María Contreras 73. Colonia San Rafael
México, D.F., 06470. Teléfono: 5097 20 70
editorial@plazayvaldes.com

Calle de las Eras 30, B.
28670, Villaviciosa de Odón.
Madrid, España. Teléfono: 91 665 89 59
madrid@plazayvaldes.com
www.plazayvaldes.com

ISBN: 978-607-402-193-6

Impreso en México / *Printed in Mexico*

Índice

Introducción

La globalización y la necesidad de incrementar las condiciones de competitividad de las empresas y los países, pusieron de manifiesto durante los años noventa la obsolescencia de aquellos modelos de política industrial, científica y tecnológica basados en la oferta de instrumentos sin discriminar sectores y regiones. Se trató de modelos que poco tomaban en cuenta las diversas dimensiones que implican los procesos de innovación y las cambiantes condiciones de la demanda de conocimientos científico y tecnológico.

La innovación es un proceso multidimensional de creación y nuevos usos del conocimiento que requiere de la combinación de factores como capital, recursos humanos, infraestructura y oportunidades de mercado. Requiere, asimismo, de procesos de aprendizaje tecnológico y organizacional, así como de la exploración y explotación de oportunidades tecnológicas y comerciales.

Es una actividad que se realiza principalmente en las empresas, pero que conlleva relaciones de éstas con diversos actores dentro y fuera del mercado (clientes, proveedores, agencias intermedias, universidades y centros de investigación). Así pues, para que una empresa logre capitalizar sus experiencias de aprendizaje en innovación, necesita de un entorno institucional capaz de ofrecer servicios tecnológicos, programas de fomento, flujos de conocimiento, redes de cooperación con otros agentes y diversos incentivos.

En este marco y partiendo de la premisa de que la innovación es base de la competitividad y de la creación de nueva riqueza, muchos países reformularon sus políticas de ciencia, tecnología e innovación (CT+I) en la década pasada, con el propósito de asegurar condiciones institucionales para promover nuevas formas de producción, difusión y apropiación del conocimiento, y nuevos mecanismos de transferencia de tecnología y de aceleración de las capacidades de innovación de las empresas.

Aquí surgen algunas interrogantes para el caso de México. ¿Existen políticas encaminadas a acelerar los procesos de innovación? ¿Existen entornos que ofrecen condiciones favorables a la acumulación de capacidades tecnológicas? Más aún, ¿cuáles han sido las vías exitosas de procesos de aprendizaje e innovación que sería necesario replicar? Sin pretender ser exhaustivos, los artículos reunidos en este volumen ofrecen elementos de respuesta a estas preguntas desde diversos ángulos y abordajes empíricos.[1]

Los sistemas de innovación

A finales de los años ochenta aparece el concepto de Sistema Nacional de Innovación (SNI), como reflejo del éxito japonés en la implementación de políticas industriales y tecnológicas que dieron empuje y dinamismo a su economía (Freeman, 1988). De alguna forma, el caso fue paradigmático y dio origen a una serie de estudios comparativos sobre las condiciones y logros en otros países (Nelson, 1993; Edquist, 1997).

De la noción de SNI derivaron reflexiones interesantes sobre el carácter sistémico y multidimensional del proceso de innovación, así como recomendaciones de política que muchos países intentaron adoptar durante los años noventa. Incluso organismos internacionales recomendaron el uso de los instrumentos y del concepto mismo de SNI para definir las estrategias de innovación y competitividad en el marco del proceso de globalización de la economía, primero, y posteriormente, en el contexto de lo que se denominó la economía del conocimiento (OCDE, 1998).

Sin embargo, desde la perspectiva de sus manifestaciones empíricas, el concepto de SNI presenta problemas metodológicos. Haciendo referencia a la dimensión nacional, podemos preguntarnos si incluye todas las industrias, empresas y sectores de un país, o, por el contrario, qué condiciones se requieren para que dichos actores alcancen el estatus de innovadores. En este sentido, la literatura que surgió en los años noventa con motivo de la exploración empírica de la noción de SNI, da cuenta de la imposibilidad de contar con las condiciones necesarias para que la innovación asuma un carácter nacional en todos los países y, por ello, el concepto debe tomarse más bien como una herramienta analítica para guiar la reflexión y la definición de políticas públicas y estrategias empresariales de aprendizaje e innovación.

Incluso, autores como Amable, Barré y Boyer (1997) mencionan que el concepto y el análisis de los sistemas de innovación debe abarcar otros aspectos más allá de la estricta actividad de las empresas y de los organismos dedicados a los servicios

[1] La mayoría de los textos aquí reunidos fueron presentados y discutidos en el *2º Congreso Internacional de Sistemas de Innovación para la Competitividad*, organizado por el Consejo Estatal de Ciencia y Tecnología de Guanajuato, en agosto de 2007.

tecnológicos, la formación profesional o la investigación científica y tecnológica. Para estos autores, las dimensiones macro —como el sistema financiero, el sistema legal, o también la dinámica de las relaciones políticas— tienen efectos positivos o negativos en el comportamiento de las empresas, por lo que proponen la noción de Sistemas Sociales de Innovación.

La región como espacio de aprendizaje

La innovación resulta de procesos interactivos donde las empresas utilizan recursos propios y externos a través de la cooperación y coordinación con otros actores de su entorno. Para fabricar productos nuevos y diseñar procesos productivos, las empresas adquieren conocimiento y lo combinan con el que ya poseen. La adquisición de dicho conocimiento externo se realiza por diferentes medios, como son consultas de bases de datos, uso de fuentes públicas como revistas o internet, licencias y uso de patentes, o bien, mediante contratos y otras formas de colaboración.

Las empresas contratan servicios de los actores institucionales como bancos, organismos de consultoría y asistencia tecnológica, agencias gubernamentales de información o promoción, instituciones educativas para la formación profesional y la capacitación, principalmente en el espacio en que se desenvuelven. Además de aspectos relacionados con la proximidad o la lejanía de los servicios y los costos que representan, existe una dimensión más social referente a interacciones directas y de confianza que se establecen entre entidades que comparten un mismo territorio. Así pues, una región puede ofrecer proximidades geográfica (física) y socio-cognoscitiva a los actores, lo cual se traduce en ventajas tangibles (infraestructura) e intangibles (conocimiento). En este sentido, y como hipótesis exploratoria, varios de los artículos del presente volumen proponen que las ofertas de conocimiento del entorno refuerzan de manera directa las capacidades de aprendizaje tecnológico de las empresas, y a mediano y largo plazos fortalecen su capacidad de competir en el mercado.

Desde la perspectiva de las ventajas intangibles, la proximidad geográfica puede brindar en el mediano y largo plazos las condiciones para crear formas de cooperación como resultado de aglomeraciones positivas, la construcción de un capital social favorable a la promoción de la competitividad (alianzas y empoderamiento de actores institucionales con liderazgo), y aceleración del intercambio de conocimiento. Es desde esta perspectiva que apareció la noción de Sistemas Regionales de Innovación (SRI), con propuestas conceptuales y empíricas más pertinentes para entender los éxitos, asimetrías y dificultades que a nivel de regiones se observaba en diversos países.

La noción tomó origen en los ejemplos de distritos industriales, sistemas productivos locales o *clusters* con anclaje territorial de finales de los años ochenta y principios de los noventa, donde fue posible observar el dinamismo regional con especialización productiva y competitividad en sectores como electrónica, cerámica, textil, metalmecánica, nuevos materiales, cuero y calzado, etc. En estos ejemplos se observó una co-evolución entre innovación empresarial, programas de política pública, capacidades territoriales para atraer inversión, formación de capital humano especializado, así como mecanismos de gobernanza basados en la confianza, en proyectos y riesgos compartidos, en cooperación y asociacionismo.

Autores como Braczyk, Cooke y Heidenreich (1998) analizaron varios ejemplos de Sistemas Regionales de Innovación, cuyos orígenes históricos han dado como resultado formas diferenciadas de desempeño competitivo y de regulación desde el ámbito de las políticas públicas. Como aspecto crucial para el desarrollo y consolidación de capacidades de innovación de los agentes a nivel regional, los autores apuntan la importancia de la densidad de actores y, sobre todo, de las formas de regulación y coordinación de sus interrelaciones (que denominan formas de gobernanza).[2]

Una mayor velocidad e intensidad de la circulación de conocimientos coadyuva a la reducción de brechas cognoscitivas entre agentes, así como a la creación de percepciones e interpretaciones compartidas de los problemas de la región. En el mediano y largo plazos, una visión compartida por los diversos agentes de la región sienta las bases para identificar áreas de oportunidad, la elección de instrumentos y de las estrategias plausibles para impulsar la innovación desde el ámbito de la política pública.[3]

La existencia de empresas junto con sus capacidades productivas y tecnológicas; la existencia de instituciones y el tipo de funciones que desempeñan; las capacidades científicas y tecnológicas acumuladas; las formas (contractuales y tácitas) de intercambio de servicios y los mecanismos para difundir los conocimientos, son todos elementos constitutivos de la dinámica del territorio y coadyuvan a la orientación que toma su devenir. El resultado de la trayectoria puede ser de estancamiento, de desarrollo paulatino o de innovación permanente.

En su proceso de desarrollo, los SRI propician la creación de encadenamientos productivos, de redes de cooperación, y de investigación y desarrollo (I+D) colabo-

[2] Para profundizar en este tema, véase Héraud (2003); Isaksen (2003), Cooke (2004); Doloreux y Parto (2005).

[3] Para una reflexión sobre México, véase los artículos reunidos en Corona (2005), Villavicencio (2006) y Lara (2007).

rativa entre diversas instituciones, y provocan efectos de aglomeración industrial y creación de nuevas cadenas de valor a mediano y largo plazos. Los SRI constituyen ejemplos de descentralización de la producción de conocimiento científico y de las actividades de innovación en territorios donde existen densas relaciones de cooperación y difusión del conocimiento; a veces de manera complementaria a las políticas de promoción nacional de la innovación, a veces como un paliativo a la ausencia de dichas políticas.

La mayoría de los artículos aquí reunidos aborda la dimensión regional y, con ella, el papel de las instituciones como fuentes de conocimiento, como vectores para la implementación de políticas, o como eslabones de un proceso de generación colectiva de capacidades tecnológicas (especialmente los trabajos de J. Carrillo y A. Moloman, A. Moreno y A. Lara, así como A. Martínez).

Sin embargo, y casi de manera inmediata a la reflexión sobre la dimensión regional, aparece una dimensión sectorial de los procesos de innovación. En efecto, las regiones económicamente exitosas en los años ochenta y noventa en Europa occidental, por ejemplo, presentaban un fuerte componente sectorial. Incluso, en algunos casos, el componente sectorial estaba representado por redes muy dinámicas de pequeñas y medianas empresas; redes con claros rasgos de cooperación, confianza y estrecha relación con los poderes públicos locales (Colletis *et al.*, 1990).

La explotación de conocimiento desde la perspectiva sectorial

Asociada entonces a la dimensión regional, la dimensión sectorial se vuelve crucial para entender también los procesos de innovación. No queremos decir que los sectores tienen necesariamente un arraigo territorial regional, tampoco que las regiones estén obligadas a privilegiar de manera exclusiva un sector en detrimento de otros. La dimensión sectorial se antoja más bien transversal a la cuestión regional, nacional y, en ciertos casos, transnacional.

Algunos autores analizan sectores industriales en diversos países con la finalidad de mostrar los rasgos comunes a las empresas y a los procesos de innovación que los componen. Así, partiendo de la noción de Sistemas Sectoriales de Innovación, argumentan la importancia que tiene la base de conocimiento que caracteriza a las empresas de un sector, las instituciones relacionadas con el soporte a la producción y, finalmente, el comportamiento de los agentes y sus interacciones (Malerba, 2004).

Las empresas de un sector pueden ubicarse en diferentes eslabones de una cadena de valor: desde las empresas que fabrican los componentes más sencillos (por lo general pequeñas y medianas empresas), hasta aquellas que se dedican a la fabricación de equipos más sofisticados o a la concepción y diseño de nuevos procesos y productos. Los diferentes eslabones de la cadena pueden localizarse a lo largo y ancho de un país o incluso atravesar sus fronteras, de manera que el sistema sectorial puede comprender cadenas globales de valor. Pero más allá de la cuestión geográfica, lo que importa en la dimensión sectorial es la naturaleza de la tecnología y de los insumos que se utilizan, las características de los productos, las competencias técnicas y organizacionales que requieren las empresas, los campos de conocimiento que comprende el proceso productivo, así como el espectro de innovaciones posibles tomando en consideración la trayectoria de las empresas.

Los aspectos antes mencionados son comunes a las empresas de un mismo sector sin que éstas tengan necesariamente relaciones entre sí. Los cambios que ocurren a nivel institucional tienen un impacto potencial en el conjunto de empresas del sector, como una nueva norma sobre protección del medio ambiente, por ejemplo (véase los trabajos de G. Carrillo y D. Villavicencio). En el centro de la reflexión sobre los sistemas sectoriales, encontramos el tema de la construcción de capacidades tecnológicas, del aprovechamiento de la base de conocimiento existente y de la presencia de macro reglas institucionales favorables a la innovación. Estas reflexiones están presentes en los artículos de D. Villavicencio, R. Gomis y A. Hualde, A. Moreno y A. Lara, y el de A. Martínez.

Una manera de explotar y capitalizar la base de conocimiento existente en un sector surge a través de la cooperación, es decir, de la formación de redes y *clusters* de innovación. De hecho, éstos pueden explotar simultáneamente las ventajas de las dimensiones sectorial y regional. Las redes poseen atributos de flexibilidad y complementariedad, además de que constituyen una entidad que ofrece ventajas para los agentes que las conforman, pues potencian sus capacidades individuales. No son una estructura perfecta, pero a través de la cooperación resuelven problemas de asimetría y de carencias organizacionales y tecnológicas. El artículo de M. Casalet y F. Stezano da cuenta de la importancia de un consorcio de investigación (red) como instrumento favorable a las alianzas de investigación e innovación en sectores tecnológicos de punta.

La dimensión de *cluster* es también analizada por R. Gomis y A. Hualde en el sector del *software*. Sin embargo, los autores ponen en duda la conformación de competencias colectivas para la innovación en el caso estudiado que conjuga, dicho sea de paso, las dimensiones regional y sectorial. En constraste, C. Bueno analiza el caso de un *cluster* en el sector automotriz con dimensiones globales y que se antoja exitoso y favorable al aprendizaje tecnológico de los agentes que lo componen. R. Pacheco va más lejos en su revisión sobre casos exitosos y fracasos, y pone en duda la importancia del *cluster* como instrumento de política. El autor advierte sobre la necesidad de ser rigurosos en las cuestiones teóricas y metodológicas sobre el tema a la hora de promover el desarrollo regional.

La reflexión que hace el autor nos lleva a retomar una cuarta dimensión que aparece en varios de los textos y que es central en la cuestión de los sistemas de innovación. Nos referimos a las políticas públicas, su diseño, instrumentos y formas de implementación desde las perspectivas sectorial, regional o nacional. En este sentido, J. L. Solleiro y co-autores hacen una revisión de funciones, conceptos e instrumentos de política poniendo el acento en la necesaria coherencia que debe darse a la implementación de políticas sectoriales/regionales de innovación a partir de las características y condiciones industriales con que se cuenta.

La dimensión de política pública nos traslada, de nuevo, al tema del desempeño de las instituciones y de los vectores con que promueven (Casalet y Stezano) o, en otros casos, inhiben la innovación (en cierta medida, el artículo de D. Villavicencio). Pero hay otra forma de abordar la dimensión de las instituciones y la política, desde una perspectiva más *societal* y pocas veces analizada, por ejemplo, el tema de la metrología (en Moreno y Lara) o, sobre todo, el tema de la propiedad intelectual que analiza M. Soria. En ambos casos, se trata de la conformación de incentivos indirectos a la innovación.

Mientras que en el tema de la metrología el ejemplo que exploran Moreno y Lara parece ser exitoso tanto para las empresas como para la propia institución analizada, en contraste y desde la perspectiva de políticas de propiedad intelectual, M. Soria apunta que las leyes vigentes y las condiciones macro y meta-institucionales actuales limitan el acceso a algunos campos del conocimiento. Con ello se dificulta el escalamiento de la vía imitativa hacia la vía creativa endógena para las empresas de nuestro país.

Los artículos reunidos en este libro no intentan resolver la pregunta de cómo se han desarrollado sistemas sectoriales o regionales de innovación en México, y tampoco tienen la intención de ofrecer una panorama exhaustivo de casos exitosos o menos exitosos. Por el contrario, el objetivo es mostrar los problemas y tensiones que provoca la dinámica de innovación desde diversos ángulos, a partir de ejemplos concretos en sectores y regiones del país, así como las diversas modalidades del aprendizaje y *co-evolución* entre agentes públicos y privados, académicos y productivos, que es necesario comprender para diseñar instrumentos de política más eficientes.

Daniel H. Villavicencio Carbajal (UAM-X)
Pedro L. López de Alba (Concyteg)

Biblografía

Amable, B., R. Barré y R. Boyer (1997), "Les systèmes d'innovation à l'ère de la globalisation", *Economica*, París, 401 pp.

Braczyk, H., P. Cooke y M. Heidenreich (eds.) (1998), *Regional Innovation Systems*, Pennsylvania, UCL Press.

Cooke, P. (2004), *Regional Innovation Systems*, Londres, Routledge.

Colletis, G., C. Courlet y B. Pecqueur (1990), *Les systèmes industriels localisés en Europe,* Francia, Grenoble.

Corona, L. (2005), *El reto de crear ambientes regionales de innovación*, México, FCE/CIDE, 146 pp.

Doloreux, D. y S. Parto (2005), "Regional Innovation Systems: Current Discourse and Unresolved Issues", *Technology in Society*, núm. 27, pp. 133-153.

Edquist, C. (1997), *Systems of Innovation. Technolgies, Institutions and Organizations*, Londres, Pinter Pub.

Freeman, C. (1988), "Japan: A New National System of Innovation?", en G. Dosi *et al.* (eds.), *Technical Change and Economic Theory*, Londres, Pinter Pub., pp. 330-348.

Héraud, J. A. (2003), "Régions et innovation", en Mustar Ph. y H. Penan (eds.), *Encyclopédie de l'innovaton*, París, Economica, pp. 645-664.

Isaksen, A. (2003), "National and Regional Contexts for Innovation", en B. Aheim *et al.* (eds.), *Regional Innovation Policy for Small-Medium Enterprises*, Reino Unido, Edward Elgar, pp. 49-77.

Lara, A. (ed.) (2007), *Co-evolución de empresas, maquiladoras, instituciones y regiones, una nueva interpretación*, México, UAM-ADIAT-M. Á. Porrúa, 305 pp.

Malerba, F. (ed.) (2004), *Sectoral Systems of Innovation*, Cambridge University Press, 519 pp.

Nelson, R. (1993), *National Innovation Systems, A Comparative Analysis*, Oxford University Press, 541 pp.

OCDE (1998), "Policies for Promoting Enterprise Restructuring in National Systems of Innovation: Triggering Cumulative Learning and Generating System Effects", *Science, Technology and Innovation*, vol. 22, París, OCDE, pp. 137-170.

Villavicencio, D. (ed.) (2006), *La emergencia de dinámicas institucionales de apoyo a la industria maquiladora*, México, UAM/Porrúa, 261 pp.

Comunidades virtuales de aprendizaje e innovación

Carmen Bueno[1]

El presente capítulo muestra la manera en que el espacio cibernético ha dado cabida a la interacción entre empresas globales y una red de universidades a nivel mundial con el objetivo de generar un ambiente que combina el aprendizaje con la generación de conocimiento. Esta temática forma parte de un proyecto de investigación de corte antropológico que analiza las estrategias globales de innovación de las corporaciones automotrices. En particular, la participación en los procesos de innovación de las subsidiarias de las firmas internacionales ubicadas en México. Aquí se presenta un primer acercamiento a la operación de un programa específico de vinculación empresa-universidad para el aprendizaje y la innovación en la industria automotriz dentro de un espacio propiamente global denominado PACE (Partners for the Advancement of Collaborative Engineering Education). Se inicia con la ubicación de este programa dentro del espacio tecnológico de gestión para la operación y la innovación de General Motors. Después se presenta una descripción del programa PACE, su evolución, así como los múltiples canales de interacción y prácticas culturales generadas en un entorno multi-universitario y transnacional. Por último, se abordan las diferencias encontradas en instituciones de educación superior del país en cuanto a cultura organizativa e infraestructura requerida para poder participar en procesos de aprendizaje-innovación a escala global.

El análisis de las actividades orientadas a la combinación del aprendizaje con la innovación se vuelve estratégico en este momento, porque, como expresa José Silvio, "en una sociedad del conocimiento se gestiona conocimiento. Así como en la sociedad industrial se administraban objetos materiales y personas, en la era de

[1] Posgrado en Antropología Social por la Universidad Iberoamericana, ciudad de México. Correo electrónico: carmen.bueno@uia.mx

la información se administran datos, informaciones y conocimientos sobre estos objetos materiales y personas" (2000: 17). En este sentido, las universidades tienen en la esencia de su misión desarrollar espacios que permitan producir nuevas ideas y nuevas formas de solucionar problemas, combinando actividades centradas en la investigación con la formación de capital social.

Se ha registrado una respuesta muy desigual al compromiso de las universidades con el fomento a la investigación, esto es reflejo de la importancia que la agenda política de los gobiernos otorga al desarrollo científico y tecnológico. En algunos países, el desarrollo industrial ha ido acompañado del apoyo de los centros de educación superior. Estados Unidos, Japón y Alemania afianzaron estas relaciones durante y después de las guerras mundiales, generando una cultura de colaboración por iniciativa de los estados y que originó lo que actualmente son las grandes firmas, las que mayor impulso han dado a la vinculación universidad-sector productivo. En México, las universidades se han abocado a la formación de recursos humanos en aula y en sus propios laboratorios, los cuales, en lo general, salvo contadas excepciones, carecen de una infraestructura adecuada. Las cátedras, algunas veces impartidas por profesionistas ocupados en el sector productivo, combinadas con prácticas y servicio social, han sido las estrategias más recurrentes en la vinculación academia-sector productivo, sin que las universidades hayan podido aportar con estas actividades ningún tipo de valor agregado significativo a la industria. Por otro lado, los sectores más dinámicos de la producción han estado respaldados básicamente por la transferencia de tecnología y el soporte técnico de firmas desarrolladoras de dicha tecnología. El desarrollo industrial de México ha dependido principalmente de la obtención de licencias tecnológicas del extranjero o de comprar maquinaria y equipo *off-the shelf*. Son contadas las prácticas de vinculación academia-sector productivo para la generación de conocimiento, lo cual se demuestra en el limitado registro de patentes por parte de las universidades y tecnológicos, y en la fuga de cerebros, sobre todo hacia Estados Unidos.

A partir de la década de los ochenta del siglo xx, se ha pretendido combatir esta inercia aprovechando el nuevo modelo de producción en cadena que se caracteriza por la desconcentración de la producción a nivel mundial. En diversas partes del centro y norte del país surgen algunos centros de investigación para el desarrollo de materiales y/o procesos productivos, muchos de los cuales dependen del Consejo Nacional de Ciencia y Tecnología (Conacyt) en colaboración con los gobiernos estatales. Algo que caracteriza a estas instituciones de investigación aplicada es que su relación está circunscrita a regiones específicas del país, con redes y vinculaciones en proyectos acotados y donde la tendencia de colaboración es muy focalizada. Por otro lado, México sigue siendo un país donde la inversión en investigación y desarrollo en las universidades es bajo y los sistemas de distribución de fondos para la generación de conocimiento es deficiente; ello también repercute de manera negativa en la calidad de la oferta de capital humano, que por lo general está por debajo de los estándares internacionales. Las investigaciones que han abordado el tema conciben al espacio local como su principal referente. En éstas se ha puesto hincapié en las relaciones interpersonales, dando cuenta de los alcances institucionales, los códigos y las expectativas de las partes involucradas (Casas, De Gortari y Luna, 2000; De Gortari, 2002).

El caso de vinculación empresa-academia que aquí se presenta rompe con las prácticas de innovación acotadas a las dinámicas de innovación y desarrollo (I+D) del país, pues tiene la particularidad de que la estrategia organizativa se da en el plano global y con una fuerte mediación tecnológica. Es así como el proceso aprendizaje-innovación tiene lugar en un espacio propiamente desterritorializado. La revolución de las tecnologías de la información, junto con la formación del capital humano bajo estándares globales, hacen posible proyectos como PACE. Éste es un proyecto del nuevo milenio concebido y auspiciado por una de las armadoras estadounidenses más competitivas a nivel mundial, en asociación con algunas empresas abastecedoras de primera fila y otras proveedoras de tecnología. Este grupo de empresas globales ha transformado estructuralmente la vinculación, invitando a universidades ubicadas en Europa, Asia y América a participar con él. PACE está focalizado a la generación de nuevas formas de aprendizaje en las universidades a nivel de licenciatura, en donde los estudiantes se convierten en "mentores a la inversa",[2] pues participan de manera proactiva en el desarrollo de actividades intensivas en conocimiento.

Los centros de educación superior participantes tienen que demostrar que cuentan con la infraestructura, el capital humano, los curricula y esquemas de vinculación flexible necesarios para respaldar el proyecto. La invitación a participar en este programa también depende en gran medida del vínculo de egresados que ocupan puestos de dirección en estas grandes corporaciones con su *alma mater*. Como se podrá constatar en los siguientes apartados, existe un proceso selectivo de élite, produciendo una suerte de "darwinismo" en proyectos de enseñanza-innovación donde sólo pueden acceder las universidades que cuentan con recursos y redes adecuados.

Innovación en el *Technoscape*

Las prácticas aplicadas en la actualidad para generar procesos de innovación tecnológica en las corporaciones automotrices orquestan múltiples interconexiones en

[2] Comentario hecho por uno de los CEO de General Motors.

un campo de acción glocalizado.[3] Se trata de una estructura compleja integrada por nodos y flujos de relaciones inter e intrafirma, así como vínculos con instituciones del entorno que participan en tiempo real y de manera simultánea en actividades propiamente productivas y en la generación de información y nuevas ideas en el plano global. De tal suerte que la generación de nuevo conocimiento está inmerso en la gestión, el trabajo, la tecnología, el abastecimiento de diversos insumos, los mercados y las relaciones con instituciones de servicio y educativas dentro de un sistema multifocalizado y, a la vez, integrado en el espacio informacional (Castells y Hall, 2001). Es así como la construcción de redes en este campo tecnológico rompe con la verticalidad y anquilosamiento de organizaciones rígidas y moldea una estructura que permite reaccionar con gran eficiencia y eficacia. Habría que precisar que, a pesar del gran desarrollo de múltiples canales de comunicación y cooperación a distancia que ha roto con estructuras circunscritas a espacios físicos particulares, estas prácticas de interacción no se sostienen de manera autónoma, sino que hacen uso, en algunos tramos, de la relación cara a cara.[4]

Los enfoques y las unidades de análisis para comprender los procesos de aprendizaje y los sistemas de innovación en México han sido múltiples.[5] La coincidencia en los avances hasta ahora publicados recae en que éste es un proceso multifactorial y pluri-institucional. La aportación antropológica a este tema es su abordaje a partir de la mediación de un campo o paisaje tecnológico, llamado *technoscape* (Appadurai, 2003).[6] Este concepto permite explicar los procesos de innovación a gran escala que cuentan con una fuerte intervención de las tecnologías de la información. Haciendo alusión a la definición de sistema-mundo de Wallerstein (1974), este campo tecno-

[3] Robertson (1995) fue el primero en acuñar este concepto que da cuenta del proceso simultáneo de homogeneización y heterogeneización que se efectúa en referentes locales, producto de las fuerzas globales.

[4] Para mayor conocimiento del *technoscape* en su conjunto, consúltese Bueno, 2007.

[5] Sólo para mencionar algunos referentes: Dutrénit (2000) estudia los procesos de aprendizaje e innovación de las firmas. Hualde (2001) lo estudia focalizándose en las trayectorias de los ingenieros y la generación de capacidades. Casalet (2002), Carrillo y Partida (2004) se enfocan en los referentes institucionales y las propuestas de política pública. Villavicencio (2002), por ejemplo, analiza la industria química como una de las actividades que le han dado un gran impulso a la innovación. García y Lara (2005), y Contreras y Murguía (2007), a partir del estudio de los agrupamientos industriales, dan cuenta del escalonamiento tecnológico en la relación interfirma. Estos autores tienen muchas otras publicaciones que versan sobre los procesos de transferencia de tecnología, innovación y escalonamiento tecnológico.

[6] La metodología utilizada es de corte cualitativo, mezclando información accesible en la red con entrevistas a profundidad con profesores y alumnos de algunas de las universidades involucradas y con ejecutivos de las empresas globales instaladas en México, así como observación *in situ*.

lógico posee límites, estructuras, reglas de legitimación, regulaciones, coherencia y una división extensiva de trabajo. La estructura de este sistema está compuesta por múltiples nodos y vasos comunicantes. Los límites y regulaciones están dados por la posibilidad de acceder y/o aportar a los procesos de innovación. La participación en este campo tecnológico presenta también sus desigualdades internas, que se reflejan en el acceso diferenciado a la información que fluye y que, por consiguiente, otorga un posicionamiento, ya sea estratégico o marginal, a la aportación de nuevas ideas o solución de problemas.

Para ubicar al programa PACE en este campo tecnológico es importante ofrecer un breve análisis de las estructuras institucionales y arreglos procedimentales que lo caracterizan (Lipshitz y Popper, 2000). Como se mencionó anteriormente, la innovación en la industria automotriz se mueve en el espacio de los flujos que rompen con la dicotomía local-global y, más bien, se concibe como un campo tecnológico que teje un sistema de ingeniería social complejo que arropa a diferentes actores sociales en tres grupos: intrafirma, interfirma con las empresas abastecedoras, y con las instituciones del entorno que tienen el compromiso de satisfacer las necesidades de soporte del capital global. En conjunto, reportan una intensa y permanente producción de conocimiento tangencial o estratégico que provoca ritmos acelerados de escalonamientos y transformaciones tecnológicas. Esto último es estratégico para el posicionamiento de las armadoras en el mercado mundial.

Este *technoscape* (paisaje o campo tecnológico) se distingue por ser un constructo de flujos culturales de la economía global, producto del capitalismo desorganizado al que aluden Lash y Urry (1987). La participación al *technoscape* de la producción automotriz instalada en México ha representado un proceso paulatino, comenzó en la década de los noventa a partir de los programas de certificación que fueron punta de lanza para la transformación de la cultura de calidad global, al estandarizar los códigos de comunicación y documentar todas y cada una de las etapas de los procesos de producción y sus modificaciones. Adicional a ello, la forma de relacionarse también sufrió cambios significativos. Poco a poco se vieron obligadas a participar en una serie de programas cibernéticos para buscar proveedores, para certificar la calidad, para estar atentos al mercado, etc., al punto de que hoy en día no sólo los ingenieros, diseñadores y administradores de las armadoras y sus abastecedores se han apropiado de este espacio virtual, sino que también los operarios y el personal calificado participan como parte de sus rutinas cotidianas. A este campo tecnológico han sido invitadas a participar instituciones de educación superior.

Retomando lo propuesto hasta este punto, en dicho campo tecnológico navegan diferentes actores sociales que, en el caso de la producción automotriz, son grandes firmas, empresas especializadas, diferentes instituciones de servicio y educativas, tanto públicas como privadas. El uso del concepto *technoscape* permite comprender las múltiples relaciones, cada vez más complejas, entre flujos de capital, insumos, personal capacitado e información, interconectando instituciones de diverso tipo. La aportación de la antropología a este tema es dar cuenta de la manera en que se transmite y se procesa la información, pues esto no es concebido como un fenómeno estrictamente económico, sino también socio-cultural. En estos ambientes cibernéticos, la información está codificada de manera universal, operando por medio de una *lingua franca* que permite armonizar la comunicación interprofesional e intercultural. De esta manera, se optimizan las intervenciones, así como la conformación de un discurso transversal.

Además, en esta cultura de la innovación son explícitas las normas de acceso y el uso de la información, lo que se refleja en las prácticas comunicativas y en el intercambio simbólico entre interlocutores que ocupan un lugar socialmente determinado. Este campo tecnológico desterritorializado, a la vez que promueve incentivos, crea sus propias restricciones (Appadurai, 2003: 33). Es por ello que no se trata de un campo tecnológico homogéneo, sino que, por el contrario, los actores sociales involucrados acceden de manera diferenciada a los diversos recursos que fluyen continuamente en la red y, por tanto, actúan en consecuencia. El proceso de innovación multifactorial que fluye en una estructura intra e interinstitucional, así como en su relación con el entorno, integra una maquinaria pesada con fuertes amortiguadores que le permite moverse con agilidad en la generación de nuevo conocimiento.

El programa PACE

PACE es un retoño del nuevo milenio que cumple con dos requisitos en el proceso de innovación: es interinstitucional y multifactorial. El contexto virtual donde se lleva a cabo es parte central de esta ecuación, lo que permite romper con barreras institucionales jerárquicas, propiciando un trabajo colaborativo, participativo e interactivo, construyendo una verdadera aldea global.[7] El núcleo de este programa asociativo se constituye por distintos centros de investigación y desarrollo de la armadora,[8] empresas proveedoras de sistemas informacionales para la producción, y la administración de empresas globales de la industria automotriz.[9] También es apoyado de

[7] Marshall McLuhan, desde finales de la década de 1980, acuñó el término *aldea global* para describir la interconectividad humana a escala global generada por los medios electrónicos de comunicación.

[8] Aquí se incluye a las filiales de General Motors en Detroit, Canadá, México, Brasil y China; además de GM, Daewoo, Saab, Opel, Patac y Holden.

[9] Las empresas principales son EDS, Sun Microsystems, HP invent, UGS, Siemens.

manera estratégica por firmas que diseñan *software* especializado para la industria automotriz[10] y 38 universidades de prestigio a nivel mundial: una en Australia, una en Brasil, cinco en Canadá, una en China, una en Alemania, seis en México, tres en Corea del Sur, una en Suecia y 19 en Estados Unidos. México no solamente participa con un mayor número de universidades que otros países, sino que también dos de ellas, el Instituto Politécnico Nacional y el Instituto Tecnológico y de Estudios Superiores de Monterrey-*campus* Toluca (ITESM-Toluca) fueron los primeros invitados a participar, teniendo la oportunidad de haber experimentado todo el proceso evolutivo del programa.[11]

Se trata de un mega-programa de vinculación de la armadora con universidades, que, para poder operar, organiza anualmente proyectos particulares con el objetivo de ir poniendo en práctica diversos ejercicios que se insertan en una reestructuración administrativa de la producción global llamada PLM (Automotive Product Lifecycle Management: Team of the Future), que se concreta en prácticas novedosas para la gestión del ciclo integral de producción de la industria automotriz en el plano global. PLM reviste una gran complejidad, pues se trata de un abordaje integral que incluye a todos los procesos de gestión de un producto que, *grosso modo*, comienza por la misma concepción del diseño, la integración de todos los sistemas modulares de fabricación, su posicionamiento en el mercado, su eficiencia distributiva y de servicio, y, finalmente, el proceso de reciclado de partes y componentes. PLM requiere para su concreción del *technoscape* diseñado explícitamente para la industria automotriz. Se trata de un parteaguas en la administración de todo el ciclo de innovación-producción-comercialización-reciclaje, a partir de la integración de equipos multifuncionales, rompiendo con todos los paradigmas en el diseño y en la manufactura automotriz e interrelacionando las capacidades e intereses de diversos sujetos sociales que habitan en cualquier parte del mundo involucrados en alguna o algunas fases del proceso. La finalidad es reunir talentos, donde quiera que éstos se encuentren, para la solución de problemas y para ofrecer propuestas innovadoras que permitan un mejor posicionamiento en el mercado.

[10] Entre las que se encuentran: 3D Conexión, Altair Engineering, Autodesk, Autoweb, Engineus Software, Fluent, GAMMA Technologies, LSTC, MSC Software y WACOM. Éstas proveen las herramientas para el modelaje, la animación, la creación de contenido digital, el diseño de experimentos, la protección intelectual de las innovaciones.

[11] En septiembre de 1999 se abre el programa, invitando a la Michigan State University. Cuatro meses después se incorporan dos universidades mexicanas. Al siguiente año, 2001, hay una entrada importante de universidades de diferentes partes del mundo, incluyendo las otras tres mexicanas. La universidad china responde a la invitación en 2002 y las universidades coreanas en 2005 y 2006. Brasil también reporta un ingreso tardío de una universidad en Sao Paulo, en 2005. Se excluye a África y a Medio Oriente, muy probablemente porque no hay nodos de I+D de GM en esas dos regiones.

El consorcio de empresas PACE realiza fuertes donaciones de *software* y *hardware* a las universidades para que éstas cuenten con estaciones de cómputo de primer nivel. También les ofrece capacitación a maestros y alumnos para el manejo del *software*, así como apoyo técnico. Dependiendo del proyecto, también les proporciona autopartes y la vinculación con proveedores para que puedan hacer uso de maquinaria y herramentales. El cuadro 1 muestra los estimados de los donativos ofrecidos por el consorcio PACE a las universidades de todo el mundo, lo que suma aproximadamente 6 billones de dólares en seis años (*2006 PACE Annual Report*). Con estos donativos, seguramente las firmas que participan en PACE han aprovechado algún desgravamiento fiscal, asunto que desconocen los ejecutivos y maestros entrevistados en México y que tampoco se reporta en la información que presentan en su página electrónica. Lo que sí nos muestran tales cifras es que la sociedad del conocimiento actual se mueve en plataformas tecnológicas muy costosas para optimizar el recurso más preciado y el que reporta el verdadero valor agregado a la producción, que es la generación de conocimiento. En este punto habría que precisar que el hecho de que los integrantes de PACE cuenten con las donaciones de equipo y *software* especializado no implica que automáticamente accedan de manera abierta a toda la información que fluye por la red, sino sólo a la que General Motors y sus socios consideran pertinente. De hecho, hay empresas especializadas en resguardar la secrecía y permitir el acceso diferenciado a los datos que de forma permanente fluyen en la red. Hay límites bien definidos y regulaciones no sólo para las universidades, sino también para los proveedores, incluso hay candados al interior de los diversos departamentos de General Motors.

Cuadro 1. Contribuciones en especie a las universidades del programa PACE

Año	*Cantidad en millones de dólares*
1999	55 m
2000	132 m
2001	532 m
2002	1.07 b
2003	903 m
2004	574 m
2005	683 m
2006	2.05 b

Fuente: *2006 PACE Annual Report.*

Las directrices del proyecto PACE son desarrolladas por ejecutivos de General Motors que tienen a su cargo los departamentos propiamente globales, como son: la manufactura global, el desarrollo de productos globales, el centro de diseño e ingeniería global. También participa el presidente de la Universidad de General Motors y los directores de la cuenta GM de firmas de tecnología de la información como EDS, Sun, UGS. Ellos elaboran el plan anual y se encargan de dividir las actividades entre las universidades participantes y enviar la información que ellos consideran conveniente. Muchas veces simplemente ofrecen “la misión del proyecto”, esto es, las primeras ideas y especificaciones generales, a partir de las cuales los diferentes equipos integrados por profesores y alumnos de cada universidad responden, calendarizando sus entregas y pidiendo el apoyo necesario. Se trata de integrar equipos funcionales que demuestren competencias específicas, optimizando la sinergia de creadores de ideas frescas, dispersos en universidades en diferentes partes del mundo.

Para las universidades mexicanas ello ha significado un escalonamiento *fast track* de sus programas formativos para así contar con los recursos para posicionarse entre los mejores del mundo. Los alumnos desarrollan competencias en ambientes de aprendizaje óptimos, propicios para generar propuestas novedosas y alternativas de solución a los complejos problemas de la industria automotriz. Las universidades invitadas, al involucrarse en estos proyectos globales, están transformando de manera radical los procesos de aprendizaje. Participan en espacios de innovación propiamente desterritorializados que rompen con las barreras de tiempo y espacio en una dinámica transcultural.

La evolución del programa PACE y sus estrategias de interacción

El programa PACE ha evolucionado de manera gradual; se pueden distinguir dos etapas consecutivas. La primera, que abarca los primeros cinco años, se centra en el armado del tejido internacional. Solamente cuatro de las 38 universidades se incorporaron después de 2006, de éstas, dos son originarias de Corea del Sur y dos de Estados Unidos. La vinculación en esta etapa era prácticamente binaria: universidades-centros de innovación de GM ubicados en diferentes partes del mundo para la solución de problemas específicos.[12] Esto tenía algunos matices, por ejemplo, se convocaba al trabajo interdisciplinario, pero aún no a un esfuerzo interinstitucional. Se buscaba el apoyo de profesionistas trabajando en las empresas diseñadoras del *software* para

[12] Se han generado opciones para almacenamiento, desempañante para las ventanas, economía de combustibles.

impartir los cursos, y así profesores y alumnos contaban con el respaldo de estas firmas. En los informes anuales de 2000 a 2005,[13] se reitera el interés por concentrar el programa en la formación de competencias en manufactura digital a través de los programas curriculares de las universidades, enfatizando las actividades centradas en el aprendizaje y en la formación del capital social para el futuro de la industria automotriz. Todos los ejercicios han estado siempre mediados por el *technoscape*, incluyendo la definición del producto, su análisis, simulación y optimización en el campo virtual; sólo de manera esporádica GM les proporcionaba algunas autopartes o componentes para complementar los ejercicios.

La segunda etapa, que recién comenzó en 2006, se define por proyectos de más largo aliento orientados a buscar la sinergia entre aprendizaje de competencias e innovación, y de esta forma desarrollar tendencias a futuro o lo que se denomina *Next Generation Concept Vehicle*. El primer macro-proyecto propiamente global es el desarrollo de un vehículo para competencias con parámetros propuestos por GM. En este proyecto participan 13 universidades ubicadas en ocho países, de las cuales tres son mexicanas.[14] Los módulos a desarrollar se asignaron de acuerdo con las fortalezas de cada universidad bajo una estructura también de tipo modular, comprendida por un líder de proyecto a cargo de una universidad estadounidense, un integrador de proveeduría a cargo de otra universidad del mismo país, y el resto formando equipos que se asemejan a las relaciones que tiene GM con sus proveedores de primera fila. Esta estructura genera un entramado flexible y moldeable. Cuatro universidades integraron el equipo para diseñar los interiores y exteriores: la universidad líder del proyecto, una universidad en Corea del Sur, otra en Australia y otra en Suecia. Éste fue el módulo que reflejó la integración más intercultural. Aquí se puso a prueba un diseño propiamente global, incorporando las preferencias mercadológicas de cuatro países ubicados en distintos continentes. El resto de los equipos se integró para diseñar la ingeniería de sistemas mecánicos y mecatrónicos. Para la organización de estos equipos hay también una "universidad concentradora" que coordinaba las actividades divididas en dos módulos: el chasis-suspensión y el *Power-train* (fuerza motriz). El proyecto que más destacó en este campo fue el encargado a la universidad brasileña, pues ésta fue responsable de presentar propuestas de combustibles alternativos, en particular, sobre el uso del etanol.

En esta segunda etapa se incluyeron nuevos programas de *software*; destaca el soporte tecnológico para los procesos de ingeniería simultánea y concurrente a distancia, así como para el diseño colaborativo de productos. Este *technoscape* está cons-

[13] Para mayor información, consúltese http://www.pacepartners.org

[14] Las participantes son: Universidad Iberoamericana, ITESM de Toluca y Monterrey.

truido para optimizar la comunicación de los equipos inter-universitarios, permitiendo coordinarse y compartir información en todo el proceso, desde la conceptualización, el diseño detallado, la validación del diseño en procesos de simulación, así como presentar propuestas de maquinaria, herramentales y ordenamiento de las líneas de producción. Este proyecto somete a prueba los alcances y limitaciones de los nuevos ambientes virtuales para los arreglos intra e interinstitucionales propicios para el flujo adecuado y expedito de información sobre la administración de los procesos y los insumos de la producción, la administración de la cadena de suministro y la colaboración digital.

A diferencia de la etapa de arranque, aquí ha sido necesario presentar físicamente las piezas de ingeniería diseñadas de manera virtual por cada equipo e integrarlas para verificar si funcionaban en la realidad. Esta actividad desencadenó algunas tensiones, pues los ejecutivos de General Motors estimaron que era muy riesgoso e inseguro llegar a la fase de echar a andar el vehículo PACE. Esto provocó retrasos en el suministro de fondos para comprar los insumos y para solicitar el apoyo de algunas empresas de autopartes para fabricar las piezas requeridas. Los contratiempos dan cuenta de que todavía es necesario desarrollar interfases que vinculen en forma adecuada el espacio virtual con los procesos reales.

Los equipos del programa PACE tienen múltiples canales de comunicación que se definen como virtual-formal, comunicación a distancia y presencial. La virtual-formal es aquella que se da a través del *software* especializado. Aquí la comunicación se construye en un ambiente desterritorializado e impersonal con propósitos y agendas específicas y acotadas; es el espacio que estructura y transmite los avances de los proyectos y donde se almacena el conocimiento codificado del proceso innovador. Las corporaciones que auspician PACE no acompañan este proceso, éstas solamente reciben informes parciales y los resultados anuales. La comunicación virtual-formal se combina continuamente con la comunicación a distancia a través del *messenger*, correo electrónico, teléfono o videoconferencias. La eficacia y eficiencia de la interacción vía *software* especializados requiere de apoyos complementarios para hacer más expedita la comunicación entre los participantes.

Estos múltiples canales de comunicación permiten intercambiar conocimiento tácito y personalizar las relaciones. Como afirman Baba y Ratner (2003), el desarrollo cognitivo entre los integrantes es crítico para los resultados de estas intervenciones. El acoplamiento siempre experimenta un proceso evolutivo cuyo ritmo de ajuste depende de la compatibilidad de expectativas y formas de actuar de los integrantes. Todo esto entra dentro del campo de las prácticas cotidianas informales que pueden socializarse en una relación más informal, ya sea en tiempo real o en un formato diferido. Según los profesores entrevistados, las barreras de la comunicación a distancia sólo están dadas por la banda horaria, pues los alumnos parecen compartir una cultura global. El programa PACE también ha donado la infraestructura para videoconferencias. La intención principal es que se puedan compartir profesores o conferencias magistrales y optimizar los recursos para todos los integrantes del programa.

Por último, la comunicación presencial se da a través de prácticas profesionales que algunos alumnos han podido realizar en las empresas del programa PACE y, además, anualmente se organiza un foro en diferentes partes del mundo, en el cual las universidades participantes presentan los resultados de los proyectos encomendados. Hasta el año pasado, las presentaciones se hacían en la plataforma tecnológica, mientras que en el foro que se llevó a cabo en el verano de 2007, en Alemania, se combinó la entrega de resultados en formato virtual con los prototipos en versión física. Es la combinación de estos múltiples canales de comunicación lo que incide en el flujo expedito de información necesario para la generación de conocimiento con acercamientos que, aunque siguen operando a distancia, fortalecen las relaciones intersubjetivas de los participantes.

¿Cuáles universidades acreditan para ser *Global players*?

Como se mencionó anteriormente, son cinco las universidades mexicanas que participan en el programa PACE; cuatro de ellas son instituciones educativas privadas que se asumen como las formadoras de líderes, sobre todo en el campo empresarial. Uno de los profesores de una de las universidades privadas afirmó: "Nuestro compromiso es preparar a las nuevas generaciones para el futuro, nuestros programas tienen que ser competitivos, a la vanguardia de las tendencias novedosas". El Instituto Politécnico Nacional representa la única institución pública que se distingue por generar investigaciones de frontera en el campo tecnológico.[15] A continuación se presentan las características generales de una de las seis universidades participantes, lo cual permite dar cuenta de los requisitos mínimos para poder participar en un proyecto como PACE.

[15] El Instituto Politécnico Nacional y el ITESM-*campus* Toluca fueron prácticamente los fundadores de PACE en febrero de 2000. Posteriormente, en agosto de 2001, se integraron otros dos *campus* más del ITESM: el del Estado de México y el de Monterrey; además del Instituto Tecnológico Autónomo de México (ITAM) y la Universidad Iberoamericana, ciudad de México.

El ITESM-Toluca ha desarrollado una fuerte vinculación con el *cluster* automotriz que se ubica en la región Toluca-Lerma.[16] En primer lugar, tiene implícita una cultura institucional que incorpora en su interior una identidad con las corporaciones globales. Una de las fortalezas del ITESM es que teje redes inter-*campus* para ofrecer ventajas competitivas en su vinculación con el sector productivo ubicado en el país. Ello está ampliamente demostrado al ser tres los *campus* que se vinculan de manera directa con PACE. En concreto, ha integrado a nivel inter-*campus* un *cluster* virtual, de esta manera, ha construido su propio *technoscape* con los planteles que están cerca de los parques industriales donde hay mayor concentración de la producción automotriz, con lo cual están optimizando las fortalezas del cúmulo de expertos en el tema.

El *campus* de Toluca, en específico, tiene varios programas que coadyuvan a su vinculación con el sector productivo, aquí se presentarán sólo tres: el proyecto de incubadoras, los posgrados con una fuerte especialización en la industria automotriz, y el Centro de Desarrollo Tecnológico (Cedetec). El primero es un programa donde se acompaña a las empresas pequeñas de reciente creación en su primera fase por un periodo de seis meses hasta que "se estabiliza el sistema" (comentario de un profesor de este tecnológico). El proyecto incubadora le ayuda a estas empresas al manejo de su administración, de su producción y de su mercado. Además, les provee instrumentos, como son manuales electrónicos de calidad a precios accesibles para su certificación. A este programa acceden empresas pequeñas y medianas muy diversas, algunas de las cuales se dedican a fabricar partes o componentes de la industria de autopartes.

Asimismo es la única institución académica del país que cuenta con una maestría en Ingeniería Automotriz que acepta a alumnos que demuestren alguna experiencia profesional en este campo. Uno de los requisitos es el manejo del inglés y habilidades en el uso de *software*. Ésta es una formación orientada a la investigación aplicada, ofreciendo, incluso, prácticas profesionales en el extranjero.[17] Este tipo de proyectos demuestra el liderazgo de este tecnológico privado en el entorno educativo del corredor Toluca-Lerma. De todas las unidades que integran este *campus*, el Centro de

[16] En la región Toluca-Lerma se instalaron Nissan en 1961, General Motors en 1962, Chrysler en 1968 y VAM en 1964; todas salvo la última continúan operaciones hasta la fecha. Dos de ellas recientemente instalaron centros de diseño y de I+D. En los años noventa se incrementó el número de ensambladoras en la región con el arribo de Mercedes Benz (1991) y BMW (1994) al lado de aquellas instaladas en la región 30 años atrás. A pesar de ser la región que más armadoras concentra, no ha propiciado el crecimiento de empresas proveedoras a su alrededor.

[17] La empresa Robert Bosch, que lleva varias décadas en Toluca, ofrece la posibilidad de prácticas profesionales en el Centro de Diseño y Desarrollo de Sistemas de Inyección de Combustible en Alemania.

Desarrollo Tecnológico es la instancia de mayor vinculación con el sector público y el sector privado. Tiene seis laboratorios relacionados con la industria automotriz,[18] además de un centro integrado de manufactura y otro de investigación en mecatrónica automotriz. Para este mismo sector, cuenta con una estructura flexible que permite que se ofrezcan programas formativos *ad hoc* a las necesidades del cliente, son cursos de capacitación o diplomados muchas veces virtuales, tanto para operarios como para el resto de la jerarquía administrativa y manufacturera. También tiene programas de consultoría. En caso de no contar con la planta académica que responda de manera expedita a estas exigencias, el tecnológico contrata a los académicos de otras universidades o consultores independientes para proyectos específicos.

Estas actividades, en conjunto, van generando una reputación de estar construyendo un liderazgo de alcance global y responder adecuadamente a los criterios de selección de las universidades invitadas a PACE, a saber: tener una vinculación con alguna planta de GM en el mundo; tener un programa docente de calidad en los campos de ingeniería, diseño y manufactura automotriz con aplicaciones y apoyo de las tecnologías de la información; también se pide que ofrezcan prácticas pedagógicas que estimulen habilidades para desarrollar productos de manera colaborativa y puedan integrarse de manera exitosa en un entorno de red multi-universitario y multinacional. Sin esta base, difícilmente se puede aprovechar la infraestructura donada por el consorcio PACE. Los alumnos que participan en este programa acreditan una batería de cinco y seis materias curriculares, lo que permite una exposición intensiva en el transcurso de un año.

En México son realmente muy pocas las instituciones de educación superior que están preparadas para participar en estos *technoscapes*. Para ilustrar esto y compararlo con la infraestructura existente en las universidades mexicanas que se integran el programa PACE, a continuación se presentan las condiciones en las que opera un proyecto del gobierno mexicano orientado a desarrollar tecnológicos en diversas partes del país. Este proyecto público surge a raíz de la firma del Tratado de Libre Comercio de América del Norte (TLCAN) hace aproximadamente 15 años para responder a la carencia de profesionistas en áreas técnicas en zonas proletarias o conurbadas o parques industriales.[19] Estos tecnológicos reciben 50% de su financiamiento del presupuesto federal y otro tanto del estatal. En el *Anuario Estadístico* de la Asociación Nacional de Universidades de México (ANUIES) se reportó para 2003, el registro de

[18] Estos laboratorios se especializan en ingeniería mecánica, máquinas y herramientas, materiales, automatización, ingeniería automotriz, diseño y análisis asistido por computadora.

[19] El instituto tecnológico visitado impartía las carreras de Ingeniería Mecánica, Ingeniería en Sistemas y Contaduría Pública.

46 de estos tecnológicos.[20] Los municipios en donde se construyen se encargan de brindar un terreno de al menos 20 hectáreas y todos los servicios. Para ejemplificar las condiciones en que operan, se tomó el caso de uno de los tecnológicos ubicado en el municipio de Tianguistenco, a unos cuantos kilómetros de la planta de Mercedes Benz en el Estado de México. La cuota de alumnos de este instituto ha crecido exponencialmente, pasó de 500 alumnos en 2001 a 1 200 alumnos en 2005, procedentes de diversos municipios aledaños a la ciudad de Toluca. El perfil de ingreso es el joven con una formación escolar deficiente, cuya familia se dedica al campo, al pastoreo o mantiene un taller de producción doméstico y que, el hecho de que algún miembro de la familia pueda acceder a la educación superior, les significa un anhelo de movilidad social. Esto denota que efectivamente se está cubriendo una demanda latente de jóvenes que aspiran a una carrera, pero que no contaban con instituciones de educación superior en sus lugares de residencia en donde poder cursar sus estudios.

Si bien uno de los motivos para el surgimiento de estos tecnológicos era estrechar la vinculación con las grandes empresas extranjeras como respuesta a los acuerdos comerciales supranacionales, ello se ha visto truncado por la falta de una infraestructura adecuada y de planes y programas convenientes que coadyuven a hacer de esta vinculación una oportunidad para la innovación. La relación con General Motors, así como con otras empresas globales, se fue acotando a programas de vinculación a través de prácticas profesionales o servicio social de los alumnos con mejores promedios. El alumno acude a la empresa por tres a cinco horas semanales por un periodo no mayor a un semestre en proyectos muy específicos. El objetivo principal de estas prácticas, según un directivo de este tecnológico, es que los alumnos puedan titularse y suplir la falta de capacitación en laboratorios con infraestructura adecuada en los propios tecnológicos. En el mejor de los casos, los alumnos reciben un pago simbólico como becarios y después de un tiempo hay una remota posibilidad de obtener un empleo en posiciones intermedias de corte operativo. Como afirmó la responsable de vinculación de este tecnológico: “nuestros alumnos sí meten las manos”, esto es, obtienen la formación necesaria para tener un puesto operativo.

La mínima posibilidad de ser contratados por las empresas globales también da cuenta de la incapacidad de absorción de la gran industria de los miles de profesionistas que están expulsando al mercado de trabajo estos tecnológicos estatales. Tal circunstancia ha exigido el replanteamiento de la propuesta que dio origen a estas instituciones de educación superior, que era generar un capital humano bien capacitado para la entrada de la inversión extranjera en la región. Como resultado del

[20] *Anuario Estadístico de la Población Escolar de Posgrado por Instituciones Públicas y Privadas*, ANUIES, 2003.

impacto tan poco significativo de posicionar a los egresados en los sectores globales, estos tecnológicos públicos han optado por forman ingenieros, contadores, administradores interesados en abrir sus propios negocios a nivel local, ya sea escritorios de contabilidad o talleres mecánicos, una suerte de autoempleo profesionalizante.

La percepción de las grandes corporaciones es que los programas formativos de estos tecnológicos públicos no están acordes con los requerimientos de la industria globalizada. En el recorrido a uno de estos tecnológicos resulta evidente que el problema no es exclusivo de la calidad de los programas, sino también de la falta de infraestructura. Algunas de las aulas aún son improvisadas, los laboratorios no cuentan con equipo. Hasta ahora, sólo se han construido salones asignados para tal propósito, aunado al hecho de no contar con profesores de tiempo completo. Estos tecnológicos públicos sólo tienen personal académico-administrativo y contratan por sueldos ínfimos[21] a profesores que imparten sus clases en aula y, en el mejor de los casos, en un centro de cómputo donde tienen paquetería de *software* comercial y una biblioteca con libros de texto. Cuando se les comentó sobre la posibilidad de levantar una campaña de procuración de fondos, el director mencionó que la estructura legal de estos tecnológicos no admite donativos, en este sentido, su posibilidad de obtener el apoyo de las empresas para fortalecer la infraestructura queda cancelada. No obstante y a pesar de estas deficiencias, directivos de la General Motors consideran que los alumnos de estos tecnológicos están dispuestos a sacar el mayor provecho de sus prácticas profesionales, a la vez que la firma obtiene un beneficio, pues destinan a estos alumnos a resolver problemas de la operación cotidiana que no son estratégicos ni prioritarios para la política global de la empresa por ser muy acotados a las rutinas locales.

Es por todo lo anterior que la vinculación de General Motors Toluca con los tecnológicos públicos se mantiene al margen del *technoscape*. Es a todas luces evidente que las instituciones públicas que forman parte del programa de educación superior del gobierno mexicano no tienen una clara perspectiva de vinculación para la innovación, pues aún presentan esquemas organizativos autoritarios, rígidos, verticales, anquilozados, atomizados, carentes de una verdadera cultura de vinculación y servicio y, por tanto, inhiben la reacción expedita a las necesidades de aportación de nuevas ideas de las grandes corporaciones. Por ello, los acuerdos de colaboración con los tecnológicos públicos son vistos por las corporaciones como un servicio a la comunidad y se convierten en programas asistencialistas. La comparación aquí presentada da cuenta de las diferencias abismales que existen en la educación superior del país, que finalmente es reflejo de la desigualdad estructural de la sociedad mexicana.

[21] En el primer semestre de 2006, recibían 80 pesos por hora, más las prestaciones obligatorias.

A manera de reflexión: nuevos ambientes de aprendizaje-innovación a escala global

En este ensayo se presentó una primera aproximación a la compleja estructura del *technoscape* que está construido para contribuir al proceso acumulativo de competencias técnicas, tecnológicas, organizativas y formas de emprendimiento como resultado de un proceso de aprendizaje interactivo en el plano virtual, donde, además, los participantes adquieren conocimiento sobre las demandas de una empresa global y sobre el seguimiento de un proyecto con alto contenido global. Esta dinámica sería imposible si no se hubiesen revolucionado las prácticas comunicativas y de gestión organizativa en un espacio propiamente virtual.

Aprendizaje e innovación son procesos que van de la mano y que aquí entran en una relación simbiótica. No cabe duda de que la misión del programa PACE es la formación de líderes, desarrollando competencias innovadoras desde las propias aulas para colocarse en posiciones estratégicas en el mercado de trabajo. Uno de los profesores entrevistados comentó que las capacidades aprendidas son altamente demandadas no sólo por GM, sino por la industria automotriz en su conjunto. A cambio, los promotores de este programa, al concentrar talentos en un *technoscape*, se alimentan de ideas frescas y con visión a futuro en la definición de nuevos productos y procesos, sin la "contaminación" que resulta de ser parte de una cultura corporativa que lleva implícitas jerarquías y responsabilidades en un campo de relaciones de poder.

Muy probablemente, además, es una oportunidad de poner a prueba los nuevos desarrollos de *software*. Marietta Baba (1997), experta en cultura de las organizaciones, ha constatado en sus estudios que los diseñadores de tecnología no pueden predecir con exactitud el éxito o el fracaso del uso y apropiación del desarrollo tecnológico. La aplicación de programas sofisticados de *software* para proyectos que exigen una colaboración intensa y que combina múltiples canales de comunicación: virtuales, presenciales, formales e informales, puede significar una oportunidad que permita a los diseñadores ajustar sus productos a las necesidades y prácticas organizativas de los usuarios.

Otra peculiaridad es que el proceso de aprendizaje-innovación se da en un espacio propiamente global para desarrollar proyectos de igual envergadura, rompiendo las barreras de la multiculturalidad. En los canales de comunicación formal codificada hay tecnicismos y acrónimos, así como una suerte de códigos estandarizados que "universalizan" la interacción, pues existe coincidencia de paradigmas y parámetros que emanan de un conocimiento hegemónico y que se refleja en prácticas comunes que hacen compatibles las acciones realizadas. Los alumnos y profesores se abstraen de connotaciones étnicas, religiosas, de género o cualquier otra que haga alusión a un referente identitario y sólo prevalece el *expertise* profesional y la motivación de participar en estos ejercicios a escala translocal. Ello se refuerza y se complementa a partir de la interacción entre los involucrados, a través de los canales informales a distancia o bien cara a cara, que parecen también compartir un ambiente cultural homogéneo. Uno de los alumnos entrevistados comentó que cuando "chatean" comparten un lenguaje e intereses afines. Cuando se reúnen en los foros anuales, se visten de manera muy parecida y organizan actividades que son comunes a todos, como ir a los "antros" donde escuchan la misma música, etc. Otro de los alumnos mencionó que "en México, desafortunadamente, se frena al que destaca y que PACE es un lugar sin barreras donde tenemos el chance de sobresalir, a la altura de los mejores en el mundo".

El campo tecnológico construido para dar oportunidad de generar nuevas ideas en espacios de aprendizaje/innovación, estimula procesos de interacción social múltiples donde fluye de forma ágil una alta densidad de información y un patrimonio de conocimiento que, al mismo tiempo que se comparte, se transmite, se intercambia y se retroalimenta. En consecuencia, genera un espacio propicio para colaborar con nuevas ideas. En este sentido, existe una innovación organizacional que genera formas dinámicas de resolución de problemas, transformándose en un fenómeno colectivo, integrando equipos de trabajo construidos en el ciberespacio, dando pie a la concurrencia de ideas frescas más allá de las prácticas institucionales a nivel local. Hasta el momento, sólo se trata de espacios de élite fuera del alcance de la gran mayoría de las instituciones de educación superior del país. La comparación presentada en el apartado anterior da cuenta de los rezagos organizativos y la carencia de infraestructura adecuada de los tecnológicos públicos que inhibe cualquier posibilidad de acceso a estos sofisticados espacios virtuales de formación especializada y de colaboración en las innovaciones estratégicas de las firmas globales.

Bibliografía

ANUIES (2003), *Anuario Estadístico de la Población Escolar de Posgrado por Instituciones Públicas y Privadas*, México.

Appadurai, A. (2003), *Modernity at Large. Cultural Dimensions of Globalization,* sexta edición, Minneapolis, Estados Unidos, University of Minnesota Press.

Baba, M. (1997), "Cambio empresarial: dimensiones culturales de las nuevas tecnologías", en Rodrigo Díaz y María Josefa Santos (coords.), *Innovación tecno-*

lógica y procesos culturales. Nuevas perspectivas teóricas, Fondo de Cultura Económica/UNAM, pp. 142-191.

________ y H. Ratner (2003), "Equipos virtuales globales: la ecología de desarrollo", en C. Bueno y M. Santos (coords.), *Nuevas tecnologías y cultura*, Anthropos y Universidad Iberoamericana.

Bauman, Z. (1992), *Intimations of Posmodernity*, Londres, Routledge.

Bilbao, E. (2005), *Trayectoria y cambio en el sistema global de proveeduría automotriz. Tres empresas*, tesis de doctorado en Antropología Social, Universidad Iberoamericana.

Bueno, C. (2007), "Procesos de Innovación Glocalizada", *La economía del Estado de México; desempeño económico, actividades productivas y políticas públicas*, Universidad Autónoma del Estado de México.

________ *et al.* (2005), "Trayectorias diferenciadas. Articulación entre lo local y lo global", en H. Juárez, A. Lara y C. Bueno (coords.), *El auto global*, México, BUAP, UAM-I, UIA, Conacyt.

Contreras, O. y L. Murguía (2007), "Evolución de las maquiladoras en México. Política industrial y aprendizaje tecnológico", *Región y Sociedad,* edición especial.

Carrillo, J. y R. Partida (coords.) (2004), *La industria maquiladora mexicana: aprendizajes tecnológicos, impactos regionales y entornos institucionales*, El Colegio de la Frontera Norte y la Universidad de Guadalajara.

Casalet, M. (coord.) (2002), *El desarrollo de la capacidad innovadora de las empresas: el papel del ambiente en la formación y consolidación de las capacidades tecnológicas,* México, Flacso.

Casas, R. y M. Luna (coords.) (2000), *Gobierno, academia y empresas en México: hacia una configuración de relaciones*, México, IIS, UNAM, Plaza y Valdés.

_______, R. De Gortari y M. Luna (2000), "University Knowledge Production and Collaborative Patterns with Industry", en Cimoli (ed.), *The Mexican Innovation System,* Londres, Pinter, pp. 154-172.

Castells, M. y P. Hall (2001), *Tecnópolis del mundo. La formación de los complejos industriales del siglo XXI,* segunda edición, España, Alianza.

Dutrénit, G. (2000), *Learning and Knowledge Management in the Firm: From Knowledge Accumulation to Strategic Capabilities,* Reino Unido, Edward Elgar.

De Gortari, R. (2002), "Impacto de la demanda empresarial en los centros de I & D", *Revista Nueva Antropología,* núm. 60, pp. 89-100.

García, A. y A. Lara (2005), "Modularidad, convergencia tecnológica e instituciones en la industria automotriz: una introducción", en H. Juárez, A. Lara y C. Bueno (coords.), *El auto global*, México, BUAP, UAM-I, UIA, Conacyt.

Hualde, A. (2001), "Del territorio a la empresa: conocimientos productivos entre los ingenieros del norte de México", *Región y Sociedad,* núm 21, enero-julio, pp. 3-45.

Lash, S. y J. Urry (1987), *The End of Organized Capitalism,* Oxford, Polity Press.

Lipshitz, R. y M. Popper (2000), "Organizational Learning in a Hospital", *Journal of Applied Behavioral Science*, septiembre, Arlington.

McLuhan, M. (1989), *The Global Village,* Oxford University Press.

Robertson, R. (1995), "Glocalization: Time-space and Homogeneity-Heterogeneity", en Featherstone, Lash y Robertson (eds.), *Global Modernities*, Londres, Sage, pp. 25-44.

Silvio, J. (2000), *Virtualización de la Universidad,* Venezuela, UNESCO/IESAL.

Villavicencio, D. (2002), "Economía del conocimiento", *Revista Comercio Exterior,* México, Bancomext, vol. 52, núm. 6, junio.

Wallerstein, E. (1974), *El moderno sistema mundial*, tomo I, México, Siglo XXI.

Páginas electrónicas consultadas

http://www.pacepartners.org

Una experiencia de innovación ambiental en la industria petroquímica

Graciela Carrillo[1]

Introducción

La industria petroquímica en México ha incursionado con rapidez en la adopción de modelos de gestión ambiental aplicados a distintas áreas y en diversos casos con buenos resultados, entre las razones que han propiciado la adopción de estas prácticas está su intensa participación en el mercado internacional y la estrecha vinculación y dependencia que mantienen con las empresas multinacionales.

En México se ha puesto en debate dicha situación, dado que, por una parte, se trata de un sector altamente contaminante que genera productos tóxicos, la mayoría no degradable, cuya producción depende de la extracción y uso intensivo de un recurso natural no renovable; y, por otro lado, es un sector que agrupa a grandes empresas que han adoptado con mucha velocidad prácticas de desempeño ambiental, resultado de la implementación de políticas internas de innovación y del aprendizaje tecnológico y en materia de gestión y planeación, que en ciertas compañías llega incluso a rebasar los estándares que fija la legislación nacional.

El presente trabajo es resultado de una investigación que se realizó como parte de la tesis doctoral. En él se describe la experiencia de la empresa Nhumo, incorporando el proceso de cambio y la modernización que se dio en la misma a partir de su privatización; se trata de un proceso de aprendizaje colectivo que se dio a lo largo de

[1] Profesora-investigadora, posgrado en Economía y Gestión de la Inovación, UAM-Xochimilco.

varios años, donde el papel de la Asociación de Industriales del Sur de Tamaulipas (AISTAC) fue fundamental tanto para Nhumo como para las otras empresas asociadas. Se hace énfasis en la experiencia del proyecto Vulcano, en el cual se consolida el proceso de aprendizaje que se gestó durante aproximadamente dos años (1997-1998) dentro del proyecto que inyectó una dinámica intensa de intercambio de conocimiento entre varias empresas para el desarrollo de sinergias ambientales.[2]

Para identificar los elementos que aquí se analizan, se realizaron varias visitas a la zona de Altamira durante el periodo 2004-2006, tanto a la planta de Nhumo como a las oficinas de la AISTAC, ello con la finalidad de conocer los procesos y entrevistarse con el personal involucrado.

Este ensayo se aborda en tres apartados; en el primero se destacan la importancia de dos conceptos centrales: innovación y aprendizaje; en el segundo se revisan las estrategias ambientales y tecnológicas de la empresa en cuestión, y por último se describe y analiza el proyecto Vulcano y se concluye con una reflexión final.

Innovación y procesos de aprendizaje en la firma

La innovación se ha conformado como un elemento clave para la competitividad de las empresas, en la medida en que se logra incorporarla como una más de sus capacidades para instrumentar nuevos procesos, crear nuevos productos y dar respuesta a las exigencias actuales del mercado y de las regulaciones públicas; así las compañías logran un mejor posicionamiento.

Esta capacidad innovadora que adquieren algunas firmas es definida por Yoguel como la potencialidad para efectuar desarrollos y mejoras de productos y procesos, cambios organizacionales, desarrollo de nuevas formas de vinculación con el mercado y de aseguramiento de la calidad. El desarrollo de procesos de aprendizaje y la generación y difusión de conocimientos desempeñan un rol clave para la competitividad de los agentes, de mayor relevancia que en los periodos anteriores (Yoguel, 1998). La importancia que se le atribuye, como elemento clave para la competitividad, es ratificada por varios autores (Bell y Pavitt, 1993; Lall, 1992; Yoguel y Boscherini, 1996).

Sin embargo, la innovación se gesta sólo a través de la correlación con otros factores. Dado que todo desarrollo o innovación de carácter tecnológico u orga-

[2] En particular, se destaca cómo, a partir del paradigma entrante de la sustentabilidad, surge el interés por el cambio técnico, orientado a la realización de acciones interempresariales que minimizan el impacto negativo sobre el ambiente o que incluso podrían llegar a favorecerlo.

nizacional sólo se da bajo una gestión adecuada de la información, la generación de conocimiento y los procesos de aprendizaje, se vuelve una exigencia el manejo simultáneo de estos tres elementos —innovación, creación de conocimiento y aprendizaje. Al respecto, se ha insistido en que los sistemas tecnológicos al interior de las empresas no pueden ser aprendidos sólo desde el conjunto de conocimientos codificados, sino que requieren simultáneamente de información de carácter tácito que da lugar al proceso de adquisición de nuevos conocimientos y habilidades para alcanzar las mejores prácticas; el elemento tácito constituye la esencia de las diferencias tecnológicas y ventajas competitivas de las firmas (Yoguel, 1998).

Una característica esencial del conocimiento tácito es la dificultad de transmitirlo de manera verbal, para ello se requiere de un intenso proceso de aprendizaje que involucra diversos cambios dentro de la organización. La capacidad para el aprendizaje de nuevos conocimientos se basa en otros conocimientos que se poseen previamente y supone como requisito que los trabajadores desarrollen una buena capacidad de abstracción para insertarse en actividades tecnológicas novedosas —*learning by doing*, *learning by interaction*, *learning by producing*.

La dinámica que adquiere el proceso de aprendizaje difiere mucho según el tipo de vinculaciones interfirma que se den, el grado de jerarquía u horizontalidad de la acción específica, y el nivel de cooperación o confrontación entre las empresas vinculadas, todo ello configura perfiles muy diferentes de aprendizaje.

Para Dussel (1998), "cualquier tipo de integración a una red internacional de producción implica un proceso de aprendizaje". Sin embargo, ello está en función del conocimiento de algunos temas obligados para poder efectuar la negociación y el intercambio a distintos niveles, lo que, a su vez, también determina otros aspectos. Para caracterizar las relaciones interfirma deben identificarse dimensiones ligadas al plazo, al tiempo, pero también al carácter del vínculo de mayor o menor verticalidad u horizontalidad. Sólo cuando se trata de relaciones sistémicas —hay una relación contratista-proveedor a largo plazo y de tipo horizontal, con participación activa en el diseño y resolución conjunta de problemas— se puede hablar de un verdadero proceso de aprendizaje en el largo plazo y de un proceso de retroalimentación.

El aprendizaje en una organización es sumamente complejo y va más allá de la inversión económica que se efectúa en entrenamiento. Una organización que aprende es aquella en la que inventar un nuevo conocimiento no es una actividad especializada de un grupo particular, sino una forma de comportamiento en la que cualquiera de los trabajadores se involucra y se convierte en trabajador con conocimiento (Nonaka, 1994).

Estrategias tecnológicas y ambientales en Nhumo

Nhumo es una empresa petroquímica ubicada en Altamira, una de las zonas portuarias más importantes del país; su estratégica ubicación geográfica y la infraestructura en comunicaciones con la que cuenta la han dado ventajas que la colocan por encima de otras regiones, favoreciendo el asentamiento de las principales empresas exportadoras mexicanas.

La dinámica de innovación en dicha empresa fue guiada por la preocupación ambiental y logró consolidarse debido a la convergencia de dos procesos: por un lado, la adopción de un sistema de administración ambiental a partir del momento en que la empresa pasa a formar parte de un corporativo privado[3] y, por otro lado, la participación de la empresa en el proyecto By-Product Synergy, impulsado en 1997 por varias instancias, entre ellas el World Bussines Council Sustainable Development, a través de la plataforma social creada veinte años atrás por la Asociación de Industriales del Sur de Tamaulipas (AISTAC).

La planta de negro de humo surgió en los años setenta con un enfoque netamente productivo, bajo un esquema *toma-produce-desperdicia*, asumía que el abasto de recursos y la disposición de residuos podían ser infinitos. Su capacidad instalada original de 40 mil toneladas por año llegó a 96 mil toneladas en 1982. No obstante su enorme capacidad de producción, no se destacaba por ello, sino por ser considerada como una de las empresas más contaminantes de la zona industrial de Altamira, pues su tecnología original no contemplaba sistemas anticontaminantes integrales y los recursos de la zona de Altamira se veían como abundantes; la poca normatividad vigente era limitada y existía poca conciencia sobre el problema ambiental por parte de directivos y empleados, lo cual daba lugar a la ausencia de las dimensiones social, tecnológica y ecológica.

Cuando la empresa fue adquirida por GIRSA, la nueva dirección estableció un plan estratégico, cuyo primer objetivo fue rescatar financieramente a la organización, pero con una visión de mayor alcance para hacer sus procesos ecoeficientes y seguros incorporando el aspecto ambiental. Esta etapa implicó establecer una misión y una visión que incorporaba los objetivos de sustentabilidad; asimismo, se inició un

[3] A partir de 1990, Nhumo pasó a formar parte de GIRSA, grupo mexicano de empresas químicas dedicadas a la producción de hule sintético, aglomerado, lámina acrílica, pigmentos naturales, fosfatos, adhesivos e impermeabilizantes, entre otros, que a su vez pertenece al Grupo DESC, que actualmente posee 60% de las acciones de la empresa. El restante 40% lo tiene Cabot International Capital Corp., empresa estadounidense líder mundial en producción y tecnología para la fabricación de negro de humo. Con una capacidad instalada de 120 mil toneladas anuales, Nhumo cubre 95% del mercado doméstico, prioritario en su estrategia de negocio, y exporta el excedente a Norteamérica, Centroamérica y Europa.

proceso de cambio en ciertas rutinas y un aprendizaje permanente que involucró a los empleados en los temas de innovación en materia ambiental.

Los años noventa representaron para Nhumo una etapa de transición que se tradujo en la realización de importantes inversiones enfocadas a mejorar y a modificar sus procesos,[4] disminuir costos e incrementar la calidad de sus productos y servicios. Se diseñó un plan estratégico dentro del cual se adoptó el modelo de administración por calidad y el concepto de responsabilidad social que dio congruencia a los valores de seguridad y cuidado del medio ambiente.

Una de las medidas más importantes fue la implantación del Sistema Administrativo Integral de Calidad Ambiental, Seguridad e Higiene (SAI-CASH), el cual está respaldado por el sistema de administración ambiental en todo lo concerniente a la conservación de ecosistemas, cubriendo los requisitos de la norma internacional ISO 14001.[5] El sistema de administración ambiental evolucionó en cuatro etapas:

a) *Ciclo de revisión general y diagnóstico.* Se realizó una evaluación exhaustiva en la que se detectaron los principales problemas de la empresa y, en particular, fallas de carácter técnico; también se plantearon acciones para la rehabilitación de la misma.
b) *Ciclo de rehabilitación de instalaciones.* El objetivo fue la recuperación y restauración de las instalaciones de la planta y su entorno. Se realizaron cambios radicales en tecnología y equipos, proyectos de mejora y formalización de planes y programas de reordenamiento ecológico ante la Secretaría del Medio Ambiente, Recursos Naturales y Pesca.
c) *Ciclo de control ambiental.* Se centró en el cumplimiento de operaciones y programas de producción para promover la preservación de los ecosistemas. Se atendió lo relativo a descarga de agua, emisiones y residuos, mediante estrategias de reducción, reutilización, reciclaje, tratamiento y/o disposición de materiales.
d) *Ciclo de administración ambiental.* Bajo este enfoque, se han seguido los requisitos de la norma ISO 14000 bajo el principio de prevención de la con-

[4] Hasta antes de 1990, Nhumo venía arrastrando muchos problemas de carácter productivo, organizativo y ambiental que incluso ponían en riesgo la viabilidad del negocio; éste operaba a 60% de su capacidad instalada con 40% de producto fuera de especificación y con un volumen de residuos que ocupaba 70% de sus instalaciones, que se utilizaban como depósito sin ningún orden; asimismo, descargaba sus aguas residuales sin ningún tipo de tratamiento a cuatro de las lagunas adyacentes y con altos niveles de emisión de contaminantes a la atmósfera, resultado de repetidas fallas en el proceso y desfogues junto con un fuerte desperdicio de gas en las actividades de la planta.

[5] La norma ISO 14001 forma parte de la familia de las normas 14000 y está referida a la documentación, implantación, mantenimiento y mejora de los sistemas de gestión ambiental.

taminación, mediante el cual se busca la mejora continua y respeto a los ecosistemas.

Esquema 1. Evolución de la administración ambiental de Nhumo

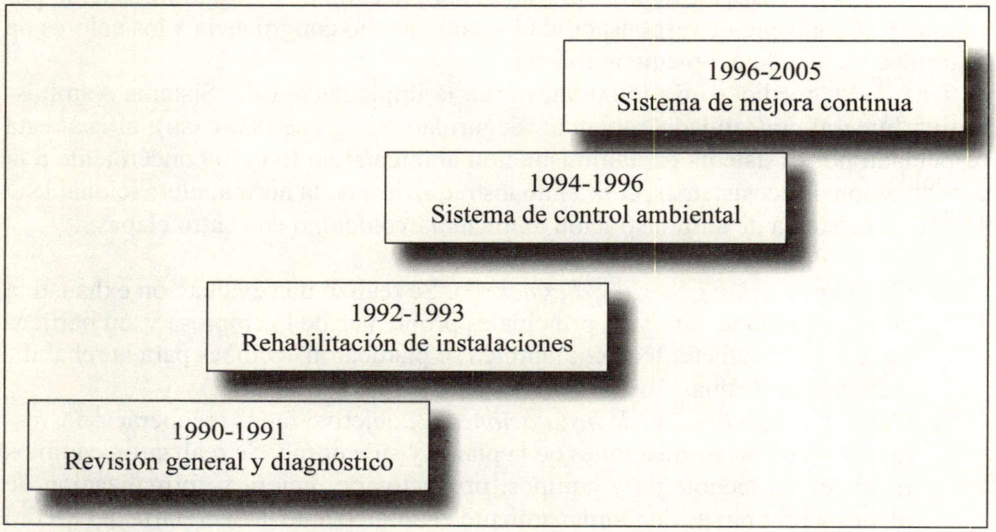

Fuente: elaboración propia con base en información de Nhumo.

Un aspecto de gran relevancia que se abordó fue la búsqueda de mecanismos para concientizar e incentivar al personal de la planta en la adopción de prácticas acordes a los nuevos valores adquiridos.

Entre las acciones tomadas podemos mencionar las siguientes: involucrar y comprometer a la gente con la visión de la empresa; la reflexión sobre la situación que se vivía en la planta; el establecimiento de metas; entrenamiento y re-entrenamiento a todos los niveles de la organización con un enfoque de productividad y protección al ambiente; crear mecanismos de participación y motivación en las personas para generar el cambio; promover la idea de que el desarrollo económico y la preservación del medio ambiente son elementos que se complementan para generar cambios tecnológicos, y mejoras en la calidad y el costo de los bienes producidos. Las acciones concretas giraron en torno a tres elementos: agua, aire y residuos; las acciones y resultados fueron los siguientes:

Estrategias de agua

Cero descarga: se reducen las descargas de 1 400m³/día a cero descargas.
Osmosis inversa: plan de reciclaje y retrolavado de filtros con agua residual.
Reuso residual de ósmosis: el agua se reintegra al ecosistema a través del riego de áreas verdes.
Segregación y tratamiento de efluentes: sistema para desinfectar el agua a través de tratamiento físico avanzado.
Monitoreo y control para el aseguramiento legal: monitoreo a través de la medición de parámetros y tendencias para prevenir.

Resultados

De un consumo de 14m³/ton de negro de humo se redujo a 6m³/ton; se recicla 100% del agua residual; se recuperó la vida acuática de la laguna adyacente; las áreas verdes pasaron de 200m² a 45 000m²; los parámetros del agua residual están por debajo de la norma (NOM-001-ECOL-96); se redujo el consumo de agua fresca de la laguna en 1 022m³/día; se estima un ahorro de alrededor de 100 mil dólares por año.

Estrategias de aire

Recuperación de gas residual: se recuperaron gases de la combustión y se redujo el consumo de gas natural en los seis secadores de la planta.
Gas natural: reemplazo de seis reactores por dos de tecnología más avanzada, precalentamiento de aire y aceite a altas temperaturas para inyectarlo a los reactores, se redujo el consumo de gas en 30%, inicialmente, y a la fecha se vende el excedente.
Aceite decantado: se negoció con el proveedor en la mejora en la calidad del aceite y en la mejora de sus sistemas de calidad.
Energía eléctrica: se sustituyeron motores con equipos de alta eficiencia y se incrementó el factor de servicio de mantenimiento de 72.7 a 86.6 por ciento.

Resultados

Ahorro de 20 000 000m³/año de gas natural; el rendimiento del gas pasó de 0.73m³/ton de negro de humo a 0.32m³/ton; el rendimiento del aceite decantado se redujo de 1.97 a 1.66 ton. aceite/ton. negro de humo; se registró un ahorro en energía eléctrica de 20 millones de kilowatts por hora.

Estrategias de residuos

Reducción y reproceso de producto fuera de especificación: sistema de mantenimiento preventivo, adecuaciones tecnológicas para minimizar producto fuera de especificación e incorporar residuos al proceso.
Limpiar, ordenar y aprovechar el espacio: recuperación de áreas, restablecimiento de la vida en las lagunas, desarrollo de áreas recreativas y programa de reforestación.
Separación de desperdicios: reciclajes internos, establecimiento de convenios con recicladores externos, identificación de sinergias.
Promover una cultura de seguridad, orden y limpieza: sensibilizar y entrenar al personal en acciones de minimización de residuos, se puso en marcha programa SOL —seguridad, orden y limpieza—, evaluación semanal en los departamentos.

Resultados

Se han recuperado 4.5 hectáreas con área verde; se ha reducido tendencialmente la cantidad de producto fuera de especificación; se reciclan materiales a partir de vínculos con microempresas (se observan ejemplos en el cuadro siguiente); existe una conciencia ambiental en el personal.

Los beneficios obtenidos a partir de la estrategia adoptada dentro de la empresa para el control de las emisiones al aire tuvieron su expresión en términos de mejora del ambiente, beneficios económicos[6] y un mejor clima laboral que se explicaba porque los trabajadores estaban aprendiendo nuevas prácticas que los conducían hacia un objetivo común.

El desarrollo de nuevas prácticas y procesos entre el personal de la planta, así como la planeación estratégica que se adoptó con una visión orientada hacia la innovación ambiental, repercutió en ahorros energéticos importantes, resultado de una reducción en el consumo y en el nivel de emisiones generadas, así como por la sustitución de tipo de energía en algunos de los procesos; todo ello tuvo su contraparte económica.

En el cuadro siguiente se observa el ahorro económico que se derivó de las reducciones en el consumo de materias primas y en la reducción de las emisiones

[6] Se logró una reducción en el consumo de los energéticos, las emisiones disminuyeron en cerca de 400 mil toneladas en un periodo de cuatro años, y el ahorro económico rebasó los 26 millones de dólares.

de CO2. Asimismo, se estima el ahorro logrado cuando se sustituye al gas natural como fuente de energía, por vapor recuperado.

Cuadro 1. Impacto sobre consumo y emisiones, 1993-1997

Concepto	*Reducción del consumo*	*Reducción de emisiones de CO2*	*Ahorro económico (millones de dólares)*
Gas natural	112 080 000 m^3	181 400 ton	9.3
Aceite decantado	82 300 000 Kg.	29 700 ton	5.6
Energía eléctrica	38 600 000 Kw. h	6 300 ton	1.4
Total		217 400 ton	16.3

Fuente: elaboración propia con base en información de Nhumo.

Cuadro 2. Impacto por sustitución 1993-1997

Concepto	*Reducción del consumo*	*Emisiones de CO2 evitadas*	*Ahorro económico (millones de dólares)*
Gas natural/ secado	103 000 000 m^3	186 000 ton	10.42

Fuente: elaboración propia con base en información de Nhumo.

La adopción de toda esta serie de medidas por parte de la empresa respondió no sólo al objetivo de la recuperación de la empresa, sino que, además, era parte de una política corporativa del grupo DESC, que ya venía dando respuesta a las demandas de un mercado global, y de organizaciones como ANIQ, que promovían la adopción de programas ambientales como el de Responsabilidad Integral.

Sinergias y ecoeficiencias de la empresa

El segundo elemento que influyó en el proceso de cambio y en la incorporación de innovaciones ambientales dentro de la planta fue el inicio del proyecto By-Product Synergy en 1997, el cual generó importantes beneficios para las empresas participantes, en particular para aquellas que ya contaban con una estrategia orientada a la consideración del medio ambiente en sus procesos y que aprovecharon la metodología utilizada para sistematizar las acciones que venían desarrollando en forma incipiente o poner en marcha algunos proyectos, éste fue el caso de Nhumo, cuyos cambios en la organización del trabajo y en la tecnología dieron paso a un proceso de reestructuración y a una serie de acciones que la llevaron a ubicarse como una empresa limpia.

El proyecto le permitió a Nhumo reorganizar ideas y retroalimentarse para concretar varios proyectos e identificar posibles intercambios con empresas de la AISTAC y otras pequeñas empresas de la región.

El proyecto inició en 1997, facilitando una estrategia que combinaba ecoeficiencias y sinergias.[7] Las empresas del sur de Tamaulipas, en su conjunto, facilitaban su desarrollo por su cercanía, la existencia de la AISTAC, la visión común que tenían de lo ambiental —toda vez que en muchas de ellas ya existía, si no en la práctica, al menos en su visión—, la idea de identificar procesos más limpios y más eficiente; además existía un líder entre los asociados que tenía poder de convocatoria y credibilidad entre los gerentes.

Asimismo, el proyecto permitió que surgiera esa capacidad innovadora que adquieren algunas firmas, ya que se inició una dinámica para efectuar desarrollos y mejoras de los procesos y cambios en la organización del trabajo, en este caso, fundamentalmente para crear una nueva imagen al corporativo. El desarrollo de procesos de aprendizaje y la generación o readaptación de procesos la colocó como líder entre las empresas del corredor industrial y la difusión de los avances y conocimientos adquiridos se dio a partir de las reuniones de la Asociación de Industriales del Sur de Tamaulipas.

Un factor fundamental para impulsar las nuevas prácticas y rutinas dentro de las plantas, así como para avanzar en la primera etapa del proyecto, fue la dinámica de comunicación y trabajo que prevalecía en la AISTAC, bajo la cual podría romperse "fácilmente" el miedo a dar información; también hubo otro elemento que no se consideró como una ventaja en el momento, pero que más tarde facilitó la interacción y el diálogo: el hecho de que la mayoría de las empresas del corredor industrial pertenecía a la misma rama: la industria química y la petroquímica.

La participación de Nhumo en el proyecto llevó, hacia finales de los años noventa, a que la empresa contabilizara sus volúmenes de residuos reciclados con un modesto beneficio económico, además del beneficio ambiental claramente referido a una disminución en la disposición de materiales en la misma planta, en el basurero

[7] La diferencia que aquí se adopta con base en diversos documentos y autores, es que ecoeficiencia se refiere a procesos o medidas que se realizan dentro de la misma empresa y que reportan un beneficio económico y ambiental, en tanto que las sinergias exigen un intercambio y retroalimentación de la empresa con un agente externo (otra empresa u organización).

municipal o en las lagunas aledañas, y una reducción sustancial de emisiones a la atmósfera. La estimación de los volúmenes promedio anuales de los materiales que se vendieron o donaron para su reciclaje a microempresas de la región, le llevó a una modesta recuperación de más de 500 mil pesos al año, al vender productos como: chatarra, barredura de negro de humo, aluminio, plástico, cobre, vidrio y desechos orgánicos.

Los talleres de ecoeficiencia[8] organizados por la AISTAC a partir de 1998 constituyen los logros más importantes que se derivaron del proyecto By-Product Synergy, ya que generaron un espacio de aprendizaje y retroalimentación muy enriquecedor para las empresas, toda vez que se dieron a conocer entre sí las posibilidades de incursionar en diversos proyectos cuyo objetivo se centraba en la eficiencia económica, pero dándole el mismo peso e importancia a los efectos positivos que se derivarían en materia ambiental.

Estas experiencias compartidas entre los gerentes de ecología de las plantas se trasmitían a los trabajadores en cada una de ellas y se ofrecían incentivos para realizar cambios en las prácticas e instrumentar acciones innovadoras que respondieran a la nueva visión adquirida. Para algunas empresas, como Nhumo, la búsqueda permanente de ecoeficiencias se convirtió en el principio rector de su política interna.[9] Así lo manifestó en entrevista el jefe de ecología de la empresa: "Tratamos de que todos los residuos posibles sean reutilizados dentro de la planta o se canalicen con alguna otra empresa para que se reutilicen y aunque nuestras funciones esenciales nos demandan mucho tiempo, siempre estamos en la búsqueda de nuevos proyectos ecoeficientes" (J. Figueroa, entrevista, mayo de 2005).

La empresa Nhumo logró crear algunas sinergias con otras empresas, como fue la recepción de aceite residual de algunas plantas de la zona que es utilizado por Nhumo como materia prima, y con ello se consume menos combustóleo virgen y hay una proporción menor de aceite destinado al confinamiento. En este sentido, la empresa ha encontrado otras sinergias, en particular para canalizar los residuos que se generan en su proceso, siendo uno de las más consolidados no sólo en la empresa, sino

[8] La AISTAC ha realizado, a la fecha, tres talleres de Ecoeficiencia, en 1998, 2001 y 2003. El primer taller se realizó en el contexto del proyecto By-Product Synergy.

[9] Este principio de la ecoeficiencia surge en el ámbito de la Reunión de Río de Janeiro en 1992, cuando Eugenio Clariond señaló: "A cinco años de la *Cumbre de la Tierra*, empresarios, gobiernos y ciudadanos latinoamericanos nos preguntamos: ¿es viable la industria limpia en nuestra región?, habemos algunos, en número creciente, que pensamos que sí lo es. Sabemos, sin embargo, que no es una meta fácil. Existen una serie de obstáculos, malos hábitos y prácticas destructivas de nuestro entorno natural que debemos superar. Los empresarios, en general, compartimos un horizonte de tiempo de corto plazo que imposibilita la apreciación de nuestros intereses en el largo término".

también en la región, el caso del Proyecto Vulcano, que involucra la reutilización de gas y vapor generado en Nhumo y canalizado a INSA Corp. De algún modo, esta empresa se ha colocado, en poco más de una década, como una de las más dinámicas del corredor en materia de eficiencia ambiental.

El proyecto Vulcano

Vulcano fue considerado como un ejemplo real de sinergia exitosa y de un proyecto que fomentaba el crecimiento industrial bajo una lógica racional que no agredía al entorno. Basado en los resultados exitosos del Proyecto Tail Gas en 1995, el cual consistía en remplazar parte del gas natural fresco en el proceso de secado de negro de humo por gas residual, surgió la inquietud de saber qué más se podía hacer, ya que 60% de los gases residuales del proceso aún se estaba fugando hacia la atmósfera. La respuesta fue generar vapor a partir de la recuperación de gas residual.[10]

Bajo la lógica del proyecto By-Product Synergy se inició Vulcano, realizando un balance de materiales y energía para investigar sobre la generación de tecnología apropiada y desarrollar estudios que mostraran la viabilidad en el uso de la energía calorífica de gases residuales. Los diversos estudios determinaron que la capacidad del equipo de Nhumo en cuanto a consumo de gas era de 15 ton/h, pero si se consideraba a sus vecinos INSA y Crompton, el nivel de consumo podría acercarse a las 50 toneladas por hora.

La puesta en marcha de este proyecto se justificaba debido a que el proceso de manufactura de negro de humo está basado en una combustión insuficiente que genera grandes cantidades de gases residuales.[11] Sin embargo, instrumentar el proyecto implicó la reorientación de las actividades que realizaba el personal y, por tanto, una capacitación y el establecimiento de nuevas actividades y rutinas fundamentalmente de supervisión, dado que casi todos los proceso están automatizados.

[10] El proyecto respondió a los principios de la ecología industrial, que desde la perspectiva de la analogía del sistema industrial con el sistema biológico, plantea que en un sistema industrial puede darse un intercambio de recursos en forma cíclica. Los teóricos de esta corriente proponen una interpretación donde señalan que la forma en que se utiliza la materia y la energía en el sistema económico se asemeja de gran manera a la utilización de la materia y de la energía por parte de los organismos biológicos y los ecosistemas.

[11] Hasta 1993, los gases generados eran descargados en la atmósfera, su generación fue sustancialmente reducida a partir de una serie de adaptaciones tecnológicas del equipo, la implementación de procesos estandarizados y la introducción de gases reciclados en la fase de secado del negro de humo. Aun con estos cambios, el gas residual remanente tenía que ser quemado en altas chimeneas tipo antorcha para controlar la contaminación causada por tales efluentes.

Se hizo un gran esfuerzo para prevenir la generación de gases residuales y utilizar los recursos disponibles, lo cual sugirió el uso del gas residual remanente. Esto exigía evaluar las posibilidades de utilizar el gas residual y encontrar un cliente que consumiera este tipo de energía entre las compañías vecinas.

Los objetivos del proyecto fueron: la recuperación de energía catiónica que está en los gases residuales que se generan en el proceso de producción del negro de humo; usar el gas residual para generar 50 ton/h de energía saturada a 330 psig; minimizar las emisiones de CO2; reducir el nivel de óxidos de nitrógeno y sulfuro que se descargaban a la atmósfera; y reducir el costo de producción de la energía autogenerada.

Nhumo desarrolló toda la ingeniería básica utilizando el balance de materiales y energía para establecer las bases del proyecto, el control de parámetros y el *layout* de las instalaciones. El detalle de ingeniería fue desarrollado por un bufete industrial. La tecnología para gas residual era ya conocida y aplicada en empresas como Cabot, en este caso, se buscó adaptarla a la planta de Nhumo usando la creatividad del personal y apoyándose en la experiencia que habían ganado en la parte de reciclaje de estos gases para el proceso de secado.[12] La caldera de Vulcano fue diseñada con un alto y mejor nivel de automatización y flexibilidad en todos los aspectos de esta operación. Otra diferencia importante entre la caldera de Vulcano y las otras es la combinación de áreas verdes con instalaciones industriales en armonía.

Una innovación más del proyecto fue purgar la caldera,[13] y el agua regenerada en los proceso de tratamiento de agua es integrada dentro de un sistema de efluentes existente en Nhumo, el cual recicla el agua residual dentro del proceso, con lo que ha logrado llegar a cero descargas de aguas residuales.

Los resultados del proyecto fueron alentadores; para 2005 aún no estaba funcionando al 100% de su capacidad instalada, pero satisfacía los requerimientos de

[12] Vulcano empezó incorporando estos residuos de butadeno sin dificultad, tratándolo como un combustible adicional. Con ello se lleva a cabo, en la misma caldera, una sinergia de sub-producto con un impacto positivo en ahorros de tipo económico y una solución ambiental satisfactoria. La energía es distribuida hacia un sistema de tubería de tres usuarios: Nhumo dentro de la misma planta, INSA Emulsión a una distancia de aproximadamente 750 metros y Crompton Corp. (hoy Novaquim) a través de una tubería de aproximadamente 1.5 kilómetros; la cercanía entre las calderas de las tres plantas fue un factor decisivo, por cuestiones técnicas y por el costo de traslado del proyecto.

[13] La caldera utiliza 135 000 000 UTB/h de energía calorífica. La caldera de quemado fue diseñada con un tiempo definido suficiente para asegurar 99% de eficiencia en la incineración de gases residuales. Esto es superior a la eficiencia de 95% y 97% de los quemadores normales, lo que significa que las emisiones a la atmósfera contienen menos contaminantes. El diseño especial ha permitido quemar 3 ton/día de residuos de butadeno de la planta de INSA. En adición, el tamaño de la chimenea fue determinado de acuerdo con los modelos de dispersión de los gases que podrían ser arrojados para encontrar una aplicación estándar. Todo el equipo y tuberías calientes son aislados para conservar el calor.

autoconsumo y de las empresas socias INSA y Novaquim, y se consideraba viable incorporar otros proyectos dado que la capacidad instalada así lo permitía.

Desde que inició el proyecto se monitorea de forma permanente la combustión de gas y puede observarse que dicho nivel se ubica dentro de los parámetros establecidos en la legislación ambiental nacional. El sistema ha demostrado máxima eficiencia, las características técnicas y el tiempo establecido garantizan un mínimo de oxidación de 99% de óxidos de nitrógeno y sulfuro contenidos en los gases residuales. Esto es capaz de satisfacer las exigencias actuales de la Norma Oficial Mexicana 085-ECOL.

Parámetros	PST (mg/m^3) NOM-085 ECOL-94 325	NOX (PPM) NOM-085 ECOL-94 375	SOX NOM-084 ECOL-94 260

Desde el punto de vista ecológico, las prácticas a las que ha llevado el proyecto garantizan un uso eficiente de materiales. El uso de gas residual como combustible en lugar de combustible fresco evita la generación de descargas adicionales de CO2 a la atmósfera. Se estima que 3 000 000m^3/mes (36 millones por año) de gas natural fresco fue salvado y con esta fuente de energía se empezó una reserva para el desarrollo de otros proyectos. Esta medida removió las emisiones de gas en 4 000ton/mes de CO2, ayudando a reducir los efectos adversos del calentamiento global. Esa cantidad de CO2 podía ser absorbida por un poco más de 6 millones de árboles, lo que muestra la importancia de reducir las emisiones de gas.

En relación con el beneficio económico, la inversión planeada para el proyecto fue del orden de 5 millones de dólares y la recuperación de la inversión se logró en menos de cinco años.[14] En estos años la generación de vapor para comercializar y para autoconsumo permitió obtener un flujo de efectivo adicional para el negocio estimado en dos puntos porcentuales adicionales a sus utilidades de operación.

La comercialización del excedente de energía produce ingresos adicionales para la compañía que equivale a ventas aproximadas de 150 mil dólares por mes, lo que da una idea del flujo de recursos generado. Además, el butadieno quemado representa un ingreso adicional de cerca de 100 mil dólares anuales. La recuperación de energía desde el gas natural para la producción de calor ha sido capaz de reducir los costos del consumo interno de Nhumo, el cual había estado gastando cerca de 60 mil dólares anuales por consumo de energía.

[14] Se estima que los beneficios de proyectos de este tipo son del orden de aproximadamente 1.9 millones de dólares por año.

En cuanto a los procesos de aprendizaje para llevar adelante el proyecto, se percibe que entre el personal de Nhumo están convencidos de que todas las mejoras ecológicas resultan en mejoras económicas, y que si se enfocan a un efluente o residuo, el cual es inevitable que sea descargado, la mejor opción es la recuperación y el reciclaje; ello ha modificado la mentalidad de la gente que colabora en el proceso. Más allá de una intensa capacitación para adoptar y operar con las nuevas tecnologías, se dio una especie de "concientización" y actualmente los trabajadores se sienten contentos de que su participación y su trabajo contribuyan a mejorar las condiciones ambientales.

Sinergia derivada del proyecto

El proyecto Vulcano, que pone en marcha Nhumo, logra consolidar una sinergia que integra a tres empresas: la propia Nhumo en más de un proceso, INSA-Emulsión[15] y Crompton Corporation;[16] ya se señaló que la capacidad de la caldera de Nhumo rebasaba las necesidades de la propia empresa, lo que permitió establecer la sinergia con dos empresas vecinas, lo cual técnica y económicamente era factible dada la cercanía de las instalaciones.

En 1977, Cydsa adquiere 100% de las acciones de esta empresa, pero para 1981 Uniroyal Chemical Company compra 40% de las acciones y se convierte en socio de Cydsa en la planta de Altamira. En 1993, Uniroyal Chemical Company negocia la adquisición de 60% correspondiente a Cydsa, quedando como único propietario de la planta. Desde enero de 2000, el Grupo Crompton Inc. se fusionó con Uniroyal Chemical Company, dando origen a Crompton Corporation. El mercado principal de los productos de Crompton Planta Altamira es la industria hulera tanto nacional como internacional.

Por su parte, Industrias Negromex, S. A. (INSA) inició sus operaciones en 1967 en Altamira, con una capacidad de producción actual de 140 mil toneladas anuales de hule sintético. Ésta es una empresa dedicada a la fabricación de polímeros en emul-

[15] INSA y Nhumo son empresas independientes, pero pertenecen al mismo corporativo, de modo que a partir de 2004 se integran en una sola administración y actualmente el jefe de la sección de ecología es el mismo en ambas plantas.

[16] La empresa Crompton Corporation se formó en 1966 estableciéndose en Altamira, Tamaulipas; inicia operaciones en 1972 con una capacidad instalada de 6 600 toneladas por año. La planta produce hulequímicos que se usan como antioxidantes, antiozonantes, ultra-aceleradores, paradores de reacción y algunas especialidades para la industria del plástico y agroquímicos.

sión, entre los cuales se encuentran el polibutadieno, los copolímeros estirenobutadieno, nitrilo butadieno y látices especiales dirigidos al mercado llantero, zapatero, de cables, mangueras, aislamiento, películas fílmicas y goma de mascar. El proceso en emulsión supone la mezcla de dispersiones coloidales (apariencia de gel) de una fase dispersa (sólida, líquida o gas) en otra dispersora (sólida, líquida o gas), de forma tal que no se mezclan completamente al tener una interfase que los separa.

INSA desarrolla su producción en varias etapas y utiliza diversas operaciones unitarias después del almacenamiento (con la adición de un inhibidor de polimerización) en condiciones especiales, dadas las características del estireno (líquido) y butadieno (gas). Entre dichas operaciones se tiene la purificación de materias primas, reacción que involucra la adición de un iniciador de reacción y la adición de un sistema de transporte (agua) para el material una vez polimerizado, mezclado con adición de antioxidantes para asegurar la homogeneidad del producto y protegerlo de la degradación, coagulación para remover el medio de transporte y obtención de partículas de hule sólidas, pero húmedas, y el secado del material obtenido para posteriormente ser enfriado por aireación y empacarlo como producto final.

En ambas empresas los procesos productivos demandan el uso de gas natural para el funcionamiento de sus calderas. A raíz del proyecto BPS y de la experiencia que ya tenía Nhumo con el proyecto Tail Gas, se encontró como una oportunidad aprovechar el gas residual excedente de Nhumo para alimentar el proceso en otras plantas, lo cual ya se explicó en el proyecto denominado Vulcano. La experiencia demandó algunos cambios en la planta de Nhumo y permitió el flujo de energía —vapor derivado del gas residual— de ésta hacia otras dos plantas.

Esquema 1. Proceso (proyecto Vulcano)

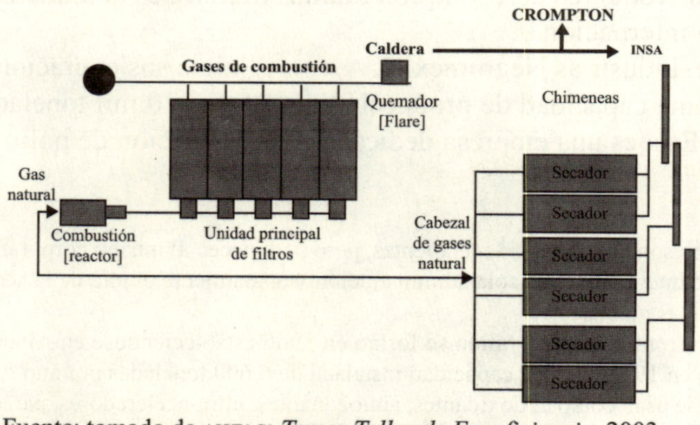

Fuente: tomado de AISTAC; *Tercer Taller de Ecoeficiencia*, 2003.

Las empresas firmaron un contrato por tiempo indefinido donde se establecía que Nhumo abastecería de vapor derivado del gas residual a las plantas vecinas de INSA y Crompton.

El ahorro que se estimaba era de al menos 15% en relación con el costo que implicaba seguir alimentándose con gas natural; el beneficio ambiental era enorme. Al principio surgieron ciertos temores, al parecer, existía desconfianza tanto sobre el buen funcionamiento de las calderas como de que se generara de manera permanente el volumen necesario para abastecer los tres procesos sin enfrentar escasez en algún momento.

Desde un principio, INSA paró sus tres calderas, que se sustituyeron por el vapor que enviaba Nhumo a través del ducto, las mantenía con piloto "por si acaso". Después de seis años, ya consideraron la posibilidad de desmantelarlas en su totalidad. Algunos datos proporcionados por la sección de ecología dan cuenta de los ritmos de abasto y venta de energía por parte de Nhumo a las otras empresas.

Flujos de energía

Una parte fundamental del proyecto está en la responsabilidad que tiene el personal de supervisión. En la empresa Nhumo se ha realizado un recuento desde hace cinco años, las 24 horas del día y durante todo el año (con excepción de aproximadamente tres semanas en dicho periodo durante las cuales se detiene la planta para darle mantenimiento), del vapor que se genera en la caldera y de los volúmenes de vapor que se transfieren hacia procesos internos y hacia las otras dos empresas. Esta información permitió la construcción de una matriz de flujos de energía hacia cuatro destinos, la cual revela que durante los dos primeros años del proyecto, Crompton compró alrededor de 20% del vapor, e INSA cerca de 75% en promedio, el resto lo consumía Nhumo.

Para el año 2004, el vapor transferido hacia Crompton ascendía apenas a cerca de 5% del total generado, en tanto que hacia INSA se canalizaba poco más de 80%. Esto posiblemente se explica porque hubo venta de acciones en el primer caso y a partir de esa fecha la empresa se denomina Novaquim; no se tiene claridad sobre si la reducción en el volumen de compra responde únicamente a ello o se presentó alguna limitación de carácter técnico. Para INSA, por el contrario, tal incremento en el volumen adquirido responde a que en la actualidad pertenecen al mismo corporativo y se manejan con una sola administración, por tanto, la meta es que la planta Nhumo llegue a cubrir 100% de sus necesidades de vapor y también el total de la planta de Industrias Negromex.

Cuadro 3. Flujo de vapor, septiembre 1999-febrero 2005 (toneladas)

Año	*Nhumo*	*INSA*	*Crompton*	*Nitrilo*	*Total*
2005	3 066	30 101	1 730	0	34 897
2004	16 483	166 502	8 326	0	191 311
2003	11 774	149 504	13 773	8 531	183 582
2002	6 798	91 933	23 289	1 584	123 604
2001	n/d	n/d	n/d	n/d	n/d
2000	10 275	153 805	45 683	5 481	215 244
1999	3 761	40 895	0	2 960	47 616

Fuente: elaboración propia con base en información proporcionada por Nhumo.
n/d: no disponible.

Al revisar los datos agregados, se observa que el año 2000 fue el de mayor producción y vuelve a presentarse una ligera recuperación hacia los años 2003 y 2004; en el caso del año actual, sólo se obtuvo información para los dos primeros meses, y la información de 2001 no se proporcionó debido a que una falla del equipo en la empresa borró la información.

Gráfico 1. Proyecto Vulcano

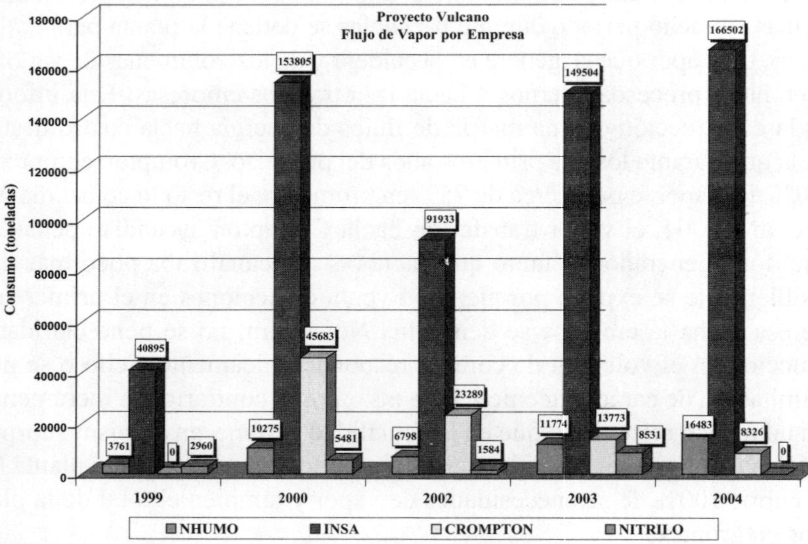

Fuente: elaboración propia con base en la información proporcionada por Nhumo.

Otro beneficio importante fue la reducción en el consumo de gas natural "fresco" por parte de las empresas. INSA registró la mayor reducción en su consumo de gas natural, ya que fue la que recibió, desde el principio, la mayor transferencia de vapor. En entrevista, el jefe de ecología y los técnicos responsables del monitoreo en la producción y distribución del vapor, señalaron que el ahorro al sustituir gas natural por vapor es de aproximadamente 15% respecto al consumo anterior.

Flujos económicos

En relación con el costo, a partir de una serie histórica sobre el precio del gas natural, se hizo una estimación de cuánto han gastado, en los últimos 26 meses, cada una de las empresas por la compra de dicho energético para sus procesos. Posteriormente, y considerando 15% de ahorro, se estimó que se gasta en promedio 500 mil pesos al mes por empresa en el gas natural, y la contraparte de ahorro está reflejada en un promedio estimado mensual de 100 mil pesos.

Consideraciones finales

La investigación realizada confirma la trascendencia, para la empresa moderna, de operar bajo una visión que incorpore en forma permanente y en todos los ámbitos a la innovación. El desarrollo permanente de innovaciones es ahora una exigencia en el mercado, no sólo porque lleva a incrementos en la productividad, sino porque la diferenciación que genera respecto a la competencia garantiza una ventaja temporal para la organización.

Debido a que la innovación permanente en las empresas se ha conformado como un elemento clave para la competitividad, las compañías buscan un mejor posicionamiento en el mercado desarrollando nuevos procesos, nuevos productos e innovadoras estrategias de venta.

La industria química y petroquímica se basa en el procesamiento del combustible fósil para la producción de *commodities* —insumo no renovable y productos no degradables—, opera con un flujo intenso de energía y de biomasa, lo que la pone en una situación particular frente a otro tipo de productos de la industria manufacturera, colocándola en el mercado como una "industria sucia", lo cual impacta sobre su imagen en el mercado.

Dado que se trata de un sector altamente exportador, enfrenta algunas de las demandas de la competencia internacional, como son el crear una imagen de industria limpia, y en ello se han concentrado diversos esfuerzos para innovar en materia de reciclaje de materiales, disminución de descargas de aguas residuales, reducción en el consumo de energía, etcétera.

En el estudio se observó que la innovación se gesta sólo a través de la correlación con el aprendizaje de nuevas rutinas y la gestión del conocimiento. Las innovaciones de carácter tecnológico que se llevaron a cabo dentro de la planta de Nhumo trajeron consigo un cambio organizacional, el manejo de nueva información, y tuvieron que propiciarse procesos de aprendizaje entre los empleados para operar bajo condiciones distintas.

Cuando se ponen en marcha estrategias orientadas a reducir el impacto negativo sobre el ambiente, los beneficios ecológicos y económicos que se logran, según se señala en diversos análisis, se pusieron de manifiesto en la zona, aunque los resultados observados pudieran ser limitados hasta ahora. Nhumo es un ejemplo de aquel tipo de empresas dentro del sector que, a pesar de arrastrar el estigma de ser empresas contaminantes, han tomado acciones orientadas hacia una mejora ambiental y las repercusiones de ello sobre la comunidad han sido positivas.

El proyecto Vulcano, en particular, representa una experiencia exitosa de innovación en la generación y consumo de energía eficiente. Al canalizar de manera adecuada el intercambio de flujos de energía, se ha logrado un ahorro económico de alrededor de 15% y una reducción importante de las emisiones al ambiente.

Sin embargo, la condición básica para avanzar en este tipo de procesos innovadores va más allá de las posibilidades del cambio técnico o de la complementariedad y cercanía de los procesos entre empresas; requiere modificar las formas de trabajo, los hábitos de los empleados, las relaciones tradicionales empleado-patrón, además de un entorno institucional exigente que demande normas estrictas y regulaciones claras que favorezcan las acciones necesarias para incentivar innovaciones ambientales en forma permanente y secuencial.

Bibliografía

AISTAC (2004), Minuta del 15 de mayo.

________ (2003), *Estudio Previo de la Zona Sur del Estado de Tamaulipas*, documento interno.

________ (1997), *Primer Taller de Ecoeficiencia*, Tampico.

________ (2000), *Segundo Taller de Ecoeficiencia*, Tampico.

________ (2003), *Tercer Taller de Ecoeficiencia*, Tampico.

Ausubel, H. (1992), "Industrial Ecology: Reflections on a Colloquium", *Proceedings of the National Academy of Sciences*, núm. 89, febrero.

Ayres, R. y L. Ayres (1996), *Industrial Ecology: Closing the Materials Cycle*, Cheltenham, Reino Unido y Lime, Edward Elgar.

________ (1989), "Metabolismo industrial y cambio mundial", *Rev. Internacional de Ciencias Sociales,* núm. 21; septiembre, UNESCO.

________ (1993), "Industrial Metabolism. Closing the Materials Cycle. The Principles of Clean Production", versión electrónica.

________ (2000), "Resource Scarcity, Growth and the Environment", *Working Paper,* INSEAD, The Center of the Management of Environmental Resource, 2000/31/EPS/CMER.

________ y L. Ayres (2002), *Kalundborg. In Handbook of Industrial Ecology*, Cheltenham, Reino Unido, Edward Elgar.

Bell, M. y K. Pavit (1993), "Technological Accumulation and Industrial Growth: Contrast Between Developed and Developing Countries", *Industrial and Corporate Change*, 2 (2).

BCSD-GM (1997), *By-Product Synergy: A Strategy for Sustainable Development-A Primer*, abril.

________ (1999), *By-Product Synergy: A Demonstration Project*, Tampico, México, agosto.

________ (1997), *Sinergia de subproductos: una estrategia para el desarrollo sostenible. Manual*, agosto.

Carrillo, G. (2001), "Economía ecológica y ecología industrial", en J. Morales y L. Rodríguez (comps.), *Economía para la protección ambiental. Ensayos teóricos y empíricos*, México, UAM-Azcapotzalco.

________ (2004), "Ecología industrial y criterios de interacción", en Fernández y Saleme (comps.), *Dimensión social y humana del crecimiento económico*, México, UAM-X.

Croguennec, A. y A. Lara (2005), "Co-evolución de *clusters*, empresas e instituciones en la frontera norte de México", México, UAM-Xochimilco, mimeo.

Díaz, F. (2003), *Innovación tecnológica y ambiente. La industria química en México*, México, UAM-Xochimilco.

________ (2005), "Monografía de estudio de caso: innovación tecnológica y medio ambiente en el sector químico del grupo DESC", *Documento de trabajo*, University of East Anglia-Norwich.

Dussel, E. (1998), *La subcontratación como proceso de aprendizaje: el caso de la electrónica en Jalisco (México) en la década de los noventa*, Santiago de Chile, CEPAL/GTZ, LC/R. 1808.

Fussler, C. (1999), *Eco-innovación. Integrando el medio ambiente en la empresa del futuro*, España, Mundi Prensa.

INEGI (2004), *La Industria Química en México*, México.

Lall, S. (1992), "Technological Capabilities and Industrialization", *World Development*, vol. 20, núm. 2.

Lara, A. (2000), "Proveedor exclusivo, aprendizaje tecnológico y *clusters*", México, Universidad Autónoma Metropólitana-Xochimilco, mimeo.

Martínez, A. y J. Roca (2000), *Economía ecológica y política ambiental,* México, FCE-PNUMA.

Nhumo (2004), "Perfil del negocio", *Documento de trabajo interno.*

Nonaka (1994), "Dynamic Theory of Organizational Knowledge Creation", *Organizational Science 5*, febrero.

Nooteboom, B. (2000), *Learning and Innovation in Organizations and Economies*, Oxford University Press.

Yoguel, G. y F. Boscherini (1996), "La capacidad innovativa y el fortalercimiento de la competitividad de las firmas: el caso de las PYME exportadoras argentinas", *Documento de Trabajo Núm. 71*, Buenos Aires, CEPAL.

________ (1998), "El ajuste empresarial frente a la apertura: la heterogeneidad de las respuestas de las PYME", *Revista Desarrollo Económico*, vol. 38, Buenos Aires.

El Sistema Sectorial de Innovación del Calzado: el caso Guanajuato

Adriana Martínez[1]

Introducción

Con más de cien años de presencia en Guanajuato, la industria del calzado se ha convertido en una de las principales actividades económicas del estado. En la actualidad se encuentra presente, principalmente, en los municipios de León, San Francisco del Rincón y Purísima, aportando 8.9% del PIB estatal[2] y ofreciendo 75 mil empleos directos[3] y 120 mil[4] empleos indirectos, además concentra 63% de la producción nacional de calzado.[5] Los elementos que apoyan esta concen-

[1] Doctora en Estudios Sociales por la UAM-I, actualmente funge como Coordinadora de Estudios y Política Científica y Tecnológica del Concyteg. Es miembro del SNI Nivel 1. Correo electrónico: amartinezmar@guanajuato.gob.mx, adriana1968@prodigy.net.mx

[2] Si tomamos en cuenta al sector cuero y textil, el porcentaje aumenta a 15.57% (según cifras de la Secretaría de Desarrollo Económico Sustentable del Estado).

[3] Según datos aportados por el alcalde de León en la inauguración de la cuadragésima octava edición de la *Feria Sapica 2003*. Según la página de la Secretaría de Desarrollo Económico Sustentable, el estado de Guanajuato aporta 66 688 puestos y cuenta con 3 548 empresas. Sin embargo, las cifras del INEGI para el mes de agosto de 2003 cambian radicalmente y este instituto señala que los puestos se han reducido drásticamente a la cifra de 22 384.

[4] Según datos que aparecen la página electrónica de la Secretaría de Desarrollo Económico Sustentable del Estado de Guanajuato.

[5] Cifra arrojada por el *Primer Censo de la Industria del Calzado,* CICEG *2004*. En éste se identificaron en el año 2003 a 2 384 empresas productoras de calzado. De éstas, 88.76% participó en el censo.

tración son, entre otros, el acceso a mano de obra calificada, el acceso a proveedores, y la infraestructura de comunicación.

La concentración geográfica, la presencia de todos los actores de la cadena productiva cuero-calzado, la instrumentación de políticas de apoyo, así como el entorno institucional, hacen pertinente hablar de un Sistema Sectorial de Innovación de Calzado (SSIC), que, sin embargo, no ha logrado su consolidación. Esto necesariamente nos conduce a cuestionarnos: ¿por qué a pesar de su presencia legendaria el SSIC no ha logrado consolidarse?, ¿qué papel ha desempeñado el entorno institucional en la acumulación de capacidades de innovación sectoriales?, ¿cuáles son los obstáculos que han frenado el aprendizaje y la innovación tanto dentro de las empresas como del Sistema Sectorial de Innovación de Calzado?

Para dar respuesta a lo anterior, hemos dividido el presente artículo en los siguientes apartados:

1. El Sistema Sectorial de Innovación del Calzado.
2. Programas de apoyo.
3. Conclusiones.

El Sistema Sectorial de Innovación del Calzado

Desde 1897, la producción de calzado en Guanajuato comenzó a perfilarse como una de las actividades más importantes para la economía del estado, que ha generado decenas de miles de empleos desde su aparición. Podemos decir que el mercado de trabajo, e incluso la sociedad civil, han estado organizados en torno a esta industria, sobre todo en los municipios de León, San Francisco del Rincón y Purísima.

A principios del siglo pasado había una predominancia de pequeños talleres conocidos como "picas", en donde la organización del trabajo era familiar. En dicha época existía un gran aprecio por el oficio de zapatero. Con el transcurso del tiempo se fueron incorporando dentro de algunas empresas, maquinaria y equipo, nuevos materiales, cambios organizacionales, productivos y tecnológicos. Con la introducción de maquinaria cada vez más especializada proveniente principalmente de Estados Unidos, Alemania y Checoslovaquia, se presentó el fraccionamiento del proceso productivo.

Las décadas de los sesenta y setenta fueron importantes para la industria del calzado, durante éstas surgen instituciones y eventos que comenzaron a delinear su entorno institucional: 1964, Asociación Mexicana de Productores Exportadores de

Calzado (AMPEC); 1976, Centro de Investigación y Asesoría Tecnológica del Sector Cuero-Calzado (Ciatec);[6] 1970, la Exposición Mexicana de Calzado e Industrias Afines; 1974, el Primer Salón de la Piel y el Calzado (Sapica).

A partir de los años noventa se comenzaron a impulsar programas para influir en la consolidación del sector calzado en León. Entre los más importantes tenemos: en 1992, la entonces Secofi impulsó el Programa para Promover la Competitividad e Internacionalización de la Industria de la Curtiduría y el Calzado; en 2002, la Cámara de la Industria de Calzado del Estado de Guanajuato (CICEG), en conjunción con la Secretaría de Economía, lanzaron el Programa de Competitividad Internacional del *Cluster* Cuero Calzado (Procic), que en el año 2006 ofreció su tercera versión más la Visión 20/20 de la industria.

Ahondando en las características del SSIC, podemos señalar que existe una gran heterogeneidad en su composición: sólo 2%[7] de las empresas son grandes y cuentan con procesos productivos semi-automatizados, producen miles de pares de zapatos al día, mantienen una mayor vinculación con las instituciones de apoyo existentes y cuentan con algún departamento que promueve las innovaciones.[8] El restante 98% está compuesto por pequeñas y medianas empresas (PYME) y microempresas que tienen como principales fuentes de innovación las revistas y ferias —como Sapica—, de donde copian los modelos exhibidos en ellas; sus procesos productivos son mecanizados o incluso artesanales, producen desde decenas hasta cientos de zapatos al día, mantienen una débil vinculación con las instituciones, carecen de técnicas en materia de comercialización, planificación, diseño, investigación y desarrollo, así como pruebas de laboratorio; sus sistemas de administración son de tipo familiar. Todo esto constituye una gran limitante a su inclusión en el proceso de globalización y respuesta a las exigencias actuales de competitividad.

El escaso dinamismo en tecnología es otra de las características de la industria del calzado; ésta no genera cambio tecnológico y toma ventajas de las innovaciones realizadas en los sectores productores de bienes de capital e insumos. Las innovaciones realizadas por éstos van encaminadas a aumentar la productividad de los operarios (por ejemplo, han introducido máquinas pespuntadoras con sistema posicionador de agujas y cortahilos, así las máquinas modernas pueden realizar más

[6] Actualmente, su denominación es: Centro de Innovación Aplicada en Tecnologías Competitivas.

[7] Datos de acuerdo con el Censo de la Industria del Calzado del Estado de Guanajuato, 2004.

[8] En este tipo de industria (de las llamadas tradicionales) las innovaciones están encaminadas a la modificación del diseño y al uso de nuevos materiales y responden a la temporada, pues el mercado del calzado evoluciona a la par que la moda, por lo que son frecuentes los cambios de estilo. La introducción de los nuevos productos se planea con un año de anticipación.

puntadas por minuto). En las industrias de la curtiduría, hormas y químicos, se han realizado innovaciones en cuanto a la introducción y uso de nuevos materiales, de nuevos pegamentos. En este sentido, las capacidades de innovación de las empresas del calzado se ven afectadas por la capacidad que tienen sus proveedores de hacer modificaciones, ya sea en la materia prima o en la maquinaria que se utiliza en la producción del calzado, así como en los costos y calidad de los insumos. Mientras que en la fabricación de calzado la innovación se reduce a los cambios de los diseños, por lo general, las empresas participan en las principales ferias de exhibición de calzado, tanto nacionales como internacionales, en donde se muestran las tendencias de la moda y de los materiales. Es a través de tales eventos que las empresas copian los nuevos modelos para posteriormente modificar sus productos. Dadas estas características y utilizando la tipología desarrollada por Keith Pavitt (1984), clasificamos este proceso como "dominado por el proveedor".

En la fabricación del calzado ni siquiera se han logrado introducciones masivas de procesos de producción mecanizados y automatizados. Empresas como Emyco, Coloso, Flexi, Dogi, Caborca, Siete Leguas, Grupo Court, Caribean, Comando y Cuadra cuentan con máquinas autómatas, de inyección y/o bordadoras; pero en términos generales, la industria sigue siendo intensiva en mano de obra con una alta utilización de maquinaria mecánica. Por tanto, el factor humano es el más importante para la industria, y con esto, el "efecto experiencia" —característico en las industrias tradicionales— desempeña un papel relevante en la productividad. En este tipo de empresas las principales modalidades de aprendizaje presentes son el "aprender haciendo" (*learning by doing*) y el "aprendizaje interactivo" (*learning by interacting*), los trabajadores aprenden en el proceso mismo de producción y en la interacción con sus compañeros. Estas modalidades se presentan en la mayoría de las empresas, sin importar su tamaño. En las empresas pequeñas, los trabajadores más antiguos capacitan a los nuevos, mientras que en las "picas"[9] la transmisión es por tradición: el oficio se hereda dentro de la misma familia. Esta forma de transmisión de los conocimientos hace que las empresas trabajen con una calidad no estandarizada y obtengan productos de calidades diversas. Ello se intensifica por la débil codificación de los "saberes técnicos", fenómeno menos intenso en las empresas grandes, las cuales cuentan —o al menos están en proceso de— con registros de los procesos de producción. Tal codificación está presente en las empresas que cuentan con alguna certificación o que están en proceso de certificarse.

[9] Las "picas" son talleres familiares.

Expuesto lo anterior, podemos decir que las *capacidades de innovación* y de *aprendizaje* en las empresas son precarias,[10] lo que se refleja en la presencia internacional de las empresas, medida a través de su nivel de exportación. De acuerdo con el primer censo industrial, durante el año 2003 sólo 8.65% de ellas exportó; las que no lo hicieron señalaron como causas, en orden de importancia, el desconocimiento de mercados (52%), no tienen capacidad (8%), no han podido (7%), caída de la demanda (5%), no les interesa (5%), otras razones (23%).

Tabla 1. Exportaciones 2003

	León		*San Francisco del Rincón*		*Purísima*		*Total*	
	Número	*%*	*Número*	*%*	*Número*	*%*	*Número*	*%*
Sí	166	9.67	7	2.37	10	9.52	183	8.65
No	1 550	90.33	288	97.63	95	90.48	1 933	91.35
Total	1 716	100.00	295	100.00	105	100.00	2 116	100.00

Fuente: CEESP-L (2004), *1er. Censo de la Industria del Calzado,* CICEG *2004.*

Capacidades de innovación del SSIC

En este apartado ahondaremos sobre las capacidades de innovación del SSIC. Primero debemos mencionar que dentro del marco de este artículo las *capacidades de innovación* representan

> la habilidad de una empresa de utilizar de manera eficiente tanto sus competencias internas (aprendizaje tecnológico y modos de construcción del conocimiento) como sus competencias externas (el uso del conocimiento externo a través del establecimiento de redes de relaciones sociales que la empresa establece con otras instituciones: proveedores, usuarios, universidades, centros de investigación, etcétera) que le permite elaborar nuevos productos u ofertar nuevos servicios, e incluso el mejoramiento de los ya existentes. Además, se encuentran incrustadas social y culturalmente (Martínez, 2006: 81).

[10] Dada la marcada heterogeneidad de la industria, debemos ser cuidadosos en estas aseveraciones, pues podemos caer en generalizaciones que no aplican a todo el conjunto de las empresas, ya que dentro de la industria tenemos empresas que no sólo han sido capaces de permanecer en el mercado, sino que además son consideradas como innovadoras.

Esquema 1. Capacidades de innovación

Fuente: elaboración propia.

Las capacidades de innovación dependen del tipo de producto o servicio que proporcione la empresa. Por ejemplo, en un sector de alto valor agregado (como biotecnología, electrónica, etcétera) las actividades de investigación y desarrollo (I+D) desempeñan un papel trascendental. Pero en sectores tradicionales, de bajo nivel agregado (por ejemplo, confección, calzado, etcétera), otras actividades son las que importan, tales como la logística. En el sector calzado, específicamente, la innovación tiene que ver con el diseño y el tiempo. En el proceso de diseño la relación que establezcan las empresas con sus clientes es trascendental.

Las capacidades de innovación pueden proveer ventajas competitivas si están basadas sobre una colección de rutinas, habilidades y activos complementarios que son difíciles de imitar, ello significa que para comprenderlas es necesario conocer todo el contexto y no sólo a ellas de manera aislada. Por ejemplo, en el sector calzado si una empresa imita el producto del líder, pero no reproduce los sistemas técnicos y sociales que se necesitan para materializar dicho producto, en realidad no está aprehendiendo la ventaja competitiva del líder. En palabras de Leonard-Barton (1995), aun cuando una empresa manufacture de manera excelente, esto no representa una capacidad de innovación, pues el contenido del conocimiento requerido para desarrollar tales operaciones está disponible a todos los competidores.

Dentro de las *competencias internas* de la empresa consideramos las siguientes:

- *Creación y capitalización del conocimiento*: surge de la conversión del conocimiento tácito en conocimiento codificado. Es importante establecer mecanismos de codificación del conocimiento tácito sin perder de vista que no todo el conocimiento tácito puede ser codificado; existe una parte que siempre permanecerá tácito. En la conversión del conocimiento ejercerán un papel muy importante los espacios de aprendizaje que se configuren dentro de la empresa. Dentro de estos espacios de aprendizaje, las redes sociales tomarán un papel preponderante, es decir, cómo, con quién y qué tipo de conocimientos comparten los actores sociales, además de hasta qué punto los actores sociales están dispuestos a compartir y codificar el conocimiento que poseen. En la capitalización del conocimiento desempeña un rol fundamental el sistema de incentivos que maneje la empresa; dependiendo de si éstos están alineados a los objetivos y son otorgados a las personas adecuadas, los logros de las empresas pueden o no cumplirse.

- *Actividades de aprendizaje tecnológico*: son actividades que permiten la interacción de los actores sociales y los enfrentan a situaciones en las que a través del uso del conocimiento pasado pueden generar nuevo conocimiento. Entre estas actividades tenemos: *a)* la adquisición y el uso de la tecnología, *b)* la resolución de problemas, *c)* el establecimiento de sistemas de control de calidad, y *d)* la creación y/o mejoramiento de productos y/o procesos. Estas actividades pueden tomar lugar en cualquier parte de la empresa y pueden ser realizadas por trabajadores de cualquier nivel jerárquico.
- *Proceso productivo*: el tipo de proceso productivo nos señala si el trabajador puede o no utilizar su conocimiento tácito en la empresa. Por ejemplo, si el proceso de producción es fordista, los trabajadores se limitarán a realizar sus funciones en el tiempo estipulado; en cambio, si la empresa está organizada bajo esquemas de producción flexible, esto permitirá que se generen espacios de aprendizaje a través de los cuales los trabajadores compartirán sus conocimientos.

Dentro de las *competencias externas* identificamos:

- *Uso del conocimiento externo*: se refiere a la relación que la empresa establece con sus proveedores, sus clientes, las universidades, los institutos tecnológicos, los centros de investigación y los organismos empresariales. Aquí evaluamos el tipo de relación que se establece, así como la frecuencia.

La combinación de ambos tipos de competencias se verá materializada en las innovaciones que la empresa sea capaz de llevar al mercado, en el caso de innovaciones en los productos, o desarrolle dentro de la empresa, en el caso de las innovaciones a los procesos.

La efectividad de esta combinación depende en gran medida de las redes sociales que se establezcan, es decir, si éstas permiten que la comunicación fluya con la intensidad y la dirección correctas.

Creación y capitalización del conocimiento

En este tipo de industria, la educación formal para los trabajadores directos no desempeña un papel importante. Por lo general, el nivel de escolaridad es de primaria. Las habilidades requeridas en la industria son básicamente de destreza manual, los trabajadores son especialistas en su "fracción" —como se le suele denominar en el ámbito zapatero a las distintas fases del proceso productivo— de trabajo. La existencia de un trabajo cada vez más fraccionado que promueve la presencia de especialistas representa para las empresas pequeñas (sobre todo para las "picas") problemas de reclutamiento de trabajadores. Por su estructura, dichas empresas necesitan contratar trabajadores generalistas que tengan una visión global del área de producción en la que van a trabajar y no sólo un conocimiento exclusivo de su fracción.

La formación de los recursos humanos, por lo general, se realiza de manera informal: en el mismo puesto de trabajo, máxime que la mayoría de las empresas contrata a los trabajadores bajo la consigna de que la gente ya conoce perfectamente su fracción. De acuerdo con el *1er. Censo de la Industria del Calzado*, sólo 20.94% de las empresas capacitó a sus trabajadores en el año 2003.

Tabla 2. Capacitación 2003

	León		*San Francisco del Rincón*		*Purísima*		*Total*	
	Número	*%*	*Número*	*%*	*Número*	*%*	*Número*	*%*
Sí	346	20.16	62	21.02	35	33.33	443	20.94
No	1 370	79.84	233	78.98	70	66.67	1 673	79.06
Totales	1 716	100	295	100	105	100	2 116	100

Fuente: CEESP-L (2004), *1er. Censo de la Industria del Calzado, CICEG 2004.*

Un problema en la industria es el alto índice de rotación de los trabajadores directos. Éste guarda una relación inversa con el tamaño de la empresa, es decir, es mayor a menor tamaño de empresa. Esto puede corroborarse con los datos de la tabla 3, en donde se puede ver que en las micro empresas el índice anual es de 50%, lo que constituye un dato alarmante, pues repercute de manera negativa en la conformación de espacios de aprendizaje y en la construcción del conocimiento en las empresas.

Tabla 3. Índice de rotación 2003

Municipio / *Tamaño de empresa*	*León*	*San Francisco del Rincón*	*Purísima*	*Total*
	Promedio	*Promedio*	*Promedio*	*Promedio*
Micro	38%	67%	50%	50%
Pequeña	30%	48%	42%	37%
Mediana	28%	29%	34%	29%
Grande	22%	14%	9%	21%

Fuente: CEESP-L (2004), *1er. Censo de la Industria del Calzado,* CICEG *2004.*

Para enfrentar este problema, las medianas y grandes empresas han diseñado las siguientes estrategias:

- Elaboración de programas de capacitación que tomen en cuenta factores como la calidad, la motivación y el trabajo en equipo.
- "El compañero de atrás aprende la fracción de adelante".
- Desarrollo del sustituto para cada uno de los trabajadores, lo cual es benéfico desde dos puntos de vista:

    a) La empresa tiene la tranquilidad de saber que si el trabajador se enferma o se va, ya tiene listo a su sustituto.
    b) El titular del puesto no se siente indispensable y no trata de imponer condiciones, evitándose el comportamiento monopolístico de los trabajadores más hábiles y con mayores conocimientos.

La antigüedad es un factor importante en el proceso de aprendizaje debido a que promueve la conformación y consolidación de mercados internos de trabajo.[11] Para ello, algunas empresas han trabajado en estrategias de retención de los operarios a

[11] Los mercados internos de trabajo son instituciones sociales creadas dentro de la empresa y que generan calificaciones específicas de los trabajadores. En su proceso de formación y consolidación, desempeña un papel importante la permanencia del trabajador dentro de la firma: una alta rotación impide la cohesión de los trabajadores y repercute en los resultados de productividad obtenidos. Para mayor información al respecto, consúltese el artículo de Doeringer y Piore (1971).

través del diseño de sistemas de incentivos que tomen en consideración tanto la parte pecuniaria como no pecuniaria, algunos elementos que los componen son:

- Premios de puntualidad.
- Bonos de sobreproducción y de productividad.
- Actividades de integración con los trabajadores (festejo de cumpleaños, días de campo, torneos internos, etc.), ya que se reconoce la importancia de este tipo de estímulos en la motivación.
- Utilización de bonos colectivos, los cuales se otorgan cuando una línea de producción ha sobrepasado la cuota de producción o algún equipo de calidad ha resuelto algún problema en particular.
- Incentivos en puestos específicos, tal es el caso de los cortadores, a quienes se premia por ahorrar material.
- Distintivos de antigüedad de los trabajadores dentro de la firma. Se busca promover la lealtad hacia la empresa, dichos distintivos son entregados en la celebración de fin de año.

Las modalidades de aprendizaje presentes en el sector son del tipo *learning by doing* (*aprender haciendo* o *aprendizaje sobre la marcha*) y la *socialización*. Los trabajadores aprenden en su mismo puesto de trabajo y en la interacción con los compañeros; en la mayoría de las ocasiones son enseñados por los trabajadores más antiguos y de esta forma van ganando habilidades que más adelante les permitirán ir ascendiendo en la escala de puestos. La mayoría de las empresas no tiene un curso de entrenamiento diseñado para los trabajadores nuevos, ¿la razón?, ellas contratan a los trabajadores "sabiendo hacer" la actividad para la que fueron requeridos. En algunos casos, lo único que se les informa es sobre cuestiones de: disciplina dentro de la fábrica, el horario de trabajo, los estilos que se fabrican, las prestaciones.

Actividades de aprendizaje tecnológico

Adquisición y uso de la tecnología

El proceso de producción en la industria del calzado va de intensivo a muy intensivo en mano de obra. La maquinaria se diseña con el objetivo de ser operada por una persona.

La maquinaria utilizada en este tipo de industria es mecánica, por lo general. Algunas de las máquinas cuentan con controles neumáticos e hidráulicos. Existe muy poca maquinaria electrónica (bordadoras, autómatas, máquinas de inyección).

El sector calzado en León no se caracteriza por manejar tecnología de punta. Respondiendo a las características de intensiva en mano de obra de esta industria, las empresas productoras de maquinaria para costura han respondido flexiblemente a las necesidades de los clientes, elaborando maquinaria que no necesite de mucho mantenimiento y que pueda atenderse en un corto tiempo de aprendizaje.

Cuando las empresas adquieren nueva maquinaria siguen cualquiera de los siguientes mecanismos:

- Asisten a ferias especializadas en maquinaria para calzado.
- Acuden con distribuidores nacionales de materiales, componentes o equipos de producción.
- Acuden con proveedores extranjeros de materiales, componentes o equipos de producción.

La mayor parte de la maquinaria utilizada es importada, los principales lugares de origen son: Alemania, Italia y Asia. Existe poca oferta de maquinaria mexicana. La maquinaria pesada, como hornos o montadoras, es italiana. Las máquinas de pespuntear, bordadoras, autómatas y de inyección de suela son alemanas.

La modernización tecnológica de las plantas se refiere a la instalación y adaptación de la maquinaria adquirida. Algunas empresas utilizan *máquinas hechizas*, es decir, fabricadas dentro de la misma empresa. Estas máquinas son sencillas y no son claves en la producción, por ejemplo, bancos, evaporizadores. En la tabla 4 se muestra la antigüedad de la maquinaria utilizada en la industria para el año 2003.

Tabla 4. Antigüedad de la maquinaria (2003)

Antiguedad / *Tamaño de empresa*	*Menos de 1 año*	*Entre 1 y 5*	*Entre 6 y 10*	*Más de 10 años*	*Total*
Micro	8 %	42%	29%	21%	100%
Pequeña	9 %	47%	30%	14%	100%
Mediana	11%	46%	30%	13%	100%
Grande	13%	44%	35%	8%	100%

Fuente: CEESP-L (2004), *1er. Censo de la Industria del Calzado,* CICEG *2004.*

La capacitación a los usuarios de la maquinaria adquirida depende de la organización de la empresa. En algunos casos, se nombra un comité encargado de la asimilación en el que cada uno de los participantes tiene encomendada alguna tarea, este comité se encarga luego de dar la capacitación a los usuarios directos. En otros, sólo está presente el gerente de manufactura y el jefe del área involucrada, ellos capacitarán a los operarios. Sin embargo, en la gran mayoría de las empresas la capacitación no desempeña un papel relevante, pues los trabajadores ya saben utilizar la maquinaria y ésta no cambia de manera tan drástica como para que se necesite una capacitación especial.

Sistemas de calidad y de mantenimiento

Dos actividades importantes en la promoción del aprendizaje tecnológico son el control de la calidad y el mantenimiento, ya que permiten tanto la interacción de los actores sociales como la codificación del conocimiento tácito a través de los manuales y especificaciones que generan. Para promover un mayor aprendizaje resulta benéfico que las empresas capaciten a sus trabajadores y los responsabilicen de evaluar la calidad en sus puestos de trabajo, ya que cuando se cuenta con un departamento o equipo de trabajadores ajenos al proceso productivo, éstos son vistos como unidades antagónicas y producen conflictos de intereses. En cuanto al momento, es más benéfico si la calidad se revisa durante el transcurso del proceso productivo, así se evalúa al final del mismo; la primera acción promueve medidas preventivas, la segunda implementa medidas correctivas que pueden producir retroceso e incremento de los costos.

En los diferentes estudios que hemos llevado a cabo en la industria del calzado, hemos identificado que en la mayoría de las empresas no se realiza un control de calidad sistemático, pues los criterios que utilizan los trabajadores para aceptar o rechazar un producto son subjetivos, generalmente, se realiza a través de un control de calidad visual. Las empresas que cuentan con alguna certificación en calidad (GTO-2000, ISO-9000), por lo general otorgan cursos de capacitación para motivar y sensibilizar a los operarios con respecto al rol que ejercen en la obtención del producto final; la meta que persiguen es "promover que el trabajador sea responsable de su propio trabajo y se convierta en inspector de su propia calidad". Algunas de ellas (por ejemplo, Emyco y Flexi) han desarrollado programas de Desarrollo de Proveedores.

Respecto al mantenimiento, la historia se repite, sólo las empresas grandes llevan a cabo mantenimiento preventivo. Para ello, se auxilian de bitácoras para cada una de las máquinas que poseen y registran el tipo de mantenimiento otorgado, refacciones utilizadas y la fecha de realización. Esta actividad tiene una incidencia positiva en la productividad de las empresas, ya que evita la presencia de tiempos muertos derivados de contingencias. El gran grueso de las empresas realiza mantenimiento correctivo y se apoya por mecánicos de la empresa, de los proveedores o de algún taller externo.

Creación de nuevos productos

Muy pocas empresas llevan a cabo un proceso formal de I+D; sólo lo hacen aquellas que cuentan con algún departamento de desarrollo de producto. La mayoría de las empresas se apoya en centros tecnológicos o de diseño externos.

Las fuentes de innovación presentes en la industria son:

- La imitación de los productos que tienen aceptación en el mercado nacional.
- Las especificaciones de los clientes, sobre todo para los productos de exportación, así como la información recopilada en encuestas aplicadas a su mercado potencial.
- Por último, la asistencia a ferias internacionales, así como la consulta de revistas especializadas.

Un problema que es mencionado a menudo por las empresas y en los estudios que se han realizado en el sector, es la falta de un centro de diseño[12] en la localidad que apoye a las empresas en su internacionalización. En la mayoría de los casos, los diseñadores de las empresas han sido capacitados por ellas mismas a través de cursos en el Ciatec, el tiempo de entrenamiento para formar a un buen modelista es de hasta 3 años. Dicha inversión, debido a las externalidades negativas,[13] no es atractiva para las firmas.

Competencias externas de la industria del calzado

En la conformación de las capacidades de innovación, las relaciones que establezcan las empresas con el entorno constituyen una pieza fundamental (Teece, 2000).

[12] En noviembre de 1998 surgió el centro de diseño Inmoda, cuyos objetivos eran procurar la moda, los diseños y los materiales actualizados para los mercados meta. Sin embargo, debido a conflictos de intereses, dicho centro dejó de operar en el año 2001. Actualmente, y como veremos más adelante, a partir de 2004 se está implementando el Programa Nacional de Articulación de Moda.

[13] Las externalidades negativas se presentan cuando alguna empresa ofrece pagar un mayor sueldo a estos trabajadores y éstos dejan su puesto en la empresa que los capacitó.

Dependiendo de la intensidad y calidad de la relación, las empresas serán capaces de construir o no círculos virtuosos que las ayuden a fortalecer sus procesos de innovación. Con esto, resulta importante conocer el rol de las instituciones dentro del sector.

Existen una serie de instituciones que apoyan el funcionamiento del sector calzado, entre las se encuentran el Ciatec (Centro de Innovación Aplicada en Tecnologías Competitivas, A. C.),[14] la CICEG (Cámara de la Industria del Calzado del Estado de Guanajuato), la Cicur (Cámara de la Curtiduría del Estado de Guanajuato), la extinta Cosec (Coordinadora Sectorial),[15] Cofoce (Coordinadora de Fomento al Comercio Exterior), el Cevem (Centro de Vinculación Empresarial), el Cast (Centro de Asesoría Tecnológica), el CIPEC (Centro de Investigación y Promoción Educativa y Cultural), el Concyteg (Consejo de Ciencia y Tecnología del Estado de Guanajuato), y la Institución Guanajuato para la Calidad, A. C., además de las diferentes universidades.

En agosto de 1976 se estableció el primer centro del Conacyt en Guanajuato, el Ciatec, como una iniciativa conjunta de los industriales del calzado, de las autoridades del gobierno de Guanajuato y del Conacyt. Su visión es ser reconocidos a nivel internacional como líderes en los campos que maneja. A lo largo de su existencia, el centro se ha enfocado en la investigación aplicada, lo que se refleja en sus objetivos (tabla 5). El centro cuenta con presencia no sólo en la región, sino también en otros estados de la República mexicana y en Centroamérica. En sus inicios sólo estaba enfocado a atender al sector cuero-calzado, en la actualidad atiende un mayor números de sectores; sus áreas de especialidad son: ambiental, materiales, biomecánica y sistemas de información.

Uno de sus proyectos de colaboración más importantes es el de *Integración de la Cadena de Suministro*, en el que, además de su participación, se cuenta con la del Cimat, la CICEG y algunas empresas del sector.

Actualmente, el centro busca incrementar su participación en la solución de problemas de mayor impacto a través de la investigación y el desarrollo tecnológico, con el propósito de convertirlo de un centro de servicios industriales, en un grupo de investigación aplicada al desarrollo tecnológico. Su meta para 2008 es que de 70 a 75% de sus ingresos provenga de la investigación y el desarrollo tecnológico y sólo 25% de los servicios (laboratorios, consultoría, asesoría, capacitación).

[14] De 1976 a 1994 fue conocido como Centro de Investigación y Asistencia Técnica del Estado de Guanajuato, A. C. (CIATEG), y de 1994 a 2005 como Centro de Investigación y Asesoría Tecnológica en Cuero y Calzado, A. C.

[15] La institución desaparece en el año 2003.

Tabla 5. Objetivos e indicadores de medición del Ciatec

Objetivo	*Indicadores*
Llevar a cabo una investigación científica y tecnológica que responda a las necesidades reales de los sectores público, social y privado.	Índice de participación de la industria en la investigación. Índice de ingresos por actividades de Investigación y Desarrollo Tecnológico. Índice de innovación.
Vinculación con los sectores productivo y social.	Índice de repetitividad de clientes. Índice de satisfacción de los clientes externos. Índice de participación en actividades de vinculación con cámaras y organismos empresariales.
Formación de recursos humanos especializados para el fortalecimiento de los sectores productivos.	Índice de especialización de recursos humanos. Índice de eficiencia terminal del posgrado.
Desarrollar la masa crítica para generar servicios de mayor valor agregado.	Índice de personal científico y tecnológico con posgrado.
Redituabilidad del Centro.	Índice de autosuficiencia operativa.

Fuente: Ciatec, 2006.

Como una respuesta a la débil integración de la cadena productiva, en febrero de 1995 fue fundada la Cosec[16] —operativamente comienza sus funciones en julio de ese año— para cumplir con un objetivo crucial en el sector: la coordinación de proyectos de vinculación de la cadena productiva. Uno de sus proyectos más importantes fue la estandarización de las hormas,[17] insumo trascendental en la manufactura de calzado, ya que determina el éxito o fracaso de la introducción o permanencia en los mercados internacionales. Anteriormente hubo muchos intentos de estandarización, pero debido a intereses particulares no se pudieron concretar. Las empresas veían la falta de estandarización como una estrategia de diferenciación. Sin embargo, a raíz de las exportaciones y el deseo de tener permanencia en

[16] Es pertinente señalar que en el "Programa para Promover la Competitividad e Internacionalización de la Industria de la Curtiduría y el Calzado" (1992) de la extinta Secofi, una de las líneas de acción se refería a la importancia de la integración de la cadena productiva (p. 10).

[17] Para llevar a cabo el proyecto de estandarización, se formó un comité en el que participaron los productores de hormas, suelas, y productores de calzado, quienes definieron las tendencias a seguir. La estandarización tomó en consideración las medidas internacionales.

los mercados internacionales, entendieron la importancia de la estandarización. Ahondando en el proyecto de estandarización, el mayor obstáculo a enfrentar fue lograr el consenso entre hormeros y taconeros. De acuerdo con la institución: "A los zapateros les cuesta mucho trabajo invertir, de repente tratan de exportar y no consolidan un mercado internacional por la falta de hormas, porque sus diseños están aceptados, sus materiales están aceptados, la calidad de la manufactura también, el problema es el calce de la horma". Por razones financieras la Cosec desapareció en el año 2003.

Una de las instituciones más importantes en el sector es la ciceg.[18] Dicha institución promueve eventos y programas para apoyar el desarrollo del sector.[19] Entre sus eventos importantes se encuentra, desde 1973, la Feria Internacional del Calzado conocida como Sapica y considerada la exhibición más importante en América Latina y la cuarta a nivel mundial. Actualmente, Sapica cuenta con ocho pabellones especializados, dos de reciente creación —Jalisco y Nuevos Emprendedores[20]— distribuidos por líneas de calzado y artículos de piel en 45 mil metros cuadrados. En la edición 53 participaron 836 fabricantes: 680 expositores tradicionales, 120 en el Pabellón de Nuevos Emprendedores y 36 en el Pabellón Jalisco. Hasta septiembre de 2006 se habían realizado 55 ediciones. La edición 54, otoño-invierno, contó con 850 expositores y una asistencia de 12 149 compradores, y a la edición 55 primavera-verano asistieron 14 103 compradores. Bajo el marco de esta feria, la ciceg ha invitado a expertos internacionales como conferencistas —por ejemplo, Peter Kern, Peter Mangione, Ramiro Villena, Bill Boettgie, Mike Kormos—, quienes han realizado las mismas recomendaciones desde antes sabidas: la industria del calzado en León debe focalizar sus esfuerzos en el diseño y la capacidad de respuesta a la demanda de los consumidores.

Entre sus proyectos más importantes se encuentra el Programa de Competitividad Sistémica para el Sector Cuero-Calzado (Procic),[21] que fue puesto en marcha el 21 de

[18] Una razón para señalar esto es el hecho de que los presidentes de la cámara y su consejo directivo está compuesto por empresarios del sector, quienes en algunos casos son considerados líderes de opinión.

[19] Por considerar importantes los programas y proyectos impulsados por la ciceg, la siguiente sección del artículo se encuentra dedicada a su análisis.

[20] Se inicia en la edición 52, de mayo de 2005, con el apoyo de la Secretaría de Economía, Secretaría de Desarrollo Económico Sustentable y la ciceg, contando con una participación de 74 pequeños empresarios.

[21] Este programa recibe recursos tanto del gobierno estatal como del federal. Cuando fue puesta en marcha inició atendiendo a 30 empresas.

noviembre de 2002. En este programa se plasman las líneas de acción "para enfrentar la hipercompetencia global tanto en el mercado internacional como en el mercado local en los próximos años".[22] Sus principales objetivos fueron explotar la calidad de *cluster*[23] del sector y desarrollar diez capitales que se consideran importantes para la industria, así como la formación de empresas con organización inteligente, de flexibilidad productiva y agilidad comercial.

En el año 2002, la CICEG inició el programa "Consultoría Especializada" con la colaboración de expertos internacionales procedentes de Alemania, Argentina y México, con el objetivo de identificar y proponer soluciones a los problemas básicos en los procesos de manufactura. Se realizó un trabajo de campo en 350 fábricas, documentándose las soluciones tecnológicas en un manual técnico de calzado. A finales de 2004, estos manuales se implementaron en un programa de capacitación personalizada ofrecido por el Cevem a 150 empresas y más de 1 900 personas involucradas.

Dentro de la política tecnológica del estado y apoyando con ello a la descentralización de las actividades promovidas por el Conacyt, es creado por decreto gubernamental en febrero de 1996 el Concyteg, organismo descentralizado de la Administración Pública Estatal, con personalidad jurídica y patrimonio propios. Es hasta el año 2002 que su personalidad quedó fundamentada en una ley de carácter estatal como órgano de participación ciudadana donde la gente promueve proyectos de ciencia y tecnología. Su objetivo es fomentar las capacidades científicas y tecnológicas de Guanajuato para promover el desarrollo sustentable, la competitividad económica, elevar la calidad de vida y el nivel cultural de la población.

Con respecto a los apoyos otorgados al sector calzado es importante rescatar las siguientes acciones: en el año 2000, el Consejo, en conjunto con la Secretaría de Desarrollo Económico del Estado y los principales organismos empresariales, publicaron una convocatoria para proyectos de transferencia de tecnología que apoyaran el incremento de la competitividad del sector calzado. En el año 2002 el Concyteg conformó la Red de Apoyo para la Industria del Cuero y Calzado, en la que participaban académicos y representantes de organismos empresariales. La Red funcionó hasta el año 2003.

[22] CICEG (2001), *Programa de Competitividad Internacional del* Cluster *Cuero-Calzado de Guanajuato, Resumen Ejecutivo*, página II.

[23] En dicho estudio, el sector calzado es tratado de manera indistinta como *cluster* y distrito industrial.

En el año 2006, el Consejo comienza a trabajar en la conformación de Redes Tecnológicas; para el caso del calzado se crea la Red de Calzado Especializado para Diabéticos. Este proyecto busca generar calzado con alto valor agregado y enfocado hacia un nicho especializado y fue dado a conocer en abril de ese año por el Concyteg y la Cofoce ante empresarios interesados en este tipo de producto. La Cofoce apoyará a los empresarios en la adopción de características que demanda el mercado exterior y en la comercialización internacional; el Concyteg ayudará en la vinculación con los centros de investigación y desarrollo tecnológico.

La Institución Guanajuato para la Calidad es creada el 12 de junio de 1996 a través de una alianza firmada por los distintos sectores que conforman la actividad productiva, social y gubernamental del estado. El Instituto cuenta con tres áreas: *1)* Premio Estatal para la Calidad, *2)* Compite y *3)* GTO-2000. Abarca los sectores de: calzado, cuero, construcción, Administración Pública y Educación.

Las normas GTO-2000[24] están dirigidas a todas las organizaciones productivas del estado, su objetivo es desarrollar una cultura de calidad que permita establecer sistemas de control de calidad en las instituciones. Contienen los mismos apartados y requerimientos de las normas ISO-9000, pero con menos exigencias, para esto fueron adaptadas a las características tecnológicas y contextuales de las empresas guanajuatenses. De hecho, se persigue que las empresas que se certifiquen en GTO-2000 busquen, en un segundo momento, la certificación ISO-9000. Con la finalidad de lograr una visión sistémica e integral de las normas, se estableció un comité conformado por personas de la iniciativa privada, del sector educativo y de investigación y de las diferentes instituciones representativas de sectores como el calzado. Para motivar a las empresas en la búsqueda de las normas, uno de los incentivos que se estableció fue aparecer en la lista de proveedores confiables de la Coordinadora de Fomento al Comercio Exterior.

En el año 2000 fue creado el Centro de Vinculación Empresarial (Cevem) con el objetivo de apoyar el desarrollo de la micro y pequeña empresa a través de la asesoría en cuestiones organizacionales, productivas y de finanzas. De acuerdo con información de la CICEG, hasta el año 2005 había atendido 1 600 empresas, ofrecido 2 572 servicios en administración, producción, desarrollo de proveedores, ventas, seguridad e higiene y protección ambiental, y capacitado a 15 663 personas con el apoyo de 280 consultores.

[24] Su inicio extraoficial data de 1993 y fue llevado a cabo por participantes de un diplomado que se ofreció en el ITESM *campus* León. Las normas sólo tienen validez estatal, ya que a nivel nacional las que cuentan son las NOM y en el ámbito internacional las ISO.

En el año 2005, y como consecuencia de la presentación del proyecto Sistema de Gestión y los resultados obtenidos en sus cinco años de operación, la Secretaría de Economía designó al Cevem como Centro de Desarrollo Empresarial, situándolo en la categoría de centros de servicio y apoyo para emprendedores de las micro, pequeñas y medianas empresas.

De acuerdo con la Fundación Mexicana para la Transferencia de Tecnología en la Pequeña y Mediana Empresa (Funtec), el impacto del Cevem en las empresas atendidas puede resumirse como aparece en la taba 6:

Tabla 6. Impacto del Cevem en las empresas

Indicador de desempeño	*Impacto (promedio)*
Incremento en productividad	25.3%
Reducción en costos de producción	11.5%
Incremento en producción	31.0%
Reducción de desperdicios	14.6%
Incremento en espacio productivo en planta	42.8%
Reducción de inventarios	51.2%

Fuente: http://www.ciceg.org

En 2005, con la participación de la CICEG, se creó la Consultoría y Apoyo Técnico al *Clúster* Cuero-Calzado-Proveeduría (Contec), con el objetivo de generar transferencia de tecnología en manufactura de calzado basado en el sistema brasileño. Se atendió a 10 empresas y se logró una reducción del ciclo de producción de 10%, un aumento de la producción de 13%, reducción de inventarios en 15%, y 20% de aumento en la eficiencia técnica.

El CAST, Centro de Asistencia y Servicios Tecnológicos de León, fue creado en 1992 como una respuesta del sistema Conalep para apoyar a la industria del calzado en la región. Cuenta con una planta industrial de manufactura de calzado y proporciona asistencia técnica a la pequeña y mediana empresa del sector. En él se diseñan sistemas de producción ágiles y efectivos con base en la capacidad instalada en la empresa, capacita a operarios de acuerdo a Normas de Competencia Laboral, y entrena y certifica a supervisores en Normas Técnicas de Competencia Laboral.

La tabla 7 resume la función de cada una de las instituciones que apoyan al sector calzado.

Tabla 7. La dinámica institucional

Institución	*Fundación*	*Servicios*	*Eventos y programas*
Centro de Innovación Aplicada en Tecnologías Competitivas, A. C. (Ciatec)	1976	Asesoría tecnológica. Pruebas de laboratorio. Programas de capacitación técnica y de modelaje. Programas de impacto ambiental. Programas de I+D.	Calzatecnia
Cámara de la Industria del Calzado del Estado de Guanajuato (CICEG)	1942	Proporción de datos, cifras y documentos de la industria. Capacitación gerencial. Trámites ante el seguro social. Capacitación a supervisores.	Feria del Calzado Sapica (primavera-verano y otoño-invierno) Procic
Asociación Nacional de Proveeduría para la Industria del Cuero-Calzado (ANPIC)	1979	Información sobre oportunidades comerciales y contactos para establecer distribuidoras o representaciones. Presencia en mercados internacionales a través de misiones comerciales y ferias internacionales mediante apoyos que Bancomext tiene asignados para tal fin. Asesoría especializada en tendencia de moda.	Feria de Proveeduría (ANPIC) con la participación de los principales proveedores mundiales de maquinaria, curtiduría, marroquinería.
Coordinadora Sectorial (Cosec)	1995	Vinculación de la cadena productiva. Programa de estandarización de cuero. Programa de estandarización de hormas.	
Coordinadora para el Fomento al Comercio Exterior (Cofoce)	n/d	Asesoría en comercio internacional. Diplomados de comercio exterior	Misiones comerciales
Conalep	n/d	Formación de técnicos. Capacitación a supervisores. Para el desarrollo de los planes de estudio participan egresados, profesionistas del sector productivo, empresarios y especialistas.	Carrera técnica de calzado

Centro de Vinculación Empresarial (Cevem)	2000	Reingeniería de calzado. Desarrollo de proveedores. Comercialización. Administración. Seguridad e higiene. Protección ambiental. Asesoría a las empresas. Vinculación de las empresas con las universidades para la asesoría en aspectos como producción, mercadotecnia, finanzas.	Conferencias sobre competitividad. Programas de capacitación integral.
Centro de Investigación y Promoción Educativa y Cultural (CIPEC)	n/d	Formación de operarios para las áreas de pespunte, corte.	
Consejo de Ciencia y Tecnología del Estado de Guanajuato (Concyteg)	1996	Apoyo a proyectos de desarrollo de tecnología en el sector cuero-calzado. Impulso a las Redes de Innovación Tecnológica.	Convocatorias Foninv para apoyar proyectos de desarrollo tecnológico.
Institución Guanajuato para la Calidad	1996	Premios de calidad. Certificaciones.	Premio estatal de calidad, Certificación GTO-2000, Programa Compite.
Universidad de La Salle Bajío, A. C.	1968	Carrera de Diseño de Modas y Calzado (2002). Su primera generación egresó en 2006.	

Fuente: elaboración propia.
n/d: no disponible.

Medidas para promover el SSIC

En la industria del calzado se han promovido un sinnúmero de programas y acciones que buscan posicionarla y hacerla más competitiva. Desde nuestro punto de vista, algunas de estas acciones apoyan, indirectamente, la consolidación del SSIC. A continuación las mencionaremos.

Formación de consorcios

A través de un acuerdo realizado entre la Coordinadora de Fomento al Comercio Exterior (Cofoce) y el Banco Interamericano de Desarrollo (BID), se ha impulsado la formación de consorcios en el sector calzado. Hasta el momento existen dos consorcios en operación: Global Shoes y Orbe Work.

Global Shoes: abrió sus oficinas corporativas en octubre de 2003, es un consorcio de calzado casual y de vestir para dama y caballero, su objetivo general es apoyar el desarrollo de la capacidad exportadora y competitiva de sus integrantes. Está integrado por las empresas: Calzado Breslav, S. A. de C. V.; Industria de Calzado Santini, S. A. de C. V.; Calzado Velmar, S. A. de C. V., y Organización Julio de Mucha, S. A. de C. V. Dichas empresas que comercializan su producto con la marca Globole.

Orbe Work: consorcio formado por nueve fabricantes de calzado de seguridad y de trabajo, cuenta con una capacidad de producción estimada en 20 mil pares mensuales y 650 empleados. Su objetivo es generar una oferta conjunta para fines de exportación y, a su vez, establecer un consorcio de venta que se encargue de promover, vender y distribuir sus productos en el mercado nacional e internacional. Cuenta con nueve integrantes: Botas Industriales de Piletas, S. A. de C. V.; Corporación Industrial Alce, S. A. de C. V.; Calzado de Seguridad, S. A. de C. V.; Botas Caballo Blanco, Manufacturera de Calzado Moscow, S. A. de C. V.; Grupo Industrial Trasso, S. A. de C. V.; Exportadora de Botas Roper, S. A. de C. V.; Botas Barretero de León, S. A. de C. V.; Industrial Morales Oñate, S. A. de C. V. Sus productos se comercializan bajo tres marcas: Zami y Total Protection para el mercado nacional, y Praca para el mercado internacional.

Procic 3 + Vision 20/20

La primera versión de este programa fue presentada en el año 2001; tiene como objetivo aumentar la competitividad del sector cuero-calzado de las ciudades de León,

San Francisco y Purísima del Rincón. Busca llevar a las empresas hacia un modelo tipo IFA (inteligentes, flexibles y ágiles) mediante un sistema integral de innovación, manufactura y *marketing*, con el objetivo de proporcionar un entorno favorable para la competitividad.

La aportación de 2002 a 2004 por parte de los gobiernos federal, estatal y la CICEG fue de 13 618 000 pesos, en la tabla 6 se puede ver el impacto medido por el número de empresas y personas atendidas. Faltaría un estudio cualitativo para saber cómo ha resultado realmente el impacto en el fortalecimiento de la competitividad de las unidades atendidas.

Tabla 6. Impacto del Procic

Año	*Empresas*	*Personas*	*Inversión (miles de pesos)*
2002	91	182	3 720
2003	683	2 759	4 685
2004	674	3 110	5 213
Total	1 448	6 051	13 618

Fuente: elaboración propia con base en datos de http://www.ciceg.org

En 2004 se realizaron misiones a Europa y Estados Unidos con la finalidad de exponer propuestas del calzado mexicano. Asistieron 23 empresas a la GDS, la feria más importante a nivel mundial, obteniendo ventas durante el evento por 55 600 dólares y ventas pronósticas a largo plazo por 1 521 000 dólares. En agosto de 2004 se montó en la Feria de Calzado de las Vegas un pabellón de calzado mexicano.

En marzo de 2004 un grupo de 16 empresarios visitó fábricas de calzado en Vietnam con el objetivo de conocer los procesos de producción aplicados en aquel país; además, expusieron en la feria de calzado APLF Fashion Acces.

En ese mismo año, la CICEG comenzó a trabajar en un proyecto de largo plazo que estableciera el rumbo que debe seguir la industria del calzado para poder insertarse en el entorno competitivo. El proyecto de Visión 20/20 tiene como meta lograr una posición más competitiva del sector. En este programa se definen proyectos y programas prioritarios para los próximos 15 años.

La parte principal del plan estratégico se denomina "Rumbo estratégico" (tabla 7) y está conformada por "tres vectores de acción a emprender", que se mencionan a continuación, de los cuales se desprenden 10 líneas estratégicas a ejecutar.

1. Desarrollar la capacidad de diferenciación de la industria.
2. Propiciar economías de escala para la industria, así como alianzas estratégicas verticales y horizontales.
3. Aumentar las inversiones en el sector industrial, así como generar los mecanismos necesarios para invertir en igualdad de condiciones.

Tabla 7. Rumbo estratégico

Vectores de acción	*Líneas estratégicas*
V1. Desarrollar la capacidad de diferenciación de la industria.	LE 1. Gestión empresarial. LE 2. Programas de capacitación y sistemas de calidad. LE 3. Diseño e innovación de productos. LE 4. Comercialización.
V2. Propiciar economías de escala para la industria, así como alianzas estratégicas verticales y horizontales.	LE 5. Proveedores y logística. LE 6. Alianzas estratégicas. LE 7. Articulación institucional.
V3. Aumentar las inversiones en el sector industrial, así como generar los mecanismos necesarios para competir en igualdad de condiciones.	LE 8. Tecnología y administración de la información. LE 9. Financiamiento. LE 10. Gestión gubernamental.

Fuente: elaboración propia con base en información de http://www.ciceg.org.mx

Proyecto e-suministros

El Ciatec, Cimat y CICEG trabajan en el desarrollo del programa de Administración de la Cadena de Suministros, que permitirá el control y seguimiento de los procesos desde que un fabricante de calzado solicita algún insumo a sus proveedores hasta que entrega el producto a sus clientes. Con este programa se quiere lograr la intercomunicación en tiempo real entre los sistemas de las empresas a través de una página electrónica en que la información de cada empresa se almacena completamente separada de las demás. La propuesta ha tenido un tiempo de desarrollo de año y medio con una inversión de 3.5 millones de pesos. Algunos de los beneficios son:

a) Reducción en costos de administración.
b) Mejora en los procesos de ventas y compras.

c) Aumento de las utilidades de las empresas.
d) Minimización en el tiempo de respuesta al cliente.
e) Incremento de la satisfacción y relación de los clientes y proveedores.

Programa Nacional de Articulación de Moda

Es un proyecto iniciado en 2005, su objetivo es desarrollar las bases para organizar, de manera articulada, las capacidades en diseño y moda existentes en el sector cuero-proveeduría-calzado-marroquinería y orientarlas al desarrollo de un concepto de moda alineado con sectores afines como el textil, del vestido y accesorios. Se intenta la búsqueda de un concepto integral, pues se debe ser consciente de que el calzado y la moda en ropa son complementos. Se integró un Comité de Moda compuesto por ANPIC, CAST, Ciatec, CICEG, Cofoce-Ciex, Cicur y la Universidad La Salle Bajío apoyados por la Secretaría de Desarrollo Económico Sustentable y la Secretaría de Economía. El programa cuenta con seis líneas estratégicas:

1. Dimensión intersectorial: instituciones e iniciativa privada.
2. Inteligencia comercial. Información sobre moda y tendencias mundiales.
3. Vinculación entre las instituciones de I+D tecnológico.
4. Delinear una personalidad propia en la moda mexicana.
5. Integración de la cadena empresarial y comercial.
6. Desarrollo de diseñadores de moda en calzado.

Las actividades que se realizaron en 2006 fueron dos foros de modas, desarrollo de muestras de proveeduría y calzado, conferencias de moda bajo el marco de Sapica y ANPIC, estudios de competencias de los organismos relacionados con la moda y de los centros de investigación y desarrollo tecnológico.

Con este programa se intenta fomentar la creatividad e innovación y dejar de lado la copia e imitación de lo ya establecido.

Proyección internacional

Con la finalidad de crear una imagen internacional del calzado mexicano en la feria GDS en Alemania, surgió en marzo de 2004 el concepto *Mexican Shoes*. Esta marca es propiedad de la CICEG y es la imagen publicitaria que promueve a las empresas de calzado mexicano en ferias y misiones internacionales. Se pretende posicionar a la industria del calzado mexicano en mercados internacionales como generador de productos de alta calidad a través de una serie de actividades de promoción y comercialización.

A través de esta marca, se certificará a las empresas de calzado que así lo requieran, el objetivo es estandarizar la calidad. La certificación se solicita a la CICEG y/o al Cofoce, y para otorgarla se realiza un diagnóstico gratuito; si la empresa es rechazada, entonces se le turna con las instancias correspondientes que la ayudarán a alcanzar los puntos de mejora y de esta forma podrá obtener la certificación en una segunda vuelta.

Entre los beneficios tenemos:

a) Difusión internacional: utilización del emblema *Mexican Shoes* en la imagen corporativa de la empresa, respaldo de imagen bajo un concepto marca-país, publirreportajes en revistas especializadas internacionales, difusión en página electrónica de *Mexican Shoes*.
b) Promoción internacional: participación en misiones y ferias comerciales, en donde se les ayuda a establecer una agenda de trabajo con compradores potenciales, apoyo y asesoría mercadológica, investigaciones de mercado, coordinación de logística de los eventos, apoyo en envío de muestras, planes de exportación hechos a la medida, recepción de apoyos preferenciales federales, estatales, municipales e incluso internacionales.

Conclusiones

A lo largo del presente artículo se han expuesto los elementos básicos que permiten tener una visión global del sector calzado. Es importante enfatizar en los siguientes rasgos.

Existe una proximidad geográfica de los principales agentes que participan en la cadena productiva de la manufactura de calzado que, sin embargo, desde nuestro punto de vista, no ha sido explotada en la consolidación de las capacidades de innovación del sector.

Se evidencia el trabajo de grupos familiares fuertes (dueños de las principales empresas de calzado: Flexi, Emyco, Coloso, Vave, etcétera) cuya interacción ha permitido la derrama de conocimientos y de información en el sector. Estos grupos han promovido la creación de redes sociales, asimismo, han contribuido en la dirección del rumbo económico de la región.

El sector se caracteriza por altos índices de rotación de personal, los cuales se presentan de manera estacional; esta movilidad laboral permite que se compartan de manera informal prácticas laborales entre las empresas.

La presencia de instituciones (CICEG, Ciatec, Cofoce, Cevem, CAST, CIPEC, entre otras) que desempeñan un rol preponderante, pero que no han sido lo suficientemente utilizadas para apoyar la conformación de las capacidades de innovación del sector.[25]

En términos de políticas públicas, el del calzado es el sector que recibe más apoyo en el estado. Se han realizado un sinfín de estudios y brindado un monto considerable de apoyos económicos. Sin embargo, todavía no existe, según nuestro punto de vista, un impacto positivo en el crecimiento del sector.

Los procesos sociales de aprendizaje que se presentan en el sector calzado son:

1. Como tenemos la presencia de todos los agentes de la cadena productiva (proveedores, empresas manufactureras, clientes), éstos despliegan procesos de socialización. Dependiendo de los canales de comunicación, de qué información cualitativa sea la que compartan, de la frecuencia y la calidad, pueden generarse círculos virtuosos de innovación.
2. Las empresas, al establecer relaciones, pueden promover la presencia del *isomorfismo institucional* (DiMaggio y Powell, 1983), en donde al identificarse las mejores prácticas se puede emular el comportamiento de las empresas líderes; o el *isomorfismo mimético*, al presentarse la rotación de personal entre las empresas.
3. Existen instituciones especializadas que pueden promover la construcción de las ventajas competitivas del sector. Estas instituciones, que ya mencionamos, brindan servicios de asesoría tecnológica, formación de capital, etcétera.

Ello nos lleva a lo siguiente: ¿por qué a pesar de los elementos señalados el sector calzado ha mostrado una tendencia a la baja en los últimos años? Muchas razones se han vertido al respecto, entre las que podemos señalar:

1. La debilidad del mercado doméstico, derivada de la reducción del ingreso.
2. El desplazamiento de las importaciones mexicanas por las importaciones chinas al mayor consumidor mundial: Estados Unidos. De acuerdo con cifras de

[25] A pesar de la existencia de las instituciones, de los programas de apoyo al sector, existe la percepción entre los empresarios de que no "sienten" tener apoyo ni del gobierno ni de los organismos empresariales. Este sentir se puede percibir en las declaraciones que aparecen en los diarios locales o, incluso, en eventos propios del calzado en que participan los empresarios.

la ciceg, a principios de los años noventa, México ocupaba el lugar 14 como país exportador, y para el año 2001 había caído al número 20, con una participación de 0.78% del mercado mundial. En el año 2000 ocupaba el 5º lugar en el mercado de importaciones de Estados Unidos con un monto que representaba 351 millones de dólares, si analizamos las cifras del inegi durante el periodo enero a julio de 2003, México sólo ha exportado a ese país 165 millones de dólares, lo que representa una caída drástica con respecto a hace tres años.

3. La entrada ilegal de calzado chino, no sólo por la vía del contrabando, sino también por la triangulación de la facturación. De acuerdo con cifras dadas a conocer por la Cámara de la Industria del Calzado en Guanajuato, durante los últimos 18 meses se han introducido al país 40 millones de pares, la mayor parte es de contrabando de tipo técnico.
4. A pesar de que en la región contamos con la presencia de todos los actores de la cadena productiva, así como con instituciones de apoyo importantes, no se han logrado establecer niveles de vinculación que apoyen la creación de las ventajas competitivas de las empresas ni la consolidación del distrito industrial.
5. Existe, también, una escasa relación entre las empresas del sector.

Pero también tenemos razones microeconómicas, como:

6. Débil acumulación de capacidades de innovación por parte de las empresas, no sólo de las que manufacturan calzado, sino también de las que pertenecen a la industria del cuero. Las primeras, en su gran mayoría, no han podido desplegar capacidades que les permitan desarrollar diseños propios, a nivel general tenemos todavía la presencia de la imitación de los productos de los líderes mundiales. Las segundas tienen problemas de estandarización de la calidad, por lo que se ven desplazadas en el mercado doméstico por el cuero importado. Las empresas manufactureras basan sus ventajas competitivas en el costo de los productos, no en la diferenciación.
7. La mayoría de las empresas, no importando el tamaño, se manejan bajo una estructura familiar que no les ha permitido institucionalizar su quehacer diario.
8. Las empresas no cuentan con mecanismos ni de codificación del conocimiento tácito ni de capitalización de dicho conocimiento, lo que contribuye en la debilidad de la acumulación de las capacidades de innovación.

Faltaría evaluar en un futuro cercano las estrategias planteadas en el Procic 3 + Visión 20/20 y analizar su impacto en la competitividad de las empresas del sector.

Bibliografía

Amat, J. (1999), *Tecnología del calzado*, España, Gráficas Díaz, S. L.

Aoki, M. (1990), *La estructura de la economía japonesa*, México, FCE.

Arcangeli, F. (1993), *The Economics of Learning to Learn,* Lisboa, Portugal, European International Business Association, 19th Annual Conference.

Boston Consulting Group (1988), *Industria del calzado*, México.

Calleja, M. (1994), *Microindustria: principio y soporte de la gran empresa. La producción de calzado en León, Guanajuato*, México, Universidad de Guadalajara.

Cámaras de la Industria del Calzado (1992), *Memorias*.

CEESP-L (2004), *1er. Censo de la Industria del Calzado, CICEG 2004*, México.

Conferencias del Evento XIX de Calzatecnia, 1997.

Conferencias del Evento XX de Calzatecnia, 1998.

Conferencias del Evento XXI de Calzatecnia, 1999.

Conferencias del Evento XXII de Calzatecnia, 2000.

Conferencias del Evento XXIII de Calzatecnia, 2001.

Conferencias del Evento XXIV de Calzatecnia, 2002.

Conferencias del Evento XXV de Calzatecnia, 2003.

Conferencias del Evento XXVI de Calzatecnia, 2004.

Conferencias del Evento XXVII de Calzatecnia, 2005.

DiMaggio, P. y W. Powell (1983), "The Iron Cage Revisited: Institutional Isomorphism and Collective Rationality in Organizational Fields", en Powell y DiMaggio (ed.) (1991), *The New Institutionalism in Organizational Analysis,* Estados Unidos, The University of Chicago Press.

Doeringer, P. B. y M. J. Piore (1971), "Los mercados internos de trabajo", en Luis Toharia (comp.), *El mercado de trabajo: teorías y aplicaciones*, Madrid, Alianza Universidad.

Leonard-Barton, D. (1995), *Wellsprings of Knowledge: Building and Sustaining the Sources of Innovation*, Boston, Massachusetts, Harvard Business School Press.

Martínez, A. (1997), "Learning Dynamics in the Footwear Sector", en M. Cimoli (coord.), *The Case of Mexico,* estudio preparado para la OECD (mimeo).

________ (1999a), *Aprendizaje tecnológico regional. Reporte final de investigación,* México, Concyteg.

________ (1999b), "Dinámicas de aprendizaje en la industria del calzado en León: el caso de un distrito industrial", ponencia presentada en el *IV Seminario Tecnología, Territorio y Sociedad*, organizado por la UAEM, Toluca, abril.

________ (2006), *Capacidades competitivas en la industria del calzado en León. Dos trayectorias de aprendizaje tecnológico*, México, Plaza y Valdés.

Organización Internacional del Trabajo (1992), *Situación reciente en la industria del cuero y del calzado,* Ginebra.

Nafin (1995), *La competitividad de la empresa mexicana,* México, IMEF y Nafin.

Nelson, R. y S. Winter (1982), *An Evolutionary Theory of Economic Change*, Boston.

Pavitt, K. (1984), "Sectoral Patterns of Technological Change: Towards a Taxonomy and a Theory", *Research Policy*, vol. 13, núm. 6.

Piore, M. y C. Sabel (1990), *La segunda ruptura industrial,* España, Alianza Universidad, Alianza Editorial.

Porter, M. (1998), "Clusters and the New Economics of Competition", *Harvard Business Review*, Estados Unidos.

________ (1990), *La ventaja competitiva de las naciones,* Buenos Aires, Ediciones Vergara.

Secofi (1992), "Programa para promover la competitividad e internacionalización de la industria de la curtiduría y del calzado".

Teece, D. *et al.* (2000), "Dynamics Capabilities and Strategic Management", en Giovanni Dosi, Richard R. Nelson y Sidney G. Winter (eds.), *The Nature and Dynamics of Organizational Capabilities*, Gran Bretaña, Oxford University Press.

Páginas electrónicas consultadas

http://www.ciceg.org

La innovación en la industria química en México durante la última década

Daniel Villavicencio[1]

Introducción

La noción de innovación asociada exclusivamente a la fabricación de un producto o la modificación de un proceso productivo ha transitado hacia una concepción más sistémica, que toma en cuenta las dimensiones tecnológica, económica, organizacional, social y cognoscitiva de un proceso complejo, multidimensional y generalmente impredecible. La evidencia empírica ofrecida por numerosas investigaciones ha mostrado que la innovación en una empresa resulta, por un lado, de la movilización de sus capacidades organizacionales y tecnológicas internas acumuladas en el tiempo, y, por otro lado, requiere de fuentes externas de conocimiento desarrollado por universidades y centros de investigación. En este marco, el proceso de innovación implica un aprendizaje de prácticas y relaciones que garantizan la absorción y la creación de conocimientos existentes dentro y fuera de la empresa, de manera que cada vez es más frecuente la innovación con carácter interactivo y colaborativo.

El auge de los estudios de los últimos años sobre la innovación se debe a los cambios que han sufrido las empresas y los mercados, donde la introducción de tecnologías tangibles e intangibles, cada vez más modulares y evolutivas, han transformado los procesos productivos, los productos mismos, la organización de las empresas, así como su relación con los clientes, proveedores y con el entorno institucional.

[1] Profesor-investigador, posgrado en Economía y Gestión de la Innovación, UAM-Xochimilco.

Recientes estudios apuntan hacia la conveniencia de analizar los procesos de innovación desde la perspectiva sectorial, en la medida en que es posible observar condiciones homogéneas con efectos sobre el comportamiento de las empresas, máxime cuando se ubican en el mismo territorio.[2] En efecto, el sector confiere las características tecnológicas y organizacionales de las empresas, así como el conocimiento y las competencias que se requieren para la eficiencia productiva. Es en el marco del sector donde se establecen los parámetros de las estrategias de innovación y competitividad.[3] Asimismo, el sector introduce la dimensión contextual relacionada con aquellas instituciones públicas y privadas que proveen de servicios, de conocimiento, de tecnología, de recursos humanos calificados, entre otros elementos necesarios para robustecer el proceso de innovación.[4] Debemos aclarar que tanto las empresas como las instituciones evolucionan en el tiempo, en respuesta a condiciones externas, en función de mutaciones internas y también a partir de sus interrelaciones con los diversos agentes del mercado.

A partir de las ideas anteriores, en el presente artículo nos interesa analizar el aprendizaje tecnológico y la innovación en un grupo de empresas de la Industria Química en México (en adelante IQM). Tomando en cuenta los resultados de dos encuestas aplicadas a un grupo de empresas con un intervalo de diez años, la interrogante que intentamos responder se relaciona con los cambios en el comportamiento de las empresas del sector, los cambios en el contexto institucional y aquellos relacionados con las capacidades de aprendizaje e innovación durante el periodo mencionado.

En los últimos 20 años se ha resgistrado una proliferación de investigaciones y enfoques para estudiar cómo se lleva a cabo el aprendizaje en las empresas, qué dimensiones implica, quiénes intervienen en el proceso, cómo reproducirlo en diferentes contextos, qué efectos provoca en el desempeño de las firmas, etc. El conjunto de nociones y conceptos, problemáticas y metodologías que se abordan en la literatura, deja en claro que no existe todavía un cuerpo teórico homogéneo sobre el tema, de manera que aquí presentaremos únicamente los aspectos relevantes del enfoque que ha constituido el soporte teórico de nuestra investigación.

En una primera parte explicamos los conceptos centrales que guiaron nuestra reflexión, para después presentar los resultados de las dos encuestas que aplicamos

[2] Véase los artículos reunidos en Malerba (2004).

[3] Véase Pavitt (1984), donde analiza las fuentes de innovación y los mecanismos de apropiación del conocimiento de acuerdo a una taxonomía por sectores industriales.

[4] Salais y Storper (1993) introducen la importancia del contexto institucional en relación con el acceso al conocimiento y la innovación según la intensidad tecnológica, las características productivas e institucionales de los sectores.

(1993-1994 y 2003-2004) a la IQM. El interés de comparar ambos periodos radica en identificar y analizar los cambios en las capacidades de aprendizaje e innovación de las empresas, tomando en cuenta la evolución del contexto institucional. La hipótesis que exploramos en este artículo se refiere a la relación entre el proceso de apertura económica iniciado a principios de los años noventa, los cambios la dinámica de los mercados (nacional y extranjero) y los cambios en las condiciones para el desarrollo de la industria química. En particular, pensamos que la evolución del contexto debió ejercer presión sobre las empresas para enfocar sus capacidades de aprendizaje tecnológico hacia las nuevas variables del mercado, como por ejemplo la búsqueda de mayor calidad de los productos, nuevas especificaciones tecnológicas, ahorro de costos energéticos, es decir, que la apertura ofreció condiciones para que las empresas de la IQM potenciaran sus capacidades de innovación.

Las empresas como espacios de aprendizaje

El desempeño económico y tecnológico de una empresa, sus innovaciones y estrategias de competitividad están estrechamente relacionadas con su capacidad para *aprender*. Dicha capacidad hace referencia a procesos de construcción y reconstrucción de competencias (*know how*) individuales y colectivas del personal de las empresas, que se llevan a cabo en el marco de determinadas condiciones y reglas organizacionales.

Las reglas organizacionales regulan las relaciones entre actores, las tensiones, los flujos de información, y constituyen el marco referencial de acción y decisión de los actores en la empresa. La construcción de una regla organizacional conlleva necesariamente un proceso de aprendizaje, pues debe incorporase al conjunto de pautas y procedimientos ya establecidos y que de alguna forma mantienen la estabilidad de la organización.[5] Estas reglas contribuyen a generar espacios de aprendizaje colectivo, en la medida en que promueven el intercambio y la cooperación entre los individuos. Sin embargo, es posible que la empresa mantenga reglas que impidan o reduzcan el espectro de cooperación y de aprendizaje de los individuos, reduciendo con ello la posibilidad de construir nuevas competencias tecnológicas colectivas de la empresa.

[5] En otro texto profundizamos desde una perspectiva sociológica la idea de estabilidad y de tensión entre los intereses individuales, la dinámica colectiva y las características jerárquicas, técnicas y los modos de gestión del proceso productivo en las empresas (Villavicencio, 2000).

En el marco de nuestra investigación, definimos el aprendizaje como la capacidad para activar los conocimientos almacenados en la empresa (incorporados en los equipos o depositados en los actores que la componen) para memorizar las experiencias positivas, para implementar dispositivos de adquisición y creación de conocimientos nuevos. Se trata de un proceso mediante el cual la empresa desarrolla una dinámica continua y virtuosa de creación de conocimientos de diversa naturaleza. Desde esta perspectiva, la innovación puede ser entendida como un proceso acumulativo de experiencias de aprendizaje tecnológico y organizacional.

Ahora bien, el proceso de *aprendizaje* en la empresa no puede considerarse como una sumatoria de los aprendizajes individuales. La fabricación de nuevos productos, la solución de problemas técnicos, la incorporación de nuevas tecnologías, requieren de un proceso complejo de articulación de conocimientos y experiencias de cada individuo en una empresa, que lleva el sello de la trayectoria tecnológica, de las prácticas organizacionales, de los productos que fabrica, entre otros aspectos. Estos factores delimitan los mecanismos y condiciones propicios para absorber conocimiento, transformarlo y con ello innovar (Villavicencio y Arvanitis, 1994).

Una manera tradicional de estudiar la innovación de las empresas ha sido mediante la utilización de estadísticas referentes a los gastos en investigación y desarrollo, o su grado de patentamiento. Ambos aspectos —que podemos denominar insumos para la innovación y resultados de la innovación, respectivamente— son importantes, pero, a nuestro juicio, no expresan la totalidad de los insumos que se requieren para el aprendizaje de las empresas y tampoco reflejan la totalidad de los resultados de dicho proceso.

Los análisis relativos a la innovación en las empresas de los países en desarrollo dieron cuenta de la falta de capacidad para transitar de una fase de generación de capacidades productivas a otra de generación de capacidades tecnológicas y de innovación. En sus estudios de los años setenta, durante el todavía vigente modelo de Sustitución de Importaciones, J. Katz (1976) planteó que las empresas latinoamericanas adaptaban y modificaban los procesos productivos y los equipos importados a los países desarrollados, tratándose de un proceso que el autor denominó aprendizaje adaptativo, pero limitativo para el desarrollo de capacidades de innovación.

Otros autores mostraron en la década de los noventa, para el caso de la industria química, que los límites de la innovación no se resolvían mediante el incremento en los gastos en I+D o el desarrollo de patentes, sino que hay diversas variables en juego, internas y externas a la empresa (Pirela, 1996). Es por ello que nuestro ejercicio analítico intenta comprender las diversas actividades que permiten "aprender" al conjunto de individuos de la empresa, y las formas en que se jerarquizan y combinan en ella.

Desde nuestro punto de vista, el problema se centra en las condiciones para generar “espacios de aprendizaje”, es decir, el marco organizacional, tecnológico y productivo que permite capitalizar las diversas experiencias por las que se adquiere y crea el conocimiento. Dicho espacio depende de varios aspectos:

- Los conocimientos y experiencias que poseen y desarrollan diferentes actores de la empresa, y que son capaces de movilizar para la generación de nuevo conocimiento.
- La difusión e intercambio del conocimiento en el seno de la empresa a través de interrelaciones y canales de comunicación confiables y duraderos.
- La perpetuación de tales procesos, que permite la construcción de una memoria tecnológica en el largo plazo, reforzando la adquisición y generación del conocimiento nuevo.
- La dinámica organizativa de las empresas, que puede o no ser favorable a la acumulación de las experiencias positivas de aprendizaje.
- La complejidad de la tecnología utilizada en los procesos productivos, ligada al grado de madurez de la tecnología o a la frontera alcanzada a nivel internacional, así como su apropiabilidad o las barreras para su acceso.
- El sector de actividad y las características de los productos que elaboran, pudiendo ser productos con alto grado de contenido tecnológico, especialización y precisión, o a la inversa, productos estandarizados con bajos niveles de incorporación de conocimiento y poco valor agregado.

En relación con el último punto, debemos agregar la variable contextual, es decir, el entorno institucional en que se encuentran las empresas. Éste puede ser favorable o, por el contrario, representar limitaciones para el aprendizaje y la cristalización de las innovaciones. En el caso de la industria química, varios subsectores utilizan conocimiento científico derivado de la investigación básica, por lo que es importante contar con relaciones estrechas con las universidades y con centros especializados de investigación y desarrollo (I+D).[6]

[6] Arora *et al.* (1998) realizan un interesante análisis sobre el desarrollo histórico de la industria química en varios países y su relación con contextos institucionales positivos. En dichos contextos, las relaciones de las empresas con universidades, con el sistema financiero o el jurídico, entre otros, fueron de suma importancia para el desarrollo de innovaciones a finales del siglo xix y principios del siglo xx. Véase también Cesaroni *et al.*, 2004.

Las actividades del aprendizaje tecnológico y organizacional en las empresas

La innovación es un proceso en el que confluyen diferentes fases y actividades. Citemos, por ejemplo, la concepción, la exploración, la experimentación; intervienen también la memorización de experiencias, la articulación de conocimientos, el diseño de procesos, la I+D, etcétera.[7] Todos estos aspectos conforman eslabones de una cadena del conocimiento en la que intervienen diferentes actores, a veces dentro de una empresa y a veces en distintas empresas.

Las firmas multinacionales, por ejemplo, ejecutan dichas actividades en diferentes sedes y filiales repartidas por todo el mundo. Otras empresas contratan parte de los desarrollos tecnológicos o las fases de experimentación a centros especializados que ofrecen dichos servicios. Una tercera forma consiste en establecer alianzas estratégicas con empresas que poseen capacidades complementarias de I+D o de diseño, con el objetivo de desarrollar innovaciones a partir de la cooperación.

Entre las diferentes actividades que conforman el aprendizaje, algunas se relacionan con las fortalezas internas de la empresa y otras se desprenden de las relaciones que la empresa establece con agentes del entorno. La articulación entre las fortalezas internas y las relaciones externas constituye la pauta para el desarrollo de estrategias tecnológicas que se traducen en factores de innovación y competitividad. De este marco se desprenden un conjunto de las actividades agregadas de aprendizaje que podemos resumir en seis aspectos centrales:

1) Búsqueda de alternativas tecnológicas. Esta actividad permite a la empresa obtener información sobre los mercados de tecnología o las opciones tecnológicas disponibles. Cuando una empresa lleva a cabo de manera sistemática esta actividad, que podemos llamar también vigilancia tecnológica, quiere decir que busca nuevas oportunidades y está dispuesta a poner en juego sus capacidades tecnológicas y organizacionales para aprovecharlas. A partir de la observación del contexto productivo y tecnológico de su sector, la empresa puede identificar las ventanas de oportunidad y los proyectos de innovación para el futuro.

2) Negociación y contratación de tecnologías. La relación que las empresas logran establecer con sus proveedores puede significar la posibilidad de adquirir un conjunto de conocimientos necesarios al desempeño tecnológico de los equipos. Cuando se logran contratos con servicio de reparación posventa, capacitación y mantenimiento correctivo, por ejemplo, las empresas obtienen ahorro de recursos materiales, huma-

[7] Para una discusión de las múltiples dimensiones del proceso de innovación, véase Kline y Rosenberg (1986).

nos e intangibles que pueden utilizar para actividades más estratégicas. En este sentido y como veremos más adelante, durante la vigencia del modelo de sustitución de importaciones, la falta de un mercado competitivo, de maquinaria y equipo, obligaba a las empresas de la IQM a adaptar y reparar constantemente el equipo, desatendiendo con ello otras actividades relacionadas con la eficiencia productiva y la innovación.

3) Adaptación de maquinaria y equipo, mejoras y modificaciones a procesos. Las empresas desarrollan una importante y continua actividad de adaptación sobre los equipos que adquieren y sus procesos. Es una actividad empírica, basada en la experiencia del personal de producción e ingeniería que tiene importantes incidencias sobre la construcción de la trayectoria tecnológica de la empresa. Mientras más se requiera de la adaptación de los equipos, por no contar con proveedores adecuados y/o eficientes, menos se dedicará la empresa a vislumbrar mejoras en sus productos.

4) Fabricación propia de equipos, partes y piezas. Las empresas que operan sobre todo en mercados de países en desarrollo, realizan esta actividad para cubrir aspectos de proveeduría de equipos que pueden ser satisfechas por los proveedores. Esta actividad se realiza a través de la ingeniería de reversa, la copia y el diseño de maquinaria y equipo, y en general representa un espacio donde se va conformando parte del conocimiento productivo de la empresa y se generan capacidades de absorción de nueva tecnología.[8] Podemos decir que constituye una etapa previa para la formación de lo que Teece (1988) ha denominado las competencias tecnológicas centrales en la empresa.

5) Diseño de nuevos procesos. Esta actividad necesita la capacidad de combinar actividades de diseño, de ingeniería, de prueba y experimentación, etc., y por lo general se ubica en las unidades de I+D. Es de alguna forma consecuencia de las actividades anteriores de adaptación y diseño de equipo, y es, sobre todo, el resultado de la experiencia acumulada de resolver problemas de producción y de buscar soluciones tecnológicas previas a la mejora del producto.

Es a través de esta actividad que las empresas logran obtener eficiencia productiva y reducción de costos, sobre todo ante la incapacidad de realizar inversiones para dar los saltos tecnológicos que los ritmos de la competencia van marcando. Aunque las pequeñas y medianas empresas carecen de recursos para implementar actividades formalizadas de innovación de proceso a través de estas unidades, ello no significa que no realicen diseño de procesos. El problema está, más bien, en la falta de registro y documentación de los cambios, adaptaciones y mejoras que realizan en el largo plazo.

[8] La noción de capacidades de absorción fue desarrollada por Cohen y Levinthal (1990).

6) Mejora y desarrollo de nuevos productos. Las mejoras o la fabricación de nuevos productos constituyen un resultado esencial de la actividad innovadora. Se trata de una actividad donde se capitaliza el conocimiento acumulado por el personal de diversas unidades organizacionales de la empresa: las unidades de ingeniería, de I+D, los laboratorios de prueba, las líneas de producción, etcétera.

Muchas mejoras y productos novedosos son resultado de la búsqueda de soluciones a problemas técnicos, ambientales o para disminuir los costos de producción. Sin embargo, cuando las empresas se dotan de mecanismos y de incentivos organizacionales para que estas actividades sean planeadas y tomen en cuenta el comportamiento de los mercados, podemos considerar que han incorporado estrategias de innovación en el amplio sentido de la palabra.

Algunas empresas formalizan este proceso a través de la creación de unidades y de programas específicos de desarrollo de productos. Sin embargo, esto implica cambios sustanciales en la organización de la empresa, y en muchos sectores la tendencia es abandonar la estructura por departamentos para dar paso a la distribución del personal y de las actividades por proyectos.[9]

Ahora bien, las formas en que una empresa logra articular sus experiencias y actividades de aprendizaje le permitirá desarrollar estrategias de innovación. Sin embargo, hay dimensiones que inhiben el aprendizaje, como rutinas organizacionales que provocan resistencias al cambio. Aquellos aspectos que han conferido estabilidad organizacional y productiva a la empresa pueden convertirse en inercias que dificultan la introducción de una nueva especificación técnica, la modernización de la maquinaria, o incluso el aprendizaje de nuevas competencias productivas.

La industria química en México

La industria química puede considerarse como una industria de industrias, pues genera insumos básicos e intermedios para otras industrias, así como productos para mercados de consumo final. Es un sector que sigue y se beneficia de las tendencias del desarrollo tecnológico de otras ramas industriales (de sus clientes y proveedores), y donde de la innovación afecta eslabones de cadenas de valor tanto en la propia industria química como en otros sectores. Así, las innovaciones de producto y de proceso que llevan a cabo las empresas de la IQM tienen repercusiones en la calidad y productividad de otros sectores industriales del país.

[9] A finales de los noventa visitamos algunas empresas de la IQM y pudimos constatar la tendencia a conformar equipos por proyectos y desarrollo de nuevos productos. Para casos documentados en esta línea, véase Díaz, 2003.

Algunas de las sub-ramas de la IQM pueden considerarse usuarias intensivas de conocimiento basado en la ciencia y oferentes de productos muy especializados.[10] De hecho, se trata de una industria que emplea relativamente más mano de obra especializada y profesional que otros sectores. Aunque también existen sub-ramas donde predomina la fabricación de productos estandarizados y *comodities* con bajo valor agregado. El grado de complejidad de algunos procesos productivos hace necesaria la incorporación de tecnologías de punta (como la electrónica), por ejemplo, para el uso de dispositivos de control y medición, o para el manejo de desechos y eliminación de riesgos por contaminación.

Históricamente, la industria química en el mundo se ha caracterizado por la presencia de grandes firmas que realizan cuantiosas inversiones de capital, que atienden mercados globales, y que realizan importantes gastos en I+D. En los años ochenta, el proceso de reestructuración productiva provocó cambios en las estrategias de innovación de las empresas químicas de los países desarrollados, llevándolas a desarrollar nuevos procesos productivos, más eficientes y ahorradores de insumos (Arora *et al.*, 1998). Asimismo, el uso de tecnologías llamadas limpias, la elaboración de nuevos materiales o la combinación de viejos y nuevos materiales constituyen también aspectos que han estado presentes en las estrategias recientes de desarrollo y competitividad de muchas empresas químicas en el mundo. Lo anterior refleja, además, un importante proceso de reorganización de las divisiones y funciones productivas al interior de las empresas.

En 1993 realizamos una investigación sobre las características del aprendizaje tecnológico de un grupo de empresas en la IQM por medio de una encuesta aplicada en 142 empresas de diversos subsectores.[11] Los resultados nos permitieron analizar un conjunto de variables del comportamiento tecnológico y organizacional de las empresas, así como de las capacidades de aprendizaje e innovación. Estudiamos, además, aspectos como el nivel exportador, el grado de modernización tecnológica, los vínculos con el entorno institucional, el grado de complejidad de los productos que elaboran y los tipos de mercado que atienden, etcétera.[12]

La muestra de empresas estuvo conformada de la siguiente forma: un tercio de ellas destinaba sus productos a mercados de consumo final, otro tanto los vendía a

[10] De acuerdo con la taxonomía de Pavitt (1984).

[11] En la investigación estudiamos empresas de las sub-ramas insecticidas, barnices y lacas, pinturas, adhesivos, jabones y detergentes, lubricantes, abonos y fertilizantes, resinas, y las que se clasifican en el rubro "otros productos químicos". Se excluyeron la petroquímica básica y la farmacéutica.

[12] La investigación se llevó a cabo con el patrocinio del Institute de Recherche pour le Développement (IRD) de Francia (antes Orstom), y la UAM-Xochimilco.

empresas de la propia industria química, mientras que el restante 40% destinaba sus productos a empresas de otras industrias.[13]

Uno de los hallazgos interesantes fue el relativo grado de innovación de un grupo de empresas (de tamaño mediano) expresado en productos mejorados o nuevos para el mercado mundial, mientras que las grandes empresas (filiales de multinacionales, en unos casos, y de capital nacional, en otros) presentaban en general un menor grado de innovación y en contrapartida una mayor capacidad de copia de productos, así como mayor eficiencia en los procesos productivos.

Nuestro análisis permitió comprender que las experiencias y habilidades tecnológicas del personal (obreros, técnicos, ingenieros, químicos, gerentes, etc.), no eran utilizadas para incrementar las capacidades de diseño e ingeniería, y mucho menos para innovar.[14] Por el contrario, al momento de nuestro estudio, muchos de los conocimientos del personal eran utilizados para adaptar la maquinaria y equipo adquiridos, supliendo así las deficiencias de los proveedores de estos bienes de capital. Una de nuestras conclusiones fue que el potencial de ingeniería y de I+D de la mayoría de las empresas estudiadas no era explotado para realizar innovaciones, fueran éstas de productos o de procesos, sino que se usaba para realizar ingeniería de reversa (*reverse engineering*), e incluso, en algunos casos, para actividades de *marketing*.

Desde el punto de vista de las relaciones con los mercados, con los competidores y con el entorno institucional, en aquel momento las empresas mostraron un comportamiento pasivo o defensivo. La encuesta mostró que las empresas establecían pocos vínculos con centros de investigación o con universidades, realizaban pocas alianzas estratégicas de carácter tecnológico (aunque predominaban aquellas de carácter comercial), y en muy pocos casos habían buscado algún apoyo gubernamental para el desarrollo industrial o tecnológico.[15] Tal situación tiene una explicación, a nuestro juicio, relacionada con la herencia del modelo de sustitución de importaciones.

Durante ese periodo —que duró más de tres décadas—, los costos de acceso al conocimiento tecnológico eran elevados en el mercado mexicano, y las firmas no consideraban necesaria la adquisición de conocimiento externo o la inversión en

[13] Véase algunos resultados en Villavicencio, Arvanitis y Minsberg, 1995.

[14] Debemos aclarar que el cuestionario aplicado comprende más de 400 variables que, combinadas mediante diversos métodos, permitieron identificar las diversas pautas de comportamiento tecnológico y organizacional de las empresas. Véase Arvanitis y Villavicencio, 1998 y 2000.

[15] Los apoyos para la industria en aquel momento provenían de Secofi, Nafin, Bancomext y Conacyt, y subsidiaban actividades de modernización tecnológica, capacitación técnica y exportación.

tecnología moderna como un factor crucial para incrementar sus capacidades productivas y una mejor posición competitiva dado que tenían mercados cautivos, por decirlo de alguna manera.

La investigación fue concluida meses antes de la crisis económica de 1995, la cual tuvo un severo impacto en las empresas del país. Afectó de manera concreta la capacidad de liquidez de las empresas, restringió las importaciones de varios insumos, las obligó a cancelar proyectos de inversión y de modernización tecnológica, entre otros aspectos. De manera paralela, el proceso de liberalización económica y apertura comercial iniciado en ese momento tuvo como efecto inmediato una mayor competencia para las empresas: tanto por el ingreso de productos a menor costo y/o mayor calidad al mercado nacional, como por la llegada de nuevas plantas filiales de grupos multinacionales.

A partir de 2000, las condiciones macroeconómicas del país ofrecieron estabilidad para la inversión. Surgieron mecanismos de apoyo crediticio, así como apoyos al desarrollo tecnológico y la innovación. En este contexto, repetimos la encuesta al mismo universo de empresas con el propósito de conocer la evolución reciente del comportamiento tecnológico y organizacional, y sobre todo para identificar cambios en los patrones de comportamiento y las capacidades de innovación de las empresas.

Como era de esperarse, durante la segunda mitad de los años noventa, algunas de las empresas de la muestra desaparecieron, otras fueron absorbidas por filiales de empresas extranjeras y otras más se volvieron comercializadoras de productos importados. De tal manera que el grupo de empresas a analizar en la segunda encuesta se redujo a la mitad.[16] Otro aspecto a destacar, estrechamente relacionado con el periodo de crisis, fue la falta de inversión en maquinaria y equipo, lo que acentuó la brecha tecnológica de la mayoría de las empresas, que de por sí era importante para un grupo de ellas desde 1993.

Este aspecto impidió, a nuestro juicio, que las capacidades tecnológicas adquiridas en años previos se utilizaran para mejorar los productos o los procesos, y que, por el contrario, fueran utilizadas en una constante actividad de reparación y adaptación del equipo a las necesidades del proceso. En consecuencia, por lo menos durante la crisis, fue desaprovechado el potencial de creatividad y la posibilidad de implementar estrategias de escalamiento tecnológico con el objetivo de lograr competir mejor que las empresas extranjeras que arribaron al país a mediados de los noventa con motivo de la apertura económica. Sin embargo, consideramos que aquellas empresas que habían acumulado mayores capacidades de aprendizaje lograron permanecer en el mercado nacional manteniendo en algunos casos sus ni-

[16] Los principales resultados de la segunda encuesta se ofrecen en Villavicencio *et al.*, 2005.

chos de mercado, en otros reduciendo costos de producción, y en otros haciendo más eficientes sus procesos.

A continuación se presentan aspectos comparativos de ambos periodos analizados, con la intención de identificar los principales cambios en el comportamiento y en las capacidades de innovación de las empresas. Por problemas de espacio no podemos incluir muchos de los datos y variables que ofrece la encuesta, por lo que mostraremos sólo algunos puntos importantes de la investigación. Desde el punto de vista metodológico, debemos aclarar que en ambos periodos se analizan las mismas empresas (66), aunque para la encuesta de 2003 sumamos tres nuevas participantes que surgieron de la diversificación de productos de las estudiadas en 1993.

El aprendizaje tecnológico de la IQM: aspectos comparativos

Nuestro punto de partida analítico hace referencia a las experiencias de aprendizaje tecnológico que explicamos antes. En la gráfica siguiente se observa que, tanto en 1993 como 10 años después, más de 85% de las empresas tiene experiencia en modificar y/o mejorar procesos. Desde nuestro punto de vista, esta situación se relaciona más bien con la asimilación la tecnología (que en la mayoría de los casos fue adquirida en el extranjero) que con una estrategia deliberada de innovación, sobre todo en los años noventa.

Por otra parte, de 1993 a 2003, un alto porcentaje de empresas (81%) muestra experiencia en identificar alternativas tecnológicas, lo cual indica la búsqueda para la solución de problemas productivos y tecnológicos. En este punto, nuestra hipótesis se relaciona en gran medida con la falta de modernización del equipo para la primera encuesta, a lo cual se agrega la necesidad de reducir costos para enfrentar competidores durante los años correspondientes a la segunda encuesta.

a) Diseño de nuevos procesos (88% en 1993 y 87% en 2003). La mayoría de las empresas cuenta con experiencia en esta compleja actividad, que demuestra las experiencias tecnológicas acumuladas y los esfuerzos para volver más eficientes los procesos productivos. Los resultados de la comparación reflejan que dicha actividad se ha mantenido como relevante para las empresas de la IQM, aunque al parecer disminuyó en la segunda encuesta. El diseño de procesos involucra conocimientos especializados de varias disciplinas, además de infraestructura y personal altamente calificado ubicados en los departamentos de I+D o de ingeniería.

Muchas de las empresas encuestadas no cuentan con la mencionada infraestructura, pero ello no quiere decir que no realicen modificaciones y mejoras a los

Gráfica 1. Experiencias de aprendizaje tecnológico

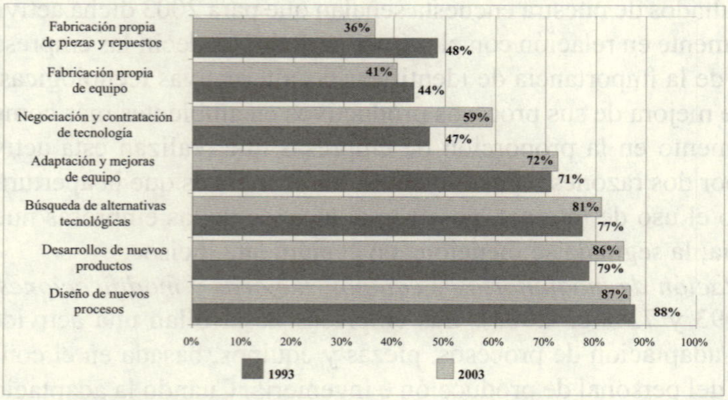

Fuente: Orstom-UAM-X (1993) y UAM-X-Conacyt (2003).

procesos productivos. En algunos casos se recurre a convenios de colaboración con centros públicos de I+D, por ejemplo, los centros del Conacyt; en otros casos se recurre a alianzas estratégicas con otras empresas, a la casa matriz en el caso de las filiales de empresas transnacionales. Sin embargo, también existen actividades de ingeniería de reversa al interior de algunas empresas que a través del tiempo y la experiencia se convierten en una fuente de mejoras en los procesos.

b) Desarrollo de nuevos productos (79% en 1993 y 86% en 2003). Las empresas han llevado a cabo un importante esfuerzo en cuanto a desarrollo de nuevos productos, hecho que se refleja en el aumento de dicha actividad durante el periodo de 1993-2003. Por desarrollo de nuevos productos hacemos referencia a aspectos tales como la modificación de fórmulas, la copia de productos o fórmulas, y el desarrollo de formulaciones originales. Todas estas actividades reflejan la capacidad de las empresas para articular los conocimientos que se han acumulado por parte del personal de diferentes áreas y utilizarlos en la ejecución de proyectos estratégicos novedosos, ya sea por petición de los clientes, o bien, como respuesta a las señales de los competidores.

c) Búsqueda de alternativas tecnológicas (77% en 1993 y 81% en 2003). Esta actividad es relevante para la empresa en la medida en que permite obtener información sobre sus mercados y sus tecnologías. Es una actividad crítica que puede derivar en posibilidades de modificar los productos y procesos de la empresa. Refleja el estado de alerta respecto a los múltiples oferentes de soluciones tecnológicas. Abarca las visitas a plantas, la participación en ferias y congresos, la suscripción a bases de datos, etc. Los resultados de nuestra encuesta señalan que para 2003 dicha actividad se acrecentó ligeramente en relación con el primer periodo. Es decir, las empresas están más conscientes de la importancia de identificar las alternativas tecnológicas como posible factor de mejora de sus procesos productivos en ambientes más competitivos.

El incremento en la proporción de empresas que realizan esta actividad puede explicarse por dos razones no excluyentes. La primera es que la apertura económica y sobre todo el uso de internet, pusieron al alcance de las empresas nuevas fuentes de tecnología; la segunda se menciona en el siguiente inciso.

d) Adaptación de maquinarias y equipos, mejoras y modificaciones a procesos (71% en 1993 y 72% en 2003). Las empresas desarrollan una actividad empírica de continua adaptación de procesos, piezas y equipos, basada en el conocimiento y experiencia del personal de producción e ingeniería. Cuando la adaptación se realiza con el único fin de mantener en operación los equipos, ello se debe a una simple respuesta a problemas operativos, *trouble-shooting*, sin un real potencial para generar innovaciones (Villavicencio y Arvanitis, 1994).

Por otro lado, cuando las adaptaciones y modificaciones están encausadas en aspectos fundamentales de los equipos, como su diseño, se puede arribar a innovaciones de proceso. Sin embargo, es una actividad que si bien permite desarrollar habilidades nuevas del personal y capacidades tecnológicas por parte de las empresas, debería realizarse en colaboración con los proveedores de maquinaría y equipo. El hecho de que casi dos tercios de las empresas, tanto en 2003 como en 1993, realicen esta actividad, quiere decir que el mercado de proveedores no ha logrado ser eficiente en una década, lo que repercute en los costos y la competitividad de las empresas de la industria química en México.

e) Fabricación propia de equipos, partes y piezas (44% en 1993 y 41% en 2003). Esta actividad, en teoría, debería ser del dominio de los proveedores. Si las empresas de la IQM fabrican sus propios repuestos es por falta de proveedores competitivos nacionales y extranjeros que proporcionen servicios y asistencia técnica adecuados.

Otra causa puede ser la necesidad de cumplir con especificaciones de la producción que no son satisfechas por los proveedores externos. Es así que encontramos en 1993 y 2003 que 48% y 36%, respectivamente, de las empresas que fabrican sus propias piezas y repuestos, pertenecen a un segmento productivo con alta proporción de productos hechos “a la medida” o con muy estrecha relación con clientes, en la mayoría de los casos industriales.

f) Negociación y contratación de tecnologías. Al analizar el detalle de los mecanismos de adquisición de nuevas tecnologías, se observa (tanto en 2003 como en 1993) la importancia del desarrollo propio de las empresas y de la compra de equipos y maquinarias. Hay que resaltar que las empresas en 2003, en contraste con 1993, recurren en menor medida a formas de adquisición de tecnología tales como la compra de equipos en el mercado nacional y las consultorías, pero, por el contrario, demandan más incorporación de personal especializado y la adquisición externa por contrato de transferencia de tecnología.

A pesar de dichos cambios, en 2003 estos dos mecanismos eran todavía poco utilizados por las empresas como fuente importante de adquisición de tecnologías, lo que nos indica una tendencia más pronunciada en 2003 a aprovechar sus propias capacidades más que a obtenerlas del mercado (véase gráfica 2), lo cual puede reducir los esfuerzos encaminados a innovaciones de productos.

Gráfica 2. Porcentaje de empresas de acuerdo a los mecanismos de adquisición de tecnología

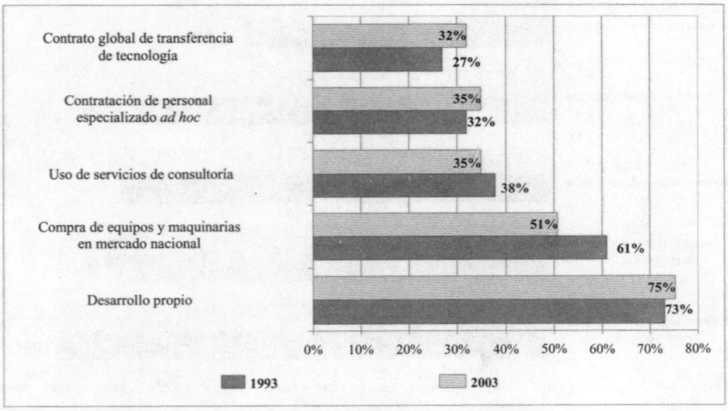

Fuente: Orstom-UAM-X (1993) y UAM-X-Conacyt (2003).

Incentivos y trabas a la innovación

Aquí describimos las principales fuerzas impulsoras de la innovación de las empresas. De entrada, podemos decir que motivos que eran de menor importancia en 1993 se vuelven significativos para 2003. Tal es el caso de la búsqueda de mayores índices de productividad/reducción de costos, la presión de la competencia y un motivo altamente relacionado con innovaciones de proceso, que es disminuir el consumo de materias primas y energía (ecoeficiencia). Esto puede explicar el crecimiento de las actividades de innovación de proceso, que aplica para 64% de las empresas en 1993 y para 77% en 2003. Tanto la calidad de los productos como la satisfacción de las necesidades de los clientes siguen siendo motivos prioritarios en ambos años (véase gráfica 3).

La IQM ha tenido en la última década del siglo XX y en los primeros años del siglo XXI una baja actividad innovadora, a pesar de que en 2003 84% de las empresas entrevistadas haya realizado innovaciones de producto, y 77% en proceso; por tanto, podemos decir que son "medianamente innovadoras" dado el grado de novedad de los nuevos productos o productos mejorados y los nuevos procesos. La misma situación ocurría 10 años antes, cuando 86% de las empresas realizaba innovaciones de producto y 64% de proceso.

Gráfica 3. Principales motivos para la innovación de producto y proceso

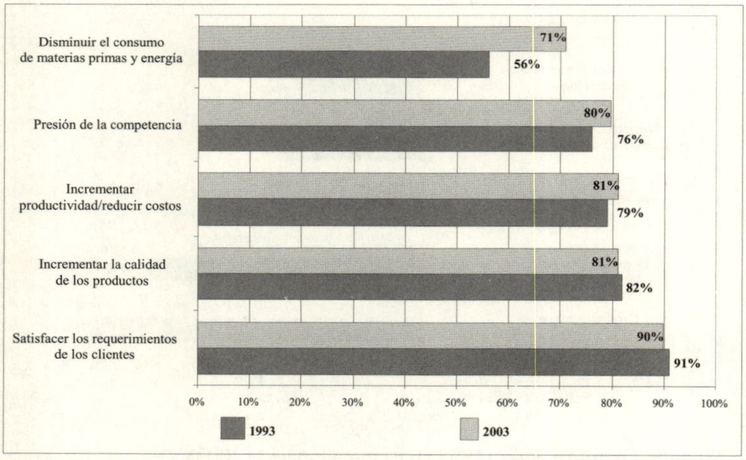

Fuente: Orstom-UAM-X (1993) y UAM-X-Conacyt (2003).

Con respecto al grado de novedad, el *Manual de Oslo* (2005: 48) define a los productos tecnológicamente nuevos como aquellos que difieren de manera significativa en sus características tecnológicas o usos previstos de productos fabricados anteriormente. Esas innovaciones (radicales) pueden implicar el uso de tecnologías radicalmente nuevas, basarse en la combinación de tecnologías ya existentes para nuevos usos o provenir del uso de nuevo conocimiento. El *Manual de Oslo* habla también de los productos tecnológicamente mejorados y los define de la siguiente forma:

Se trata de productos ya existentes (innovación incremental) cuyo desempeño es mejorado o actualizado de manera significativa. Un producto significativo puede ser mejorado (en términos de un mejor desempeño o un costo más bajo) mediante el uso de materiales o componentes con un desempeño más alto, o un producto complejo que conste de una serie de subsistemas técnicos integrados puede ser mejorado con cambios parciales en uno de sus subsistemas (*Manual de Oslo,* 2005: 49).

Finalmente, el *Manual* especifica la innovación tecnológica de proceso como:

la adopción de métodos de producción tecnológicamente nuevos o muy mejorados, incluyendo métodos para la distribución de productos. Estos métodos pueden implicar cambios en equipos, o en la organización de la producción, o una combinación de ambos, y provenir de nuevo conocimiento. El objetivo de los métodos puede ser producir o distribuir productos tecnológicamente nuevos o mejorados que no son fabricados y distribuidos utilizando métodos de producción tradicionales, o básicamente incrementar la eficiencia de la producción o la distribución de productos ya existentes (*Manual de Oslo,* 2005: 49).

Tomando en cuenta las definiciones anteriores, la encuesta fue diseñada para poder analizar las características de las innovaciones realizadas por las empresas de la IQM. En primer lugar, en 2003, para 35% de las empresas, los productos son nuevos para ellas, pero ya existen en el país; en 1993 el dato fue de 42%. En segundo lugar, en 2003, para 29% de las firmas, los nuevos productos se comercializan a nivel mundial, y en 1993 el número de empresas que recurrió a esta actividad fue de 35 por ciento.

En otras palabras, las innovaciones de producto de la muestra de empresas de 2003 se orientan en mayor medida hacia la realización de productos existentes a nivel nacional o internacional, como en 1993, pero con una mayor proporción de empresas que intentan desarrollar productos totalmente novedosos para el mercado. Tales cambios pueden ser resultado de la apertura comercial que se desencadenó durante la última década (1993-2003), originando la entrada de nuevos competidores potenciales y obligando a la IQM a hacer esfuerzos por introducir nuevos productos en el mercado nacional (véase gráfica 4).

Autores como Kim (1997) mencionan que en los primeros estadios de la industrialización, las empresas en los países en desarrollo emprenden la *imitación por duplicación* de productos extranjeros maduros a través de ingeniería inversa. La mayoría de los países en desarrollo de segunda y tercera fase se encuentra en este estadio. Posteriormente, a medida que avanza la industrialización, estos países cambian su enfoque y pasan de la *imitación por duplicación* a la *imitación creativa*, es decir, empiezan a fabricar bienes con nuevas características.

Gráfica 4. Grado de novedad de los nuevos productos

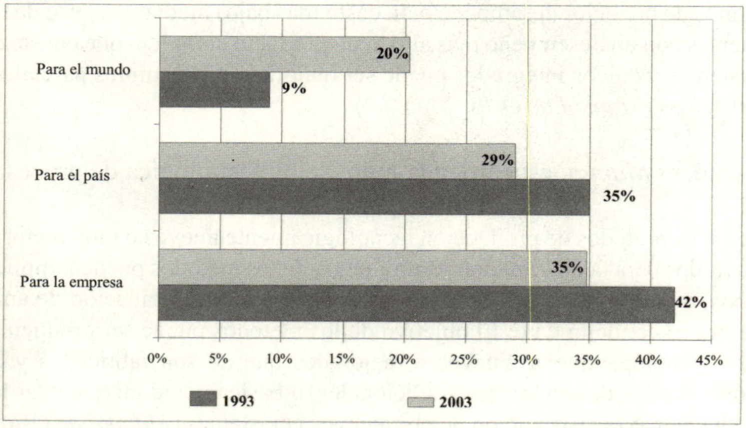

Nota: La muestra de empresas de 1993 es de 66 y en 2003 de 69.
Fuente: Orstom-UAM-X (1993) y UAM-X-Conacyt (2003).

En el caso de las empresas encuestadas, muchas de ellas llevan más de una década de existencia en el mercado, por lo que, a nuestro juicio, deberían desarrollar productos más innovadores. No es el caso de las empresas filiales de corporativos transnacionales, pues por la encuesta y por entrevistas realizadas, constatamos que las innovaciones de carácter "radical" se realizan por lo general en centros de I+D ubicados en países industrializados y sólo algunas actividades de "adaptación" del producto al mercado local se llevan a cabo en nuestro país.

Nuestra afirmación de que las empresas de la IQM son medianamente innovadoras se define no sólo por el carácter imitativo de sus innovaciones, sino también por el número de éstas. En efecto, ante la pregunta sobre el número de innovaciones durante los cinco últimos años, en ambos periodos la mayoría de las empresas (60%) contestó haber realizado menos de 10 innovaciones (o mejoras) de producto. Así, 9% de empresas en 2003 mencionó haber realizado más de 50 innovaciones, dato que corresponde principalmente a las filiales de empresas transnacionales y que por supuesto realizaron eventualmente una parte de la innovación en las plantas ubicadas en México.

Sobre las innovaciones de proceso, observamos mejor desempeño de la IQM, sobre todo en 2003. Así, en materia modificaciones y mejoras de proceso, 60% de empresas en 1993 y 80% en 2003 implementaron entre una y 10 innovaciones. Esta situación obedece a la búsqueda de optimización de los procesos productivos (por ejemplo, el mantener en buen estado su equipo, hacerle modificaciones, cambio de piezas, adaptación y adopción de nuevas tecnologías de proceso, desarrollo de procesos, etc.), lo que permite reducir costos, disminuir tiempos de producción, bajar el consumo de energía y materias primas, disminuir la contaminación, etcétera.

Origen de las innovaciones

Desde los años ochenta, la innovación se comprende más como un proceso continuo y acumulativo que como una secuencia de rupturas y discontinuidades provocadas por las innovaciones radicales. En las innovaciones llamadas incrementales, destaca de forma creciente la participación de diversas aéreas de la empresa, así como la interacción de la empresa con otros agentes del entorno institucional, sobre todo porque disponen de parte del conocimiento que requiere la empresas para desarrollar innovaciones, como vimos en las primeras páginas de este artículo.

En 2003, 74% manifestó que el origen principal de sus innovaciones se encuentra en las áreas de I+D de la propia empresa para aquellas que habían realizado innovaciones de producto, porcentaje ligeramente mayor al de 1993. Para ese año, también incrementó la proporción de empresas que cooperaron con centros de I+D y con universidades para desarrollar sus innovaciones de producto (véase gráfica 5). Un comportamiento similar se observa en el origen de las innovaciones de proceso, puesto que para 2003 tanto la I+D como el personal de producción y la ingeniería propia constituían las principales fuentes de la innovación de las empresas.

Gráfica 5. Principales factores que originan innovaciones de producto

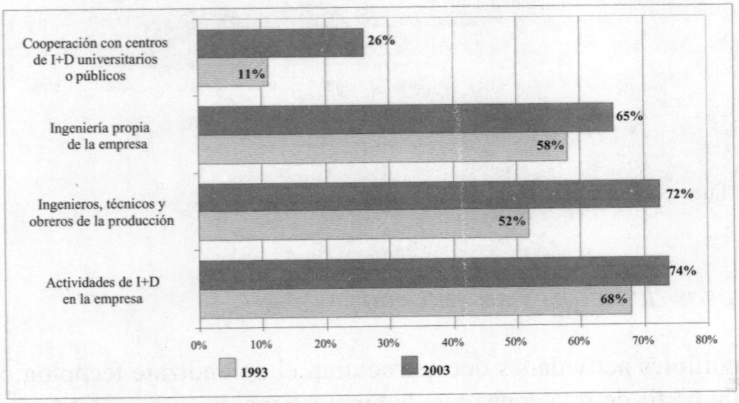

Fuente: Orstom-UAM-X (1993) y UAM-X-Conacyt (2003).

La importancia que han adquirido las actividades internas de I+D se explica porque hoy en día existen más empresas de la muestra que cuentan con unidades o departamentos de I+D y de ingeniería formalmente constituidos, por lo menos 10% más de empresas en ambos casos (véase gráfica 6). Sin embargo, en el último periodo analizado, el personal en funciones de I+D y de ingeniería no se ha visto incrementado y en una quinta parte de empresas se ha visto reducido, sobre todo en las empresas de tamaño mediano. Ello se explica en parte por el incremento de los proyectos de I+D cooperativa con centros de investigación y universidades del país.

La evolución referente a las unidades de ingeniería y de I+D ha ocurrido principalmente en las empresas grandes y medianas, y refleja un proceso de consolidación organizacional de las empresas, a pesar de las carencias en la inversión que vivió la mayoría de las empresas del país con motivo de la crisis económica de los años noventa. En nuestra opinión, esta evolución representa la formalización de estrategias de innovación, y, en cierta medida, una transición hacia un comportamiento tecnológico más activo y menos reactivo (o adaptativo).

Gráfica 6. Infraestructura de ingeniería y de I+D

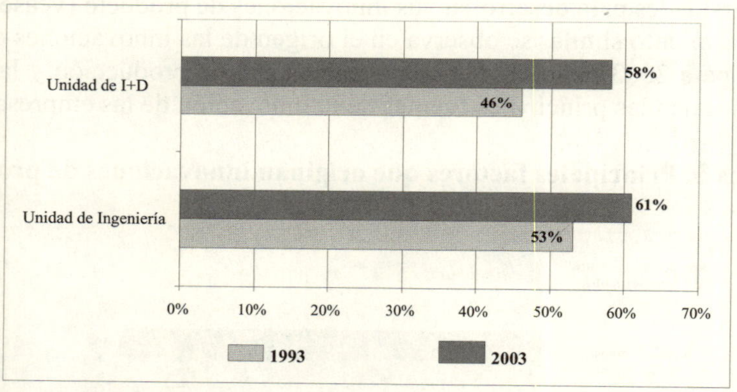

Fuente: Orstom-UAM-X (1993) y UAM-X-Conacyt (2003).

Las empresas de la IQM y su entorno

Entre las múltiples actividades que estructuran el aprendizaje tecnológico, algunas se originan a partir de relaciones que la empresa mantiene con instituciones que se encuentran directa o indirectamente ligadas a su entorno productivo, comercial, tecnológico e institucional. Los agentes del entorno pueden ser empresas nacionales y extranjeras, sus consumidores y proveedores, centros de I+D e instituciones académicas. Con todos estos agentes se realizan intercambios formales e informales de conocimientos. El intercambio formal se establece a través de contratos y convenios de colaboración, mientras que el informal ocurre entre las personas y de forma paralela y complementaria a los anteriores.

El tipo de resultados que arroja la encuesta de 2003 nos permite identificar, sobre todo, el intercambio formalizado entre las empresas y su entorno. Así, las relaciones que mantiene la IQM con empresas nacionales, orientadas hacia los proveedores de maquinaria, equipo y materias primas, han ido creciendo. Sin embargo, a través de diversas variables de la encuesta, hemos podido constatar que este tipo de relaciones requiere ser fortalecido, de suerte que los servicios de asistencia y proveeduría sean más eficaces para las empresas de la IQM. La encuesta de 2003 revela, asimismo, que las relaciones con empresas extranjeras generalmente enfocadas a la asistencia técnica han disminuido de manera considerable con respecto a la década anterior.

Por lo se refiere al desarrollo de nuevos productos, en las empresas químicas predominan las relaciones con firmas nacionales, es decir, sus clientes de otros sectores industriales (33% de las empresas), y en 1993 esta actividad era dominada por los vínculos con empresas extranjeras (35%), o sea, sus clientes situados en el extranjero o filiales de empresas extranjeras ubicadas en el país. De igual manera observamos que en 2003 creció la proporción de empresas que entabla relaciones con los centros de investigación y las universidades, lo que tiene cierta relación con la necesidad de adquirir cocimientos a menores costos que en el extranjero.

La misma situación ocurre en los vínculos externos para el desarrollo de procesos mejorados o novedosos, donde la relación de las empresas con centros públicos de I+D y algunas universidades ha ganado importancia.

Lo anterior revela varias cosas a la vez. En primer lugar, ante la presión de la competencia como resultado de la apertura económica, las empresas se han visto obligadas a buscar fuentes de conocimiento y de tecnología a costos más accesibles. En segundo lugar, algunos agentes del entorno, como las universidades y los centros de I+D, han incrementado su capacidad de investigación aplicada y desarrollo tecnológico, convirtiéndose así en oferentes de conocimiento con capacidad de responder a demandas específicas de las empresas. La situación revela una evolución del entorno institucional, con más agentes dispuestos a vincularse y establecer acciones cooperativas para el desarrollo tecnológico y la innovación, pero, sobre todo, la creación de diversos instrumentos públicos de apoyo financiero a la innovación, a diferencia de lo que ocurría durante los años noventa. Dichos instrumentos van desde incentivos

Gráfica 7. Relaciones de las empresas con agentes externos para el desarrollo de nuevos productos

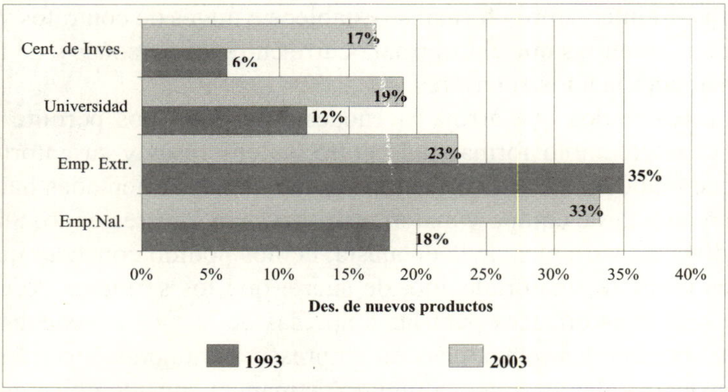

Fuente: Orstom-UAM-X (1993) y UAM-X-Conacyt (2003).

fiscales hasta financiamiento para actividades de innovación, incluyendo proyectos de cooperación con universidades y centros de investigación y desarrollo.[17]

Por último, quisiéramos agregar que, en contraste con la aparición de incentivos a la innovación, en el entorno institucional también existen otras variables que definen parámetros para el comportamiento de los agentes económicos. En este sentido, la encuesta 2003 arrojó pocos cambios en relación con el periodo anterior sobre algunas variables, como son los elevados costos crediticios y acceso a la tecnología, la ausencia de capital de riesgo y la estrechez del mercado que no genera demanda para productos novedosos.

Una variable nueva en el contexto es la aparición de nuevos competidores, que para la mitad de las empresas representa un factor que ocasiona problemas en su desempeño en el mercado. Otro aspecto relevante es que las "restricciones legales, la burocracia y las regulaciones gubernamentales" siguen siendo un problema importante para la mitad de las empresas en 2003, después de que hace diez años era la principal causa de constreñimiento de la actividad innovadora (véase gráfica 8). Estos factores no deben analizarse de forma aislada, por el contrario, inciden de manera conjunta sobre todas y cada una de las empresas y dependiendo de la capacidad

[17] Véase Villavicencio, 2008, así como los textos publicados en Valenti, 2008.

organizacional, financiera y productiva de éstas es que podrán franquear los obstáculos relacionados con el entorno institucional.

Gráfica 8. Variables del entorno que inhiben la innovación

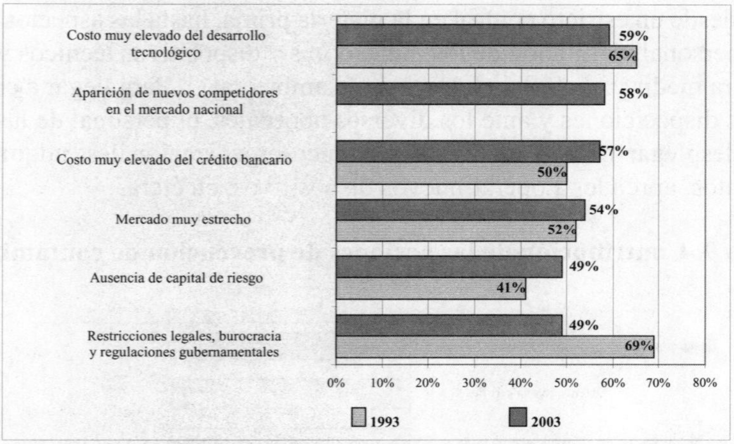

Fuente: Orstom-UAM-X (1993) y UAM-X-Conacyt (2003).

Un último aspecto de la dimensión contextual que es importante mencionar es el cambio en las especificaciones técnicas de los productos y los procesos, a raíz de la aparición de requerimientos ambientales en los mercados nacional e internacional. Este aspecto redefinió los parámetros del comportamiento de las firmas desde el momento en que se exigieron certificaciones en materia de ahorro energético y disminución de contaminantes, sobre todo para una industria que ha sido históricamente una de las más contaminantes en el país y en el mundo.

En este sentido, en la encuesta de 2003 incorporamos diversas variables que hacen referencia al problema medioambiental, con la hipótesis de que las empresas debían desarrollar nuevas capacidades tecnológicas, organizacionales y productivas en relación con este nuevo elemento del contexto. En la gráfica 9 se observa que un alto porcentaje de empresas (74%) ha mejorado su desempeño ambiental con objeto de mejorar la imagen de la empresa, y un poco menos de la mitad de éstas (43%) considera el aspecto medioambiental como una manera de desarrollar oportunidades de negocio. Esto contrasta con lo que sucede en algunos sectores de la industria química mundial, donde podemos observar que los aspectos ambientales, ya sea por requerimientos legales o por estrategia de la empresa, se han convertido en nuevas oportunidades para innovar (procesos o productos), a partir de los cuales las empresas han generado nuevos negocios (Arora *et al.*, 1998).

La cuestión ambiental tiene varios abordajes que van desde la identificación de áreas específicas para reducir contaminantes (en agua, en emisiones a la atmósfera, residuos sólidos, etc.) en el proceso productivo, hasta la mejora en los productos (iniciando desde un estricto control en la materia prima, hasta las aspectos de capacitación del personal, definición de los indicadores y dispositivos técnicos y organizacionales para medir y controlar el desempeño ambiental).[18] Para llegar a cumplir con las diversas disposiciones y ante los diversos abordajes, el personal de las empresas tiene que desplegar nuevas habilidades técnico-organizacionales, adquirir nuevos conocimientos, aprender a operar nuevos dispositivos, etcétera.

Gráfica 9. Contribución de las acciones de prevención de contaminantes

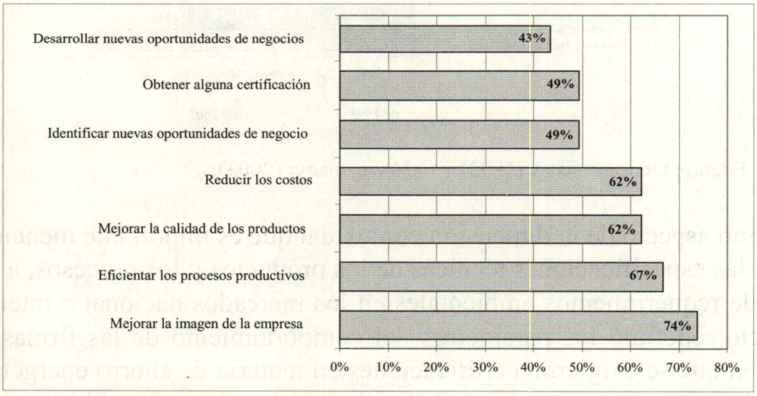

Fuente: Encuesta UAM-X-Conacyt (2003).

A partir de los cambios legislativos del país en materia ambiental, las empresas de la IQM se vieron obligadas a erogar recursos para cumplir con la normatividad.[19] Pero más allá de los recursos, de acuerdo con la encuesta, por lo menos la mitad de las empresas dedicó sus esfuerzos de ingeniería e incluso de I+D, a rediseñar procesos para hacerlos no sólo más eficientes en términos de la disminución de contaminantes

[18] Véase el trabajo de Martínez, 2005. Para el caso de Venezuela, véase Mercado y Testa, 2001.

[19] La Asociación Nacional de la Industria Química (ANIQ) desempeñó un importante papel de acompañamiento de las empresas en este sentido, impulsando en sus agremiados la idea de incorporar programas de protección del medio ambiente en la fabricación de los productos.

(gráfica 9). Es desde esta perspectiva que surge una hipótesis relacionada con lo que hemos calificado como un comportamiento innovador moderado o poco activo de las empresas.

En efecto, las capacidades de aprendizaje e innovación de las empresas, acumuladas por más de 20 años en el caso de muchas de ellas, debieron enfocarse hacia la ecoeficiencia en este periodo de apertura e introducción de la normatividad ambiental. Tal situación reforzó las capacidades de mejora en procesos, pero redujo el espectro de capacidades de innovación de productos. En este contexto, algunas empresas encontraron nichos de eco-innovación y se reposicionaron en el mercado nacional.[20] Sin embargo, consideramos que, por lo menos de manera transitoria, las trayectorias de innovación que algunas empresas habían iniciado a finales de los años ochenta y principios de los noventa (en sectores intermedios y de consumo final, por ejemplo) se vieron interrumpidas debido a la necesidad de cumplir con las exigencias ambientales.

Reflexiones finales

En el presente artículo propusimos analizar los cambios en el comportamiento de las empresas de la IQM tomando como eje analítico los cambios en el contexto económico e institucional durante la última década. La hipótesis central sugerida fue que la apertura económica y los requerimientos en materia de protección del medio ambiente constituyeron importantes factores que presionaron a las empresas para modificar sus patrones de aprendizaje y de innovación. Sin embargo, la hipótesis queda parcialmente comprobada.

La competencia internacional que enfrentan las empresas de la IQM desde mediados de los noventa, las ha obligado a introducir sistemas de monitoreo y control de procesos, dispositivos para disminuir los desechos tóxicos e implantar tecnologías que no deterioren el medio ambiente. Así, gran parte de las competencias tecnológicas y organizacionales acumuladas durante los años ochenta y noventa, resultado de la adaptación y copia de equipos y de procesos, son la base de la actual innovación incremental de los procesos productivos. Ello puede constituir una etapa importante de generación de nuevo conocimiento tecnológico y nuevas prácticas organizacionales en las empresas, pero no es condición suficiente para saltar a un estadio de mayor capacidad de innovación.

[20] Véase los resultados del trabajo de Díaz, 2008.

En la investigación de 1993 identificamos algunas empresas con un comportamiento tecnológico activo, que se expresaba por el desarrollo de productos nuevos y mejorados, y por la existencia de capacidades de ingeniería y diseño de nuevos procesos productivos. Los resultados de la encuesta aplicada diez años más tarde mostraron que dichas capacidades no fueron del todo potenciadas en el nuevo contexto. Independientemente de que muchas de las empresas de la primera encuesta desaparecieron, las que se mantuvieron en el mercado reflejan menor actividad de innovación de producto que antaño.

La evolución de los mercados donde participan las empresas de la IQM ha generado nuevas condiciones para la venta de productos, les ha exigido más eficiencia productiva y mejorar la calidad de los productos. La implementación de sistemas de aseguramiento de la calidad (como las normas ISO 9000) o la instrumentación de sistemas de protección del medio ambiente, ha implicado que las empresas ejecuten cambios organizacionales, inversiones tangibles (dispositivos técnicos) e intangibles (capacitación, por ejemplo), dejando de lado parte de la trayectoria de aprendizaje e innovación iniciada en los años anteriores. Éste fue un legado del proceso de apertura para la industria química.

El mercado representa el espacio de competencia entre las empresas, con barreras e incentivos, con sus mecanismos de selección y recompensa. En la situación actual, para ganar, la empresa tiene que innovar. Pero como vimos en la primera parte de este artículo, las capacidades de innovación de las empresas tienen estrecha relación con la dinámica tecnológica, organizacional, institucional y del mercado según el sector de que se trate. Hoy en día existen instrumentos de política pública para fomentar la innovación que las empresas pueden aprovechar, pero, en general, no discriminan la variable sectorial. Sólo aquellas empresas con alta capacidad de inversión financiera pueden aprovechar los incentivos derivados de la política pública actual. Así, la interrogante que queda pendiente es cómo lograrán las empresas de la industria química mexicana reorientar sus capacidades de aprendizaje e innovación en un mercado altamente competitivo y con ausencia de políticas de acompañamiento y fomento a la innovación más enfocadas a las características de este sector.

Bibliografia

Arora, A., R. Landau y N. Rosenberg (eds.) (1998), *Chemicals and Long-Term Economic Growth*, Estados Unidos, John Wiley & Sons, Inc., Chemical Heritage Foundation.

Arvanitis, R. y D. Villavicencio (1998), "Technological Learning and Innovation in the Mexican Chemical Industry: An Exercise in Taxonomy", *Science, Technology & Society*, vol. III, núm. 1., Nueva Delhi, pp. 153-180.

________ y D. Villavicencio (2000), "Learning and Innovation in the Chemical Industry", en M. Cimoli (ed.), *Developing Innovation Systems, Mexico in the Global Context*, Londres y Nueva York, Continum, pp. 189-204.

Cesaroni, F., A. Gambardella, W. Garcia-Fontes y M. Mariani (2004), "The Chemical Sectoral System: Firms, Markets, Institutions and the Processes of Knowldedge Creation and Diffusion", en F. Malerba (ed.), *Sectoral Systems of Innovation*, Cambridge, Mass., Cambridge University Press, pp. 121-154.

Cohen, W. N. y D. A. Levinthal (1990), "Absorptive Capacity: A New Perspective on Learning and Innovation", *Administrative Science Quarterly,* núm. 35, pp. 128-152.

Díaz, F. (2003), *Innovación tecnológica y ambiente: la industria química en México*, Breviarios de la Investigación, México, UAM-X, DCSH.

________ (2008), *Environment, Technological change an Innovation. The Case of the Mexican Chemical Industry*, Faculty of Social Sciences. School of Development Studies. Norwich, University of East Anglia. PhD in Human Geography.

Katz, J. (1976), *Importación de tecnología, aprendizaje e industrialización dependiente*, México, FCE.

Kim, L. (1997), *From Imitation to Innovation. The Dynamics of Korea's Technological Learning*, Boston, Mass., Harvard Business School Press.

Kline, S. y N. Rosenberg (1986), "An Overview of Innovation", en R. Landau y N. Ronseberg (eds.), *The Positive Sum Strategy: Harnessing Technology for Economic Growth*, Washington, National Academy Press, pp. 275-305.

Malerba, F. (ed.) (2004), *Sectoral Systems of Innovation*, Cambridge, Mass., Cambridge University Press.

Martínez, J. C. (2005), *Aprendizaje tecnológico y métodos de protección ambiental en la industria química mexicana*, tesis de MEGCT-UAM-X, México.

Mercado, A. y P. Testa (eds.) (2001), *Tecnología y ambiente. El desafío de la industria química y petroquímica venezolana*, Venezuela, Fundación Polar.

Pavitt, K. (1984), "Sectoral Patterns of Technical Change: Towards a Taxonomy and a Theory", *Research Policy*, núm. 13, *issue* 6, pp. 343-373.

Pirela, A. (ed.) (1996), *Cultura empresarial en Venezuela. La industria química y petroquímica*, Caracas, Cendes-Fundación Polar.

Salais, R. y M. Storper (1993), *Les Mondes de Production*, París, Editions de l'Ecole des Hautes Etudes en Sciences Sociales.

Tanguy, C. y D. Villavicencio (eds.) (2000), "Apprentissage et innovation dans l'entreprise: approche socio-économique des connaissances", *Téchnologies, Idéologies, Pratiques*, vol. 4(1), érès, Aix-en-Provence, Francia.

Teece, D. (1988), "Technological Change and the Nature of the Firm", en G. Dosi, C. Freeman, R. Nelson, G. Silverberg y L. Soete (eds.), *Technical Change and Economic Theory*, Londres, Pinter Publisher, pp. 256-281.

Valenti, G. (ed.) (2008), *Ciencia, tecnología e innovación*; *hacia una agenda de política pública*, México, Flacso.

Villavicencio, D. (2008), "Cambios recientes en la política de ciencia y tecnología en México: incentivos a la innovación", en J. M. Martínez (ed.), *Generación y protección del conocimiento: propiedad intelectual, innovación y desarrollo económico*, Santiago, CEPAL, Naciones Unidas, pp. 333-362.

________, J. Flores, G. Gonzáles y J. Martínez (2005), *Encuesta sobre Actividades de Innovación en las Empresas de la Industria Química en México 2002-2004*, México, UAM-X, Conacyt.

________ (2000), "La innovación en las empresas como espacio para el análisis sociológico", *Sociología del trabajo*, núm. 40, Madrid, pp. 59-78.

________ y R. Arvanitis (1994), "Transferencia de tecnología y aprendizaje tecnológico: reflexiones basadas en trabajos empíricos", *El Trimestre Económico*, vol. LXI, núm. 242, abril-junio, México, FCE, pp. 257-280.

________, R. Arvanitis y L. Minsberg (1995), "Aprendizaje tecnológico en la industria química mexicana: capacidades y debilidades para la innovación", *Perfiles Latinoamericanos*, núm. 4, México, Flacso, pp. 121-148.

La nueva configuración institucional de enlace y apoyo a la producción. El caso de ProduCen en Baja California

Jorge Carrillo[1]
Adina Moloman[2]

Introducción

En un país de desarrollo intermedio, como México, un tema que adquiere cada vez mayor importancia es el desenvolvimiento de nuevas instituciones públicas y privadas que apoyen y acompañen al desarrollo industrial en regiones específicas. Desde hace más de quince años, la territorialización de la política industrial ha sido un tema central tanto en el ámbito académico (Porter, 1990) como para las políticas públicas (WIR, 2005). Ciudades como Tijuana y Juárez mantienen una posición estratégica en el desarrollo industrial de México debido, fundamentalmente, a su situación de frontera con Estados Unidos y a las capacidades industriales desarrolladas en estas localidades a lo largo de cuatro décadas.

Durante la década de los noventa se desarrollaron diversas instituciones en países como México, las cuales buscan articular los programas de gobierno y del sector educativo con las necesidades de las empresas. Los modelos denominados de "triple hélice" son un claro ejemplo de la difusión internacional de dichas instituciones y de su esfuerzo por lograr sinergias con distintos actores (Etzkowitz y Leydesdorff, 2000). La difusión en México de "instituciones puente", en regiones como Jalisco, Chihuahua y Baja California, ha sido estudiada recientemente desde el ámbito aca-

[1] Profesor-investigador del Colegio de la Frontera Norte.
[2] Consulado de Francia en Tijuana.

démico y se demuestra la formación de un tejido institucional relevante (Casalet, 2003; Villavicencio, 2004; Carrillo, 2006).

Las nuevas instituciones tienen como función clave la de articular las empresas, el gobierno y las instituciones educativas en la búsqueda por mejorar la competitividad de las regiones (Porter, 1990). Esta función articuladora es precisamente la que le ha valido el término de "instituciones puente" (Casalet, 2004).

La experiencia de las nuevas instituciones de soporte en México, de acuerdo con Mónica Casalet (2000), es muy reciente; éstas iniciaron en la década de los noventa para responder al proceso de modernización industrial, el cual requiere condiciones favorables para la constitución y desarrollo de los *clusters*. En el caso mexicano, las nuevas instituciones se desarrollaron en un contexto de crecimiento económico durante los años noventa y de gran incertidumbre desde el comienzo del presente milenio. La recesión en la economía de Estados Unidos afectó de manera directa la producción industrial en México. A partir del año 2000 bajaron las tasas de crecimiento en la industria maquiladora, salieron capitales hacia China y hubo una importante reestructuración en las empresas (Carrillo y Gomis, 2003).

Actualmente existe en México una política nacional y regional de fomento de *clusters*.[3] Esta política se consolida durante la administración del presidente Fox y conlleva la creación y el fortalecimiento de instituciones que articulan las empresas con el mercado (Casalet y González, 2006; Villavicencio, 2006). En este contexto, se crean instituciones que retoman tanto las funciones tradicionales de hacer el "puenteo" entre el gobierno y el sector privado, como otras actividades novedosas, como veremos enseguida. Entonces, la pregunta central que se quiere contestar con este estudio de caso es: ¿las instituciones emergentes que nacen a nivel local bajo

[3] La política de *cluster* se dirige a identificar, entrelazar y consolidar a los diferentes *clusters* productivos y de servicios en una región determinada, a través de instituciones clave que den acompañamiento de este proceso, con el objetivo de potenciar las sinergias del conglomerado y elevar las ventajas competitivas del mismo y el valor agregado en su conjunto. Si bien existen numerosas conceptualizaciones acerca del enfoque de *clusters* (Hernández *et al.*, 2003), la definición de la que parte el gobierno para efectos de la construcción de una política es la de Porter (1990: 205): "un *cluster* es un grupo geográficamente denso de empresas e instituciones conexas, pertenecientes a un campo concreto, unida por rasgos comunes y complementarias entre sí". En este sentido, entiende implícitamente por política de *cluster*: los mecanismos e instrumentos que aluden a las ventajas económicas y productivas derivadas del *cluster*. En este sentido, las firmas de un conglomerado pueden aprovechar "las economías externas (la presencia de proveedores de materia prima y componentes, maquinaria nueva o de segunda mano, la presencia de mano de obra asalariada con habilidades específicas en determinada producción)" (Humphrey y Schmitz, 2000) y las economías de escala que se derivan de la interacción con proveedores especializados dada la cercanía geográfica o por la constitución de mecanismos de coordinación en la producción que reducen costos y tiempos de entrega.

una política de *clusters* y bajo un contexto de globalización, tienen la capacidad de transformar la estructura industrial y lograr un proceso de *upgrading*?

Para contestar esta pregunta, describiremos el caso de ProduCen, el cual logra consolidarse en un tiempo relativamente corto. Veamos cómo esta institución logró posicionarse en la región de Baja California, y en particular en Tijuana.

El Centro de Productividad de la Industria Electrónica de Baja California (ProduCen) se constituyó como una iniciativa empresarial, en coordinación con el gobierno estatal de Baja California en 2001, y tuvo como tarea inicial vincular la cadena productiva con el sector electrónico, con el propósito de permitir la generación de tendencias de nuevas tecnologías y apoyar la integración de empresas locales, nacionales e internacionales a la cadena de suministro de la electrónica en Baja California.

ProduCen surge con la finalidad de desarrollar proveedores para el sector electrónico en Baja California, en particular, de atraer empresas electrónicas globales proveedoras de primera línea, mejor conocidas como *contract manufactures*. Se trata de una institución nueva y dinámica, cuyo interés primordial fue el de crear un medio favorable para la competitividad empresarial y, en este sentido, ha desempeñado desde sus inicios un papel central en la transformación de la región bajacaliforniana. Si bien su objetivo fue muy específico en sus inicios, se transformó rápidamente con el tiempo.

En su inicio se relacionó con la industria electrónica y después con muchos otros sectores industriales de interés real para la región. Dicha institución ofrece estrategias de desarrollo, cumple funciones heterogéneas, tiene una organización flexible y una estructura poco burocrática. Actúa como intermediario para facilitar la interacción entre las empresas, las instituciones de investigación y el sector privado. Pero una característica muy apreciable es que los miembros de la institución tienen alta movilidad, aunado a ello, cuentan con conocimientos profundos sobre el entorno local, lo que les da la posibilidad de accionar en puntos estratégicos.

Se trata de una institución pública con orientación privada que vincula al gobierno estatal tanto con el gobierno federal como con diversas asociaciones empresariales e instituciones locales y regionales, con el objetivo de desarrollar sectores claves del estado de Baja California, particularmente de mediana y alta tecnología.

Aunque el nombre de la institución no ha cambiado desde que se fundó, se ha quedado obsoleto, ya que no refleja la diversa gama de actividades que realiza en la actualidad. ProduCen significaba en el inicio Centro de Productividad de la Industria Electrónica de Baja California; actualmente ha cambiado al de Centro de Inteligencia Estratégica. Es decir, aunque su acrónimo es el mismo y no ha cambiado por efectos legales, el significado se ha transformado de manera sustantiva.

Actualmente, este organismo incide tanto en el gobierno del estado de Baja California, a través de la Secretaría de Desarrollo Económico (Sedeco), como en instituciones nacionales y regionales. ProduCen ofrece diversos productos, entre los que destacan:

- Información sobre localización de empresas y sectores productivos.
- Evaluación de estrategias de desarrollo de corto, mediano y largo plazos.
- Información y análisis del mercado.
- Información sobre las necesidades de formación de recursos humanos.
- Información sobre las tendencias de las industrias y de productos específicos.

Así, de una función muy específica en sus orígenes —si bien muy importante, pero acotada—, ProduCen logra erigirse como el principal consultor del estado de Baja California y como el nodo del tejido institucional, pues logra articular a los sectores privado, educativo y gubernamental; incluso participa en el reacomodo de las funciones de varias instituciones locales de apoyo a las empresas.

Lo que hace ProduCen en la actualidad es involucrarse en definir proyectos con una visión de largo plazo para todo el estado, a partir de comprender y analizar las capacidades, los inhibidores y las oportunidades latentes en el mercado. Además, este esfuerzo es colaborativo, ya que involucra al sector privado, la academia y a las entidades gubernamentales. Estos proyectos representan un compromiso con el desarrollo económico de calidad y la modernización de la planta productiva. Su objetivo final es brindar oportunidades para obtener una mejor calidad de vida de la comunidad.

Con el propósito de mejorar la competitividad regional, ProduCen se encarga de:

- Desarrollar los planes estratégicos de las industrias clave del estado e impulsar la ejecución de los proyectos derivados de los planes.
- Articular los esfuerzos de las instituciones de gobierno, educativas, cámaras y asociaciones para que ofrezcan un mejor ambiente para los negocios y el desarrollo de las industrias clave.
- Colaborar con otras instancias para el desarrollo de política económica, industrial y de desarrollo tecnológico en Baja California.

Pero ¿cómo logró transformarse de una actividad particular hacia una amplia gama de funciones?

El contexto en el que surge

La industria en Baja California sufrió un impacto negativo a partir de la recesión económica estadounidense y del trágico evento del 11 de septiembre de 2001. Estos hechos impactaron severamente en la maquila. El empleo y el número de establecimientos maquiladores tuvieron una caída desde enero de 2001 hasta diciembre de 2003 (cerca de 900 plantas y 300 mil empleos a nivel nacional). La crisis inició en octubre del año 2000. Durante este periodo cerraron empresas, se despidieron trabajadores, cerraron líneas de producción y desaparecieron unidades de negocio, todo lo cual resultó en una importante reorganización del sector maquilador (Carrillo y Gomis, 2003). Pero no sólo las maquiladoras tuvieron un descenso; muchas empresas no maquiladoras proveedoras de aquéllas también tuvieron un impacto negativo. Se trata de empresas proveedoras Tier 3 que se dedican a los maquinados, la inyección de plásticos, los servicios especializados de alta tecnología y servicios no especializados.

De acuerdo con información del INEGI, la caída en la industria en Baja California fue del orden de 25%. En Tijuana cerraron 234 establecimientos y se despidieron a más de 40 mil trabajadores. En medio de este declive industrial, se presenta otro asunto de no menor importancia: la incertidumbre jurídica, es decir, las reglas que hablan de las condiciones de regulación y permanencia de las operaciones en México. El tema es prioritario, ya que en todas y cada una de las reuniones empresariales, de planeación y de soporte al desarrollo industrial, se mencionan repetidamente los problemas derivados de los cambios en las reglas de operación (como por ejemplo aquellas asociadas con los impuestos), así como la incertidumbre en las regulaciones a largo plazo.[4]

Aunado a la caída en la producción industrial y a la incertidumbre jurídica en las empresas exportadoras, se presenta el ascenso económico desmedido de países como China, que en muy poco tiempo empiezan a desplazar del mercado estadounidense a muchos de los productos exportados desde México (Gereffi, 2005). Tanto las maquiladoras como las empresas que exportan bajo otros programas sufrieron esta pérdida de participación del mercado, es decir, pierden competitividad.

En este contexto enrarecido, la respuesta de las empresas fue una rápida reconfiguración en la industria instalada. Los actores locales que dan soporte a las maquiladoras y en general al desarrollo industrial y empresarial no se quedaron atrás. ProduCen, a través de su *staff* y de sus consejeros, reaccionó con rapidez a los cambios que exigían la nueva realidad, en especial los cambios tecnológicos y los ciclos de vida de los productos. En este contexto de incertidumbre, ProduCen cambia sus directivos, trae nuevas visiones y decide reconvertirse en un organismo de apoyo al direccionamiento del desarrollo industrial del estado, en el cual la electrónica es sólo una de las varias actividades que deben atenderse.

[4] Entrevista con gerentes de empresas maquiladoras y con funcionarios de instituciones locales durante 2005.

Estructura, funciones y capacidades

El organigrama

En primer lugar, es importante desatacar la estructura de ProduCen, el cual tiene un organigrama muy peculiar. Sus oficinas, hasta hace muy poco, eran en realidad una pequeña área de escritorios dentro de las oficinas de la Sedeco. Si bien es un organismo que se integra al gobierno estatal y que depende en ese sentido del secretario de la Sedeco, el ingeniero Sergio Taglaprieta, su organigrama es muy distinto. Para operaciones cotidianas, ProduCen tiene completa autonomía. Para viajes cortos nacionales o al extranjero simplemente informa al director de su consejo directivo. Para viajes que impliquen una estancia más prolongada, somete la iniciativa al pleno del consejo. El Consejo Directivo está compuesto por cuatro importantes organismos regionales: tres de la iniciativa privada (la Cámara Nacional de la Industria Electrónica, de Telecomunicaciones e Informática del Noroeste (Canieti); la Comisión de Desarrollo Industrial de Mexicali (CDI), y el Consejo de Desarrollo Económico de Tijuana (CDT); y uno del gobierno, la Secretaría de Desarrollo Económico (Sedeco). Cuenta con tres gerencias y dos áreas de apoyo (figura 1). Mantiene una plantilla de personal muy reducida: sólo ocho personas integran ProduCen.

Figura 1. Organigrama de ProduCen

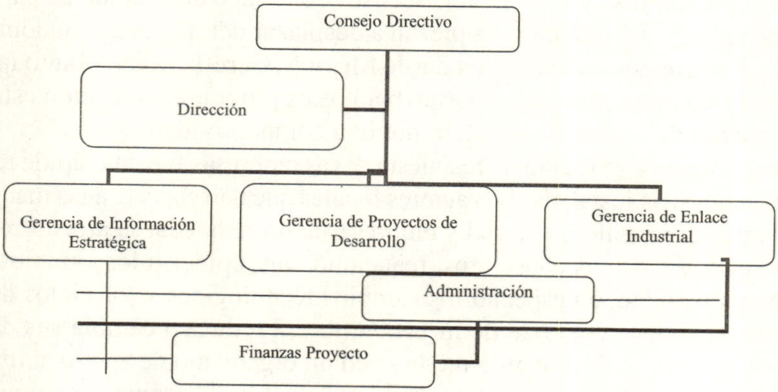

Fuente: Saúl de los Santos, "Estrategias de Articulación para el Desarrollo Regional", conferencia en el Programa de Maestría en Desarrollo Regional, El Colef, 1 de marzo de 2006.

Las funciones

ProduCen, como institución de apoyo a la industria con una visión de largo plazo, tiene un método específico para laborar. Por lo regular inicia con la recopilación de información sobre aquellas industrias que son esenciales en el estado. Utiliza fuentes de información locales, estatales, nacionales e internacionales. Posteriormente, se procesa e interpreta la información con el objetivo de poder tomar decisiones que tienen que ver con el desarrollo económico e industrial. Una tercera fase, de una gran importancia, se relaciona con la nueva información que se genera, la cual ayuda para prever y reaccionar ante cambios en el entorno. A partir de los análisis sectoriales que se elaboran, posteriormente se definen las oportunidades orientadas al impulso de la industria en Baja California, y se elaboran recomendaciones que permitan generar un mayor valor agregado en las industrias. Las recomendaciones de política se basan en la utilización de metodologías de análisis prospectivos orientadas a generar estrategias efectivas de impulso al desarrollo.

En cuanto a las funciones que desarrolla la institución, éstas se basan en tres conceptos centrales: centro de inteligencia, centro estratégico y centro de articulación. En el cuadro 1 se detallan las funciones principales.

Cuadro 1. Funciones principales en ProduCen

Centro de inteligencia	*Centro estratégico*	*Centro de articulación*
Generación de información sobre diversas industrias. Recopilación de información ya existente. Análisis sectorial. Definición de oportunidades para la industria en B. C. Toma de decisiones. Previsión y reacción ante cambios en el entorno.	Desarrollo de planes estratégicos de las industrias clave del estado de Baja California.	Impulso a la ejecución de los proyectos derivados de los planes. Articulación de los esfuerzos de las instituciones de gobierno, educativas, cámaras y asociaciones, con el propósito de que ofrezcan un mejor ambiente para los negocios.

Fuente: Saúl de los Santos, "Estrategias de Articulación para el Desarrollo Regional", conferencia en el Programa de Maestría en Desarrollo Regional, El Colef, 1 de marzo de 2006.

ProduCen diseña y arma los proyectos, pero no es el organismo que los implementa. Esta operación es responsabilidad de otras instituciones que tienen una interacción directa con la iniciativa privada. Sus operaciones están dirigidas a la definición de prioridades y se consideran muchas variables y riesgos para poder anticipar los problemas a través de medidas de prevención.

En cuanto a las recomendaciones que ofrecen en sus proyectos, no tratan de ser la única respuesta posible ni de pronosticar un futuro preciso, sino de dejar en claro que el futuro es incierto y que hay varios escenarios posibles, lo que determina que su planificación no sea nada rígida, sino al contrario, muy flexible. Las políticas industriales requieren entender los fenómenos sociales en su complejidad e interdependencia, por ello, ProduCen adopta una visión global y sistémica antes de realizar recomendaciones.

La articulación

En general, ProduCen tienen fuerte relaciones con gobiernos, cámaras y asociaciones, consejos de desarrollo y organismos de promoción. Su área geográfica de actuación es Baja California, aunque abarca otros estados. Sus relaciones con diversos organismos son centrales para las operaciones de apoyo que realiza a diversos sectores: la industria maquiladora de exportación, la industria nacional, las pequeñas y medianas empresas (PYME), la industria de productos médicos, etcétera.

ProduCen es uno de los organismos en Baja California que más acciones de colaboración ha establecido, tanto formales como informales. Dentro de las relaciones formales se pueden mencionar los convenios y acuerdos con instituciones de todo tipo: privadas, educativas, gubernamentales y empresariales. A estas instituciones les ofrece tanto soporte técnico como económico (cuadro 2).

ProduCen, como organismo promotor de innovación, está inserto en la Red Nacional de Articulación Productiva (Renap). Debido a su buen desempeño, el director de ProduCen fue elegido para ser, a su vez, el vicepresidente del Noroeste de la Renap, la cual aglutina los estados de Baja California, Baja California Sur, Sonora, Sinaloa, Chihuahua y Durango. Esta interacción con diversos centros de articulación propia (CAP) le permite aprovechar conocimientos, relaciones e informaciones de los otros CAP para los proyectos que desarrolla.

Para ejemplificar de manera más clara sus nexos, en el cuadro 2 se presentan los principales organismos con los cuales tiene relaciones ProduCen, el tipo de actividades que desarrolla en forma conjunta y el grado de intensidad de la colaboración. Con siete organismos mantiene una vinculación alta y con 13 una media. Los nexos de "intensidad alta" los establece con los organismos fundadores

Cuadro 2. Articulación e intensidad de las relaciones de ProduCen con organismos públicos y privados de apoyo al desarrollo industrial

Organismo	*Actividades conjuntas*	*Intensidad**
Sedeco-gob. del estado	Estrategia de impulso y desarrollo de *clusters*/fondeo/política industrial/atracción de inversión	Alta
Secretaría de Economía-Nacional	Estrategias de *clusters*/articulación productiva/desarrollo de metodologías	Alta
Renap-Nacional	Estrategias de articulación productiva/desarrollo regional/cabildeo	Alta
Canieti-Regional	Eventos de tendencias tecnológicas/encuentros de negocio/proyectos tecnológicos	Alta
Canacintra Ensenada-Local	Desarrollo del *cluster* de biotecnología	Media
Deitac Tijuana-Local	Estrategias de atracción de inversión	Media
Copreen Ensenada-Local	Estrategias de atracción de inversión	Media
CDI Mexicali-Local	Estrategias de atracción de inversión/desarrollo regional/proyectos tecnológicos	Alta
Consejo de Bionegocios Ensenada-Local	Desarrollo del *cluster* de biotecnología	Alta
UABC-Estatal	Desarrollo de laboratorios de innovación/articulación/proyectos escuela-empresa	Media
Citedi-Regional	Atención al desarrollo del *cluster* de televisión digital	Media
Cicese-Regional	Atención al desarrollo del *cluster* de televisión digital/biotecnología	Media
Empreser-Estatal	Estrategia de desarrollo de incubadora de emprendedores tecnológicos	Media
Consejo de Desarrollo Económico Tijuana-Local	Participación en nuestro consejo/proyecto desarrollo *cluster*/productos médicos	Alta
Consejo Estatal Empresarial-Estatal	Desarrollo de metodologías y contenidos/desarrollo de sistemas y portales	Media
Fundacion Tabasco-(CAP)	Desarrollo de metodologías, contenidos y estrategias para el desarrollo regional	Media

Continúa...

Cuadro 2. Articulación e intensidad de las relaciones de ProduCen con organismos públicos y privados de apoyo al desarrollo industrial (continuación)

Organismo	*Actividades conjuntas*	*Intensidad**
Cadelec Jalisco (CAP)	Desarrollo de metodologías, contenidos y estrategias para el desarrollo regional	Media
Inst. Mexicano de Normalización y Certificación (CAP)	Desarrollo de metodologías, contenidos y estrategias para el desarrollo regional	Media
Grupo Lindavista D. F. (CAP)	Desarrollo de metodologías, contenidos y estrategias para el desarrollo regional	Media
10 CAP adicionales en el resto del país	Desarrollo de metodologías, contenidos y estrategias para el desarrollo regional	Media

Fuente: elaboración propia con base en Saúl de los Santos (2006) y entrevistas con el director general de ProduCen, Tijuana, enero-junio, 2006.
* Los niveles de intensidad son definidos en función de si las actividades de participación, consulta, fondeo, etc., que tiene con otras instituciones son permanentes o esporádicas. Permanentes = alta; con cierta regularidad = media; esporádicas = baja.

(Canieti, Sedeco), con los organismos que dan la pauta en el fondeo (Secon) y con organismos empresariales locales líderes (CDT, CDI). Otros dos organismos sobresalen (Renap y Consejo de Bionegocios), dada la actividad permanente de consulta y participación que tiene con ellos. En la figura 2 se pueden observar en forma gráfica los dos niveles de "intensidad en la vinculación". En el nivel de "intensidad alta" se encuentran tres organismos públicos y cuatro privados. Y en el nivel de "intensidad media" hay tres organismos articuladores, cinco instituciones privadas y tres instituciones educativas.

Figura 2. Nexos de ProduCen según intensidad y grupos de instituciones

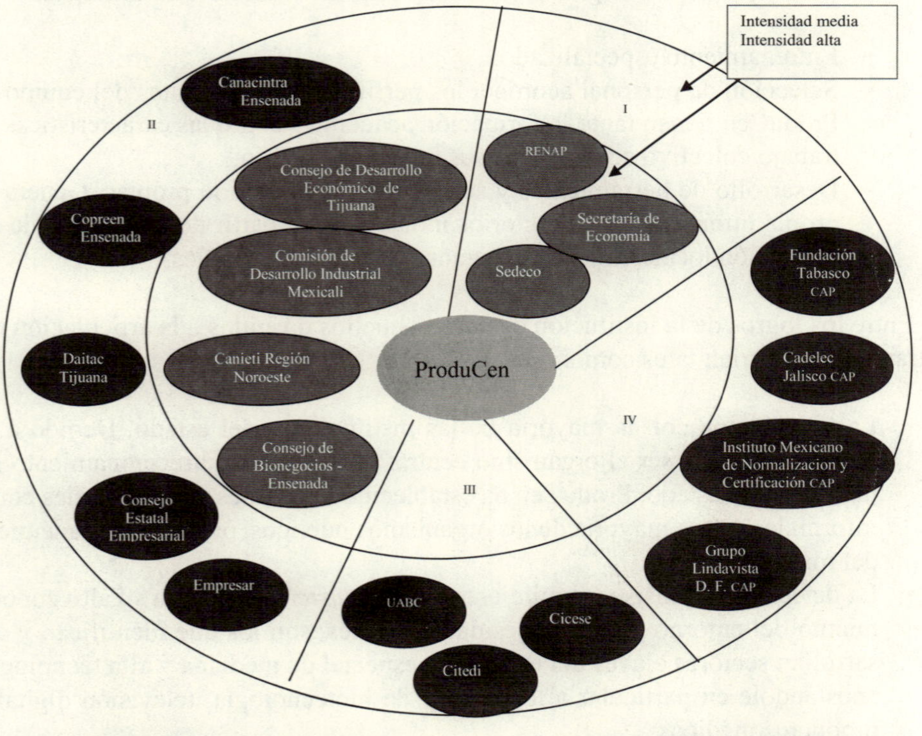

Fuente: elaboración propia con base en De los Santos (2006) y entrevistas con el director general de ProduCen, Tijuana, enero-junio de 2006.
Notas: * Alta = color gris; Media = color negro
** I. Gobierno; II. Cámaras, Asociaciones y Consejos; III. Instituciones Educativas; IV. Centros de Articulación Productiva (CAP).

Las capacidades y logros alcanzados

Las capacidades institucionales se desarrollaron de manera fundamentalmente interna y no requirieron utilizar consultores ni tuvieron que copiar algún otro modelo de institución o de articulación. Las principales capacidades desarrolladas al interior del ProduCen son las siguientes:

- Desarrollo de metodologías propias. El grupo de trabajo de ProduCen utiliza fuentes diversas de información industriales, procesándolas y generando otras informaciones nuevas, a partir de las cuales, en función de las necesidades del mercado, diseña estrategias efectivas de impulso al desarrollo industrial:

    - Entrenamiento especializado.
    - Selección de personal acorde a los perfiles. Los integrantes del equipo de ProduCen tienen tanto la formación académica como las características de trabajo colectivo adecuados a sus cargos de trabajo.
    - Desarrollo de herramientas y sistemas de información propias. Genera su propia información y directorios industriales, a partir de las fuentes de información locales, estatales, nacionales e internacionales.

Entre los logros de la institución destacan aquellos dirigidos a la articulación del entramado industrial, tales como:

- La vinculación con la mayoría de las instituciones del estado. Debido a su nuevo estatus de ser el organismo central que ofrece el direccionamiento industrial en el estado, ProduCen ha establecido relaciones tanto formales como informales con la mayoría de los organismos públicos, privados o académicos del mismo.
- La detección, análisis y seguimiento de los *clusters*. Debido a su alto conocimiento del entorno y a las necesidades locales, son los que identifican y desarrollan sectores claves del estado, en especial de mediana y alta tecnología, apostándole en particular a los *cluster* de biotecnología, televisión digital y productos médicos.
- Haberse convertido en el punto neurálgico de la Renap. Esta situación se dio a partir de ser un organismo inserto en la Renap con un papel muy activo, por lo cual asumió la vicepresidencia regional del noroeste de la misma red.
- Ser una institución inserta en el gobierno, pero que actúa de manera empresarial. Este esquema muy particular de ser un organismo que forma parte de

la estructura del gobierno del estado, pero que tiene una alta autonomía en su funcionamiento y en la toma de decisiones, le permitió de igual forma participar en la creación de las políticas industriales, así como apoyar el sector empresarial.

Un logro de gran importancia por el reconocimiento que implica fue el Premio Nacional que recibió recientemente por parte de la Secretaría de Economía. Se trata del "Galardón PYME 2006". Este premio implica haber sido el mejor organismo intermedio, lo que quiere decir que sometieron varios proyectos y en todos habían PYME como principales beneficiarios.

No obstante las fortalezas alcanzadas por ProduCen en menos de cinco años de operación, se pueden elaborar algunos aspectos críticos. En primer lugar, se trata de una institución —como muchas otras— que es altamente dependiente del directivo. Un cambio derivado de un ascenso, una interesante oportunidad de empleo o de negocio puede significar un cambio de director y gerentes y no garantizar la continuidad de las actividades desarrolladas. Un segundo aspecto, quizá el más importante, es el latente cambio de partido político en el nivel estatal; en poco tiempo cambiará la actual administración panista y ello puede representar el abandono de este proyecto específico. En tercer lugar, su orientación está centrada en México, en particular en la región bajacaliforniana; dada la enorme interacción de las ciudades fronterizas mexicanas con el lado estadounidense y las crecientes voces, esfuerzos y acciones encaminados en ambos territorios a desarrollar la región binacional Baja California-San Diego; en ese sentido, ProduCen requiere incrementar sus nexos transfronterizos y desarrollar un programa binacional. Por último, en cuarto lugar, su característica de ser un organismo público, pero con una orientación y acción empresarial, hace que dependa mucho de recursos financieros externos.

Es conveniente resaltar que ProduCen está consciente de algunas de estas limitaciones (como la alta dependencia del director y el cambio político) y, en ese sentido, está trabajando para revertir los posibles problemas. Su característica como institución estratégica es precisamente la que le permite adelantarse a lo que puede suceder en el mediano plazo y empezar a prevenir dichas situaciones.

El *upgrading* institucional

En forma resumida se presentan en el cuadro 3 los principales cambios en la estructura, características, funciones y visiones de ProduCen desde su reciente fundación hasta la actualidad. La información refleja claramente no sólo la profunda transformación de la institución, sino también los logros alcanzados.

ProduCen pasó de ser una institución local puente entre el sector electrónico, los potenciales proveedores y el gobierno, a ser una institución con un mayor nivel de actuación y sobre todo de colaboración, logrando transformarse de un actor local a un actor regional estratégico.

En el cuadro 3 se presentan de manera comparativa las características centrales de ProduCen en su primera fase (2001) y en la actualidad (2006). En su origen, todos sus proyectos estaban orientados hacia el desarrollo de PYME del sector electrónico; se mantenía un esquema directivo mixto con la participación del gobierno del estado de Baja California y el sector empresarial, donde el líder de proyectos era la propia Sedeco. Para 2006 nos encontramos con un nuevo y original esquema adaptado a las necesidades del entorno. A diferencia del primer periodo, donde la institución fue una copia del modelo Cadelec en Jalisco, ahora ha creado su propio modelo, el cual abarca tanto al sector maquilador como a la industria nacional, en particular a las PYME. Además, pasó de contar con un consejo directivo conformado sólo por representantes gubernamentales, a una estructura donde los líderes de proyectos son los propios organismos empresariales. Su gama de servicios y sectores que atiende se ha ampliado, al igual que su misión y sus objetivos. En su inicio, el único sector atendido era el electrónico, y los programas estaban limitados a generar información para ese sector, con el objetivo exclusivo del desarrollo de proveedores. Ahora están enfocados en diversos sectores: electrónico (*Display devices*), productos médicos, automotriz, aeroespacial, biotecnología, semiconductores, tecnologías de información, metalmecánica y plásticos. Sus funciones centrales consisten, hoy en día, en generar información y ofrecer estrategias que impulsen el desarrollo de *clusters* complementarios y de mayor importancia, además de ofrecer "paquetes completos" consistentes en diagnósticos, estudios, diseño de estrategias y metodología para su implementación. Si antes las relaciones de colaboración con otras instituciones eran muy limitadas (no eran frecuentes, eran más simples y de menor alcance), ahora prácticamente la colaboración abarca a todas las instituciones relacionadas con los *clusters* atendidos, aunque con algunas tienen lazos más fuertes que con otras y, de igual forma, los tipos de relaciones que tienen con las instituciones son mucho más complejas.

ProduCen está apostando por una cambio de actividades intensivas en trabajo por otras de mayor valor agregado. En este sentido, dirige sus esfuerzos hacia un escalamiento no sólo en el nivel de las empresas, sino particularmente en el de los sectores dentro de la cadena de valor. Por tanto, como parte de sus acciones y reco-

Cuadro 3. Evolución de capacidades en ProduCen (2001-2006)

El Centro de Productividad de la Industria Electrónica de Baja California, 2001 (origen)	*Centro de Inteligencia Estratégica, 2006*
Consejo Directivo: Gobierno del Estado de B. C. (a través de la Secretaría de Desarrollo Económico); grupo de empresarios del sector electrónico; Fundación Mexicana para la Innovación y Transferencia de Tecnología en la Pequeña y Mediana Empresa (Funtec, A. C.).	*Consejo Directivo:* Gobierno del Estado de B. C. (a través de la Secretaria de Desarrollo Económico); Canieti, CDI, CDT (no hay participación de empresarios).
Líder de proyecto: Secretaría de Desarrollo Económico.	*Líder de proyecto*: organismos empresariales.
Modelo adoptado: Cadena Productiva de la Electrónica, A. C. (Cadelec)-Guadalajara, Jalisco.	*Modelo adoptado:* de propio desarrollo a partir de necesidades del entorno.
Sectores que atienden: electrónica de consumo	*Sectores que atienden*: *Principales*: • Electrónica (*Display devices*) • Productos médicos • Automotriz • Aeroespacial • Biotecnología *Complementarios:* • Semiconductores • Tecnologías de información • Metalmecánica • Plásticos

Continúa...

Cuadro 3. Evolución de capacidades en ProduCen (2001-2006)

El Centro de Productividad de la Industria Electrónica de Baja California, 2001 (origen)	*Centro de Inteligencia Estratégica, 2006*
Servicios ofrecidos: Desarrollo de proveedores; información y promoción en la industria electrónica.	*Servicios ofrecidos:* Servicios a organismos y gobierno: perfiles y diagnósticos sectoriales. Información especializada para la toma de decisiones. Formulación de estrategias y proyectos para el desarrollo económico-industrial y la definición de políticas. Consultoría. *Servicios a empresas*: Directorios industriales especializados. Perfiles sectoriales. Información especializada.
Misión: apoyar la integración de empresas locales, nacionales e internacionales en la cadena productiva de la industria electrónica en Baja California.	*Misión*: ser el Centro de Inteligencia Estratégica que impulse el desarrollo de la industria tecnológica en Baja California para incrementar la competitividad y el valor agregado, contribuyendo así a elevar el nivel de calidad de vida de su población.
Visión: consolidar, expandir y diversificar la industria electrónica de B. C.	*Visión:* el organismo experto de apoyo que genera y articula estrategias de desarrollo industrial, logrando consolidar una base tecnológica, líder a nivel nacional, que genere beneficios para la sociedad bajacaliforniana.
Programas realizados: 1. La creación de un Sistema de Información del Sector Electrónico (base de datos). 2. El programa de Desarrollo de Proveedores.	*Programas realizados:* 1. Programa para el desarrollo del núcleo de bionegocios en Ensenada. 2. *Cluster* de *Display device* en Baja California. 3. Programa para el desarrollo de la Industria de Productos Médicos de B. C. 4. Sistemas de información de inteligencia, información geografica, entre otros.

Funciones de los programas: • Generación de información actualizada para el sector electrónico. • Encuentros de negocios. • Estudios de mercado.	*Funciones de los programas:* • Generar información y ofrecer estrategias que impulsarán el desarrollo de los *clusters* de biotecnología, de televisión digital y de productos médicos. • Eventos, encuentros de negocio. • Ofrecer no sólo los estudios de *cluster*, sino también la metodología de cómo implementar estrategias.
Relaciones de colaboración con otras instituciones: CDT, Canieti, Centris, CETYS, El Colef, Cicese y Cadelec.	*Relaciones de colaboración con otras instituciones:* Sedeco (gob. del estado), Secretaría de Economía (nacional), Renap (nacional), Canieti (regional), Canacinta Ensenada (local), Deitac Tijuana (local), Copreen Ensenada (local), Comisión de Desarrollo Industrial Mexicali (local), Consejo Bionegocios Ensenada (local), etcétera. La colaboración abarca prácticamente a todas las instituciones del *cluster*, aunque con algunas tiene lazos más fuertes que con otras.
Tipo de relación: relaciones informales; cambio de información; conferencias; colaboración en eventos de promoción.	*Tipo de relación*: Estrategia de impulso y desarrollo de *clusters*; fondeo; política industrial; atracción de inversión; estrategias de *clusters;* articulación productiva; desarrollo de metodologías; eventos de tendencias tecnológicas; encuentros de negocio; proyectos tecnológicos; desarrollo de laboratorios de innovación; articulación; proyectos escuela-empresa; estrategia de desarrollo de incubadora de emprendedores tecnológicos; desarrollo de metodologías, contenidos y estrategias para el desarrollo regional.
Industrias apoyadas: PYME	*Industrias apoyadas:* PYME, industria maquiladora, industria nacional.

Fuente: elaboración propia a partir de entrevistas con el director general de ProduCen, Tijuana, enero-junio de 2006; De los Santos (2006); López Zámano (2002).

mendaciones, deja de impulsar ciertas actividades (como la textil, la electrónica de baja tecnología) para promover aquellas más convenientes (como la biotecnología y los productos médicos).

Los logros económicos de ProduCen ha sido evidentes, al aumentar más de 10 veces su presupuesto en tan sólo seis años (de 50 mil dólares a 550 mil entre 2000-2006), ocho veces el empleo (de 1 a 8); y siete veces los *clusters* atendidos (de 1 a 7). Asimismo, presenta una nueva composición del consejo directivo al pasar de ser todos ellos servidores públicos federales a ser sólo un tercio, otra tercera parte compuesta por funcionarios estatales y el restante provenientes de la iniciativa privada. Además, se movió de contar con representantes de instituciones por el de personas con gran *expertise*. Esta clara reestructuración de ProduCen data de septiembre de 2002. Las capacidades y retos de la institución en cuestión se pueden observar en el cuadro 4.

ProduCen dio el paso para convertirse de una institución privada a una institución semi-pública, lo cual la fortaleció por la reputación ganada durante los últimos años, logrando, de este modo, tener más fondos para los objetivos de sus propuestas. Su reputación se convirtió en una fortaleza por el hecho de ser el organismo más formal en la gestión de proyectos donde hay poca burocracia e implicaciones políticas para armar y desarrollar los mismos. En este caso, sus proyectos y visión están relacionados con las necesidades actuales de la industria local establecida, tomando en cuenta el hecho de que tienen un alto conocimiento de las condiciones de mercado local.

Resalta el hecho de que ProduCen no tenga el control directo sobre la implementación en muchos de sus proyectos y, además, no cuente con un fondo económico para sustentar sus operaciones en el mediano y largo plazos. Esto puede transformarse en una debilidad. Además, el hecho de ser una institución altamente dependiente del sujeto que lo coordina puede constituirse en una amenaza para la continuidad de la institución.

En el futuro cercano, ProduCen preveé cambiar de nombre al de asociación civil para facilitar contratos y ampliar funciones; contratar más personal (2); contratar 3-4 líderes de *clusters* para reducir costos internos y llevar de la mano el proceso de implantación de estrategias, y conseguir importantes recursos externos, del Banco Interamericano de Desarrollo, para hacer más independiente a la institución de los cambios de administración en el gobierno del estado. Asimismo, está entrenando en forma intensiva e integral a uno de sus colaboradores para, eventualmente, sustituir al director. Todas estas medidas reflejan una gran madurez y entendimiento de la problemática que potencialmente puede limitar los logros de ProduCen, y que hemos expuesto en las amenazas.

Cuadro 4. Matriz Foda para el caso de ProduCen

Fortalezas	*Oportunidades*
Compromiso del gobierno del estado y de otros organismos públicos o privados en los proyectos. Flexibilidad y adaptabilidad en sus proyectos, visión y planeación. Existencia de fondos para los proyectos. Muy poca burocracia para armar y desarrollar un proyecto. Sus proyectos y visión están relacionados con las necesidades actuales de la industria local establecida. Conocimiento de las condiciones de mercado. Una visión sistémica e integradora del equipo. Es el organismo intermedio menos politizado del estado. En el nivel estatal es el organismo más formal en la gestión de proyectos. Su principal aporte es pasar de los modelos de planeación basados en intuición a esquemas formales, tanto cuantitativos como cualitativos.	Búsqueda de fondos internacionales para operación y desarrollo de proyectos. Creación de una red de centros que repliquen el modelo y experiencia de ProduCen.
Debilidades	*Amenzas*
No tiene el control directo en el cumplimiento de los proyectos porque su implementación es una tarea de otros organismos. No dispone de un fondo económico para sustentar la operación en el mediano y el largo plazos. La ubicación dentro de instalaciones gubernamentales crea una asociación directa de terceros del centro con el gobierno.	Riesgo de pérdida de continuidad de los proyectos o de los financiamientos, debido al cambio político. Riesgo de pérdida de continuidad por la dependencia y concentración de información, conocimiento y redes en su director general.

Fuente: elaboración propia con base en Saúl de los Santos (2006) y entrevistas con el director general de ProduCen, Tijuana, enero-junio de 2006.

El modelo de institución "puente", como su nombre lo indica, implica tender los lazos entre sectores con funciones y actores distintos, guardando cierta independencia de ambos. Representa una nueva forma de operar en un contexto de "achicamiento" de los gobiernos después de las reformas de apertura estructural realizadas en los años ochenta y noventa. En la figura 3 se puede observar cómo el modelo ProduCen, a diferencia del anterior, se gesta dentro del propio sector gubernamental y desde ahí tiende sus lazos hacia otros sectores de la sociedad. Esto refleja, en nuestra opinión, una profunda reestructuración del gobierno, en este caso estatal, y de la sociedad en su conjunto, en donde actores gubernamentales, privados y académicos no sólo hablan el mismo lenguaje y tienen metas comunes, sino que colaboran en un marco de transparencia y confianza. Habrá que consolidar esta vinculación y buscar que no dependa del color de los partidos en el poder.

Figura 3: Modelos gráficos de instituciones puente

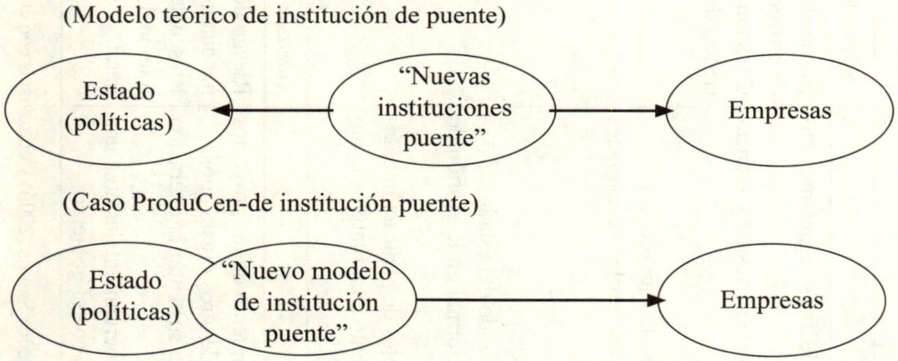

A manera de conclusión

Como se mencionó desde el principio de este artículo, existe una discusión importante sobre el desarrollo de las instituciones puente en México (Villavicencio, 2006). El presente estudio nos permite comprender que el contexto territorial en el cual surgen y operan es sustantivo para comprender la evolución de las instituciones. El contexto de incertidumbre en que nace ProduCen[5] permite afirmar que el propio

[5] Otra institución puente que surge en condiciones similares es el Plan Estratégico de Juárez, en Ciudad Juárez, Chihuahua. En un trabajo más amplio se analizan y comparan estos dos organismos. Véase Moloman, 2006.

contexto explica el surgimiento de dicha institución, que hay una gran necesidad de asociacionismo para poder enfrentar los enormes retos que las empresas, los sectores y el territorio tienen frente de sí, y, en este sentido, que hay una urgente necesidad por coordinar políticas y esfuerzos.

En el caso de Baja California es interesante la experiencia de ProduCen, ya que muestra que no es una institución puente tradicional, esto es, inserta en el punto medio entre el Estado y el mercado. Dicha institución forma parte integral de la estructura del Estado y participa en la creación de políticas. Pero, por otro lado, aporta información a diferentes actores del mercado (empresarios), no dejando de ser el puente entre estos dos grandes polos (Estado y mercado). De esta manera, podemos esquematizar el caso de ProduCen de la siguiente forma:

Lo que hace novedoso a una institución como ProduCen es su capacidad de adaptación y previsión del cambio continuo, que no es fácil de encontrar. En cuanto a las potencialidades de la industria, ProduCen no habla más de maquila, sino de sectores, de nuevos nichos de productos (productos médicos, productos aeronáuticos, automotriz de *software*, etc.), dejando de lado el impulso a la maquila. En otros términos, la maquila pierde importancia frente a los sectores particulares, ello debido a que el término maquila no es útil para efectos de la formulación de políticas industriales activas al nivel de *clusters*. Lo que se constituye como una paradoja es que para los miembros de este tipo de instituciones la maquila no es un actor, sino los sectores productivos (sean o no maquila). Sin embargo, existen ocasiones en las cuales en el discurso se contradicen, pues hablan de maquila como actor cuando en realidad se refiere a la institución que la aglutina, tal es el caso de la CNIMME (Consejo Nacional de la Industria Maquiladora y Manufacturera de Exportación, A. C.), con la cual se asocian para solucionar conflictos específicos. Aunque ellos mismos han revolucionado el concepto, todavía no dejan de ser forzados a hablar en ciertas circunstancias del sector maquila como actor.

Como lo hemos visto, ProduCen es un modelo complejo de institución regional que actúa de manera profesional, inmerso en diversas acciones estratégicas, que tiene el apoyo y el compromiso con el gobierno del estado y con otros organismos públicos o privados en diversos proyectos. Se trata de una institución flexible que se adapta con rapidez a la hora de elaborar proyectos, precisamente por su visión de largo plazo. Es central entender, en este sentido, que la poca burocracia que la rige le permite formular y reaccionar ante las necesidades cambiantes de la región.

En este caso hay un modelo de institución que ha sido exitoso, y de igual forma se ha convertido en un modelo de institución puente a seguir. El dinamismo que caracteriza a los sectores productivos globalizados requiere de instituciones flexibles, delgadas y de rápida respuesta, en particular por la gran incertidumbre en que se desenvuelven. Si bien el modelo puede ser reproducible, los actores que le dan vida a las instituciones no lo son, por ello deben fortalecerse las capacidades de los profesionistas que pueden estar al frente de dichas instituciones.

Finalmente, y regresando a la pregunta central planteada al inicio, las instituciones emergentes que nacen bajo la política industrial de *clusters* en contexto de globalización, ¿tienen la capacidad de transformar la estructura industrial y alcanzar un proceso de *upgrading?* Creemos que sí. Hemos evidenciado, por un lado, el escalamiento de la institución puente debido a un crecimiento de las capacidades institucionales que le permitieron crecer en términos de la demanda de servicios y la complejidad asociada con las necesidades de las empresas.

En otras palabras, el mercado de los servicios está cambiando como consecuencia de mayores y más complejas exigencias (asociadas a: TIC, nuevos problemas a resolver, nuevos nichos, competencia exacerbada, mayores certificaciones, etcétera). En contextos de rápida industrialización tipo maquiladora dirigida por corporaciones multinacionales, como es el caso de Tijuana, el asociacionismo entre empresarios nacionales (particularmente PYME, o de gerentes mexicanos con autonomía para la toma de decisión laborando en filiales extranjeras) es complicado de alcanzar. El contexto no es alentador. Estas empresas generalmente ocupan un lugar de menor nivel en la cadena global del producto, dependen de manera importante del cliente principal, la competencia se eleva, la reducción de costos es continua, y las exigencias por controlar los procesos aumentan (muy diversos tipos de certificación). Todo ello lleva a una situación donde no alcanzan las horas del día para atender tantas y diversas exigencias, menos aún para conocer lo que existe en la localidad que les permita mejorar. En este sentido, las instituciones puente, al desarrollar sus capacidades, intervienen de manera central en el desenvolvimiento industrial, como es el caso de ProduCen.

La política industrial federal y estatal actualmente es congruente. Los programas nacional de desarrollo y de competitividad, así como el programa estatal de desarrollo en Baja California, plantean claramente una metodología de identificación, acompañamiento y fortalecimiento de *clusters*, que busca no sólo fomentar el asociacionismo entre las empresas para la solución de problemas, sino también aumentar las funciones de las mismas dentro de la cadena de valor global, incrementar el valor agregado que generan las empresas y buscar los mecanismos de apropiación de dicho valor agregado. Estas metas no sólo han supuesto un enfoque sistémico de la competitividad, sino que reflejan la complejidad y el dinamismo que han adquirido los distintos sectores productivos en la región (como *software*, aeroespacial, electrónica y automotriz). Esto requiere de nuevos servicios e instrumentos de fomento, los cuales son provistos precisamente por instituciones puente como ProduCen en Baja California.

Bibliografía

Carrillo, J. (coord.) (2006), "Aprendizaje industrial y actores locales. Las maquiladoras frente a la competencia", *Reportes Proyecto Conacyt 42608*, Tijuana.

________ y R. Gomis (2003), "Los retos de las maquiladoras ante la pérdida de competitividad", *Comercio Exterior*, vol. 53, núm. 4, abril, pp. 318-327.

Casalet, M. (2004), "La maquila de exportación en Chihuahua: hacia la construcción de un entorno institucional diverso y complejo", México.

________ (2003), "La conformación de un sistema institucional territorial en dos regiones: Jalisco y Chihuahua vinculados con la maquila de exportación", en Mino y Dávila, *Nuevas tecnologías de información y comunicación. Los límites en la economía del conocimiento*, Buenos Aires, Argentina, Universidad Nacional de General Sarmiento.

________ (2000), "Las redes institucionales en la creación del capital social", en J. Carrillo (coord.), *¿Aglomeraciones locales o* clusters *globales?: Evolución empresarial e institucional en el norte de México*, México, Colef/Fundación F. Ebert, pp. 17-43.

________ y L. González (2006), "El entorno institucional y la formalización de las redes en el sector electrónico de Chihuahua", en Villavicencio (ed.), *La emergencia de dinámicas institucionales de apoyo a la industria maquiladora de México*, México, UAM/Miguel Ángel Porrúa, pp. 49-88.

De los Santos, S. (2006), "Estrategias de articulación para el desarrollo regional", conferencia en el Programa de Maestría en Desarrollo Regional, El Colef, 1 de marzo.

Etzkowitz, H., L. Leydesdorff (2000), "The Dynamics of Innovation: From National Systems and 'Mode 2' to a Triple Helix of University-Industry-Government Relations", *Research Policy*, núm. 29, pp. 109-23.

Gereffi, G. (2005), "The New Offshoring of Jobs and Global Development", *ILO Social Policy Lectures*, Jamaica, diciembre.

Hernández, C., A. Lara., M. Sánchez, J. Carrillo y A. Almaraz (2003) "Desarrollo de capacidades tecnológicas y *cluster*. Una exploración", en L. Peñalba Rosales y M. Saleme (comps.), *Clusters, Microfinanciamiento, Factores laborales*, México, Departamento de Producción Económica, UAM, pp. 17-36.

Humphrey, J. y H. Schmitz (2000), "Governance and Upgrading: Linking Industrial Cluster and Global Value Chain Research", *IDS Working Paper 120*.

López, M. (2002), *Las instituciones de fomento de proveedores en la industria electrónica como alternativa de desarrollo industrial en Tijuana, B. C.*, tesis de maestría en Desarrollo Regional, Tijuana, Colef.

Moloman, A. (2006), "Modelo de exportación, desarrollo de capacidades y surgimiento de un nuevo tipo de instituciones. Comparación de Tijuana y Ciudad Juárez", programa de maestría en Desarrollo Regional, Tijuana, Colef, octubre.

Porter, M. (1990), "¿Dónde radica la ventaja competitiva de las naciones?", *Harvard-Deusto Business Review*, 4º trimestre.

Villavicencio, D. (2006) (coord.), *La emergencia de dinámicas institucionales de apoyo a la industria maquiladora de México,* México, UAM/Miguel Ángel Porrúa.

________ (2004), "La configuración del entorno institucional de las maquiladoras y las nuevas formas de interacción binacional", en J. Carrillo y R. Partida (coords.), *La industria maquiladora mexicana. Aprendizajes tecnológicos, impactos regionales y entornos institucionales*, Guadalajara, Colef-UdeG, pp. 249-286.

WIR (2005), *Transnacional Corporation and the Internalization of R&D*, Nueva York, Ginebra, Naciones Unidas, disponible en: http://www.unctad.org/Templates/WebFlyer.asp?intItemID=3489&lang=3

Aglomeración geográfica y desarrollo industrial regional: una crítica a la Teoría de *Clusters*

Raúl Pacheco-Vega[1]

Introducción

La teoría sobre la cual se han analizado los distritos industriales (*clusters*) ha seguido un proceso evolutivo a partir de 1930. La premisa básica de los beneficios colaterales que conlleva la aglomeración y proximidad geográfica entre grupos de empresas (tales como la difusión de conocimiento, el fortalecimiento de las relaciones y enlaces entre empresas, tanto hacia delante como en los primeros eslabones de las cadenas productivas) sigue en boga, particularmente en la Unión Europea y en Estados Unidos. Originalmente, el concepto de distrito industrial es propuesto por Alfred Marshall, si bien en décadas recientes ha sido un grupo de investigadores italianos encabezados por Becattini, Rabellotti y Paniccia el que ha sentado las bases de la Teoría Italiana del Distrito Industrial (Becattini, 2002; Paniccia, 1998; Rabellotti, 1997).

Con toda la promoción que se ha dado a las bondades de la proximidad geográfica y la formación de *clusters*, se ha dejado de lado un análisis crítico de los aspectos negativos de dichas aglomeraciones. Los *clusters* no son la fórmula mágica para un crecimiento económico y desarrollo industrial regional sustentable, aun si la Organización para la Cooperación y el Desarrollo Económico (OCDE) los promueve como el enfoque a seguir (OECD, 1999).

Haciendo uso de casos de estudio previamente publicados tanto en México como en otros países del mundo, este capítulo presenta una crítica a la Teoría de *Clusters*.

[1] Ciatec/The University of British Columbia.

Dicha crítica no pretende minimizar el papel clave que tienen los distritos industriales en el desarrollo regional. Es claro que existen ciertas bondades y beneficios en la aglomeración geográfica. La proximidad entre empresas y el establecimiento de instituciones y procesos de apoyo a las industrias dentro de un área geográfica específica tiene ventajas. Algunas de ellas incluyen la cercanía a materias primas y mercados, un suministro constante de mano de obra calificada y el apoyo de instituciones y gobierno. Sin embargo, existen elementos que pueden obstaculizar el crecimiento económico de las empresas aglomeradas geográficamente. El modelo de desarrollo mediante *clusters* no es una panacea para el desarrollo regional, tiene ventajas claras, pero también desventajas considerables (Martin y Sunley, 2003; Pacheco-Vega, 2004; Palazuelos, 2005). Entre los aspectos negativos se incluye el incremento en la competición entre empresas (*predatory behavior*), tanto en el aspecto de clientes finales como en cuanto a disponibilidad de mano de obra calificada.

El objetivo del presente capítulo es hacer un análisis balanceado sobre las condiciones en las cuales es conveniente utilizar dicho "enfoque de *clusters*" (*the cluster approach*[2]) y aquellas en las cuales no es conveniente utilizar este modelo. El capítulo está organizado en cuatro secciones. La primera sección presenta los aspectos teóricos y empíricos que han dado fundamento a la teoría de formación de *clusters* o distritos industriales.[3] La segunda sección describe las instancias en las cuales se ha demostrado empíricamente que la cercanía espacial resulta contraproducente. La tercera sección analiza algunos elementos por los cuales este tipo de modelo de desarrollo es promovido no solamente por la OCDE, sino también por un gran número de instancias en los ámbitos regional y global. Finalmente, la cuarta sección ofrece algunas conclusiones preliminares sobre las circunstancias en las cuales es posible usar el modelo de *cluster*.

Aglomeración geográfica y distritos industriales: teoría y desarrollos recientes

Harrison postula que entre los primeros estudiosos del tema se encontraban Chinitz, Perroux, Vernon, entre otros (Harrison, 1992). Sin embargo, estas referencias datan de los años cincuenta, mucho después de que el primer promotor del análisis de la

[2] La OECD promueve este enfoque en su libro *Promoting Regional Innovation: The Cluster Approach*.

[3] Algunos autores hacen la diferencia entre *cluster* y distrito industrial. Para los aspectos del análisis presentado en el presente capítulo no hago dicha distinción.

Teoría de la Localización publicara un análisis seminal sobre la aglomeración geográfica de las empresas (Edgar Hoover).

Curiosamente, una de las cadenas productivas industriales que ha sido estudiada con mayor intensidad en la literatura sobre aglomeración geográfica es precisamente la cadena cuero-calzado, tan popular en el estado de Guanajuato. Esto no es realmente una sorpresa, sino el resultado de la intrincada y compleja interrelación entre tenerías y fábricas de zapatos. Existe un gran número de factores que influyen en el surgimiento de los distritos industriales, tales como las instituciones, los mecanismos de transmisión del conocimiento, y factores exógenos. Sin embargo, los requerimientos de materia prima y la necesidad de tener un suministro constante y confiable de pieles en la industria del calzado fueron dos de los factores primordiales por los cuales las curtidurías se localizaron cerca de las fábricas de zapatos, tal como lo argumenta uno de los primeros proponentes de los efectos de la proximidad espacial entre empresas, Edgar Hoover. Existe un número de teorías sobre los efectos de la cercanía geográfica entre empresas, pero en mayor o menor medida se derivan del pionero trabajo de Hoover sobre la industria curtidora y del calzado en Estados Unidos a inicios del siglo XX (Hoover, 1937).

El economista Alfred Marshall postula desde el siglo pasado (1890) el concepto de externalidades positivas. Marshall establece que, de la misma manera en que las empresas pueden gozar de "economías de escala" al interior de la empresa (conforme se producen más piezas con la misma capacidad instalada), llega el momento en el cual es posible gozar de economías *externas* de escala. Es famosa su frase que enuncia: "el secreto de la industria está en el aire...".

Sin embargo, la liga entre estos conceptos con la moderna Teoría de la Localización se establece hasta el trabajo de Hoover,[4] quien analiza como unidad básica la empresa/planta/establecimiento. Basado en fundamentos microeconómicos, Hoover establece que las decisiones de localización de la unidad decisoria (empresa) son dependientes de la ubicación de las materias primas, los mercados y los clientes externos, así como de los costos de transferencia (transporte). Como resultado de la visión de Hoover, la Teoría de Localización de los distritos industriales tiene fundamento primordial en la proximidad geográfica. Para que una empresa se localice

[4] Resulta interesante que Douglass North, uno de los primeros proponentes del análisis de las instituciones como reglas de comportamiento, hubiera escrito un artículo basado en el trabajo de Hoover (que era más bien especialista en micro-economía) sobre desarrollo regional. Es fascinante ver que North ya proponía la existencia de sistemas regionales de innovación aun si no los llamaba así. Véase Douglas North (1955), "Location Theory and Regional Economic Growth", *Journal of Political Economy*, vol. 63, núm. 3, pp. 243-258.

en una zona específica hace falta que aquellos elementos que son requisitos de una operación eficiente (mercados, materias primas, bajos costos de transporte) estén disponibles dentro de un perímetro relativamente pequeño. Luego, entonces, la industria del calzado se deberá localizar donde haya tenerías (o viceversa) y clientes dispuestos a comprar zapatos, así como instituciones de apoyo (centros de desarrollo de moda, instituciones de investigación, etcétera). A pesar de tener más de 70 años de edad, la teoría de Hoover sigue teniendo elementos válidos que aporta al análisis de *clusters* industriales.

Schmitz propone la noción de *eficiencia colectiva* como elemento de cohesión del distrito industrial. La eficiencia colectiva tiene dos dimensiones principales: los efectos incidentales (resultados de la presencia de externalidades) y los efectos intencionales (resultado de estrategias definidas por las agencias gubernamentales). Schmitz usa el caso de la industria del calzado en Sinos Valley para postular que las empresas que conforman los *clusters* se mantienen competitivas gracias a las "eficiencias colectivas", que resultan en parte de las externalidades (efectos positivos que se derivan de la proximidad geográfica) (Schmitz, 1995, 1999).

Dada la popularidad del tema, existen varias tipologías de distritos industriales. Una de las más citadas es la de Ann Markusen, que trata de explicar la paradoja de la permanencia ("adherencia") de ciertos tipos de industrias en regiones "resbalosas" ("*sticky places in slippery spaces*") (Markusen, 1996). Para Markusen, hay cuatro tipos primordiales de distritos industriales:

- *Distritos marshallianos* (por ejemplo, los distritos de Emilia-Romagna y la Tercera Italia). Éstos son tradicionalmente *clusters* de empresas pequeñas aglomeradas geográficamente. Las grandes corporaciones no gozan de economías de escala, por ello prevalecen las microempresas. La mayor parte de las transacciones ocurre dentro del distrito.[5]
- *Distritos Hub and Spoke*[6] (o concéntricos), donde un cierto número de empresas o plantas industriales actúa como el centroide alrededor del cual gravitan y con las cuales se relacionan o asocian tanto proveedores como consumidores. Ejemplos clásicos son Seattle, con la empresa Boeing, y en México, Silao, con la planta de General Motors. Obviamente estos distritos tienen

[5] Markusen también habla de los distritos de variedad "italianato" (*italianate*) que son "vibrantes y cooperativos". Para una revisión a profundidad de los cuatro tipos, se sugiere al lector examinar el artículo de Markusen (1996).

[6] *Hub and Spoke* se refiere a los rayos de una rueda de bicicleta (*spokes*) que están ligados al centroide de la misma (*hub*).

interacciones y transacciones fuera de la zona geográfica delimitada por el distrito.

- *Distritos de "plataforma satélite"*, los cuales están compuestos de subsidiarias o "corporaciones multinacionales ausentes", cuyos centros de operación o casas matriz no se encuentran físicamente en dichos distritos. Por ejemplo, Vancouver (Canadá) tiene un distrito industrial de la industria fílmica, donde gran número de estudios tienen sus subsidiarias, pero no las casas matrices.
- *Distritos "Estado-céntricos*", que se han desarrollado principalmente como resultado de la presencia de una entidad gubernamental primordial que se convierte en la piedra del desarrollo regional en la zona geográfica de referencia. En algunos aspectos se podría decir que el fenomenal crecimiento de León también ha sido resultado de la cercanía con el gobierno del estado de Guanajuato. En Brasil, la Universidad de Campinas ha fomentado el crecimiento de la ciudad, y en Estados Unidos un ejemplo clásico es la Universidad de Notre Dame, situada en South Bend, Indiana. También se atribuye mucho del crecimiento de la zona urbana de Washington D. C. a la presencia del gobierno federal.

La postura teórica de Harrison argumenta que el éxito de los distritos industriales va más allá de las simples economías de aglomeración. Es decir, en el análisis neoclásico tradicional se conceptualizan las economías regionales y locales como conjuntos de competidores "atomizados" (o sea, individuos compitiendo unos contra otros). Harrison argumenta que en la teoría de distritos industriales moderna se enfatizan los elementos de interdependencia de empresas, competencia cooperativa y la credibilidad (*trust*). Estos nuevos elementos teóricos "suaves" forman parte de una nueva forma de examinar los distritos industriales, donde los componentes "duros" (cercanía geográfica) pasan a segundo plano y a los "suaves" (cooperación y competencia) se les asigna mayor poder explicativo.

El gran problema con estos elementos "suaves" es que las metodologías de investigación apropiadas para poder capturar sus efectos todavía no están realmente bien definidas. Por ejemplo, *trust* o la "credibilidad" se refiere a la confianza que existe entre personas (y en una escala ligeramente superior, empresas) en materia de negocios. Si se desea una relación sólida de intercambio más allá de una serie de transacciones comerciales, se requiere que haya confianza entre compradores y distribuidores. En la teoría moderna sobre distritos industriales se infiere que este tipo de credibilidad existe entre las empresas que se encuentran localizadas dentro de la misma zona geográfica. Sin embargo, la pregunta permanece: ¿cómo poder detectar cuando existen relaciones de credibilidad entre empresas? Ello no es tan sencillo de medir. Podrían realizarse entrevistas a los directores de las empresas, pero no se puede tener absoluta certeza sobre que las entrevistas muestren la realidad tal como es. Es por ello que este tipo de elementos es difícil de plasmar.

Las preguntas clave: ¿qué son los *clusters* y cómo funcionan?

La popularidad de los *clusters* se debe no solamente a la literatura italiana y sus análisis de la bonanza económica y el desarrollo regional industrial de la *Tercera Italia* (Becattini, 2002; Grandinetti y Tabacco, 2003; Paniccia, 1998; Rabellotti, 1995), sino también al interés en la literatura sajona por los agrupamientos industriales (Feldman *et al.*, 2005; Harrison, 1992; Porter, 1998, 2000; Quadrio-Curzio y Fortis, 2002).

El autor señalado como el responsable de la popularidad del concepto de *clusters* (Michael Porter) lo define de la siguiente forma:

> *Clusters are a geographically proximate group of interconnected companies and associated institutions in a particular field linked by commonalities and complementarities. Clusters encompass an array of linked industries and other entities important to competition... including governmental and other institutions —such as universities, standard setting agencies, think tanks, vocational training providers and trade associations* (Porter, 1998: 78).

Martin y Sunley critican con gran claridad y coherencia este concepto de *clusters,* por lo que no se repiten aquí sus argumentos. Sin embargo, para propósitos de análisis en este trabajo, sí es necesario examinar los elementos definitorios de un *cluster*. En la definición de Porter (suficientemente vaga como para abarcar prácticamente cualquier agrupamiento de empresas) es posible notar cuatro elementos primordiales:

a) La proximidad geográfica.
b) La inter-conectividad.
c) La dualidad de elementos comunes y complementarios.
d) La presencia de entidades externas que son clave para el desarrollo del *cluster*.

En primer lugar, la escala geográfica del análisis resulta demasiado vaga. ¿Hasta qué escala es posible englobar un *cluster*? En esta definición caben regiones de prácticamente cualquier tamaño (Martin y Sunley, 2003; Palazuelos, 2005). En segundo lugar, ¿a qué se le llama interconectividad? ¿Deberán incluirse como relaciones de interconexión las transacciones comunes de mercado (comprar/vender)? Si así fuera, se estaría afirmando que todas las regiones, ciudades y países son un gran *cluster*. En tercer lugar, si bien es cierto que hay algunos elementos de complementariedad y otros de competencia entre empresas, la definición de Porter no los distingue. ¿En qué momento compiten las plantas localizadas en un *cluster* y cuándo están en condiciones de colaborar? Y, finalmente, la presencia de entidades externas puede tener consecuencias positivas (como en el caso de un centro de investigación que desarrolle materiales especializados para un cierto tipo de industria) o negativas (como en el caso de institutos dedicados a otro tipo de actividades, que potencialmente pudieran ser percibidas como más rentables que la actividad industrial desarrollada en el *cluster* en ese momento).

Tampoco es sencillo soslayar la discusión teórica entre las definiciones de "*cluster*", "distrito industrial" y "*milieux*". Si bien se usan en forma intercambiable, se ha escrito un gran número de artículos que tratan de establecer las diferencias entre estos tres conceptos. Desde los artículos de Rabellotti que tratan de determinar las características de un "distrito industrial modelo" (Rabellotti, 1995, 1997) hasta el reciente trabajo de Martin y Sunley que se ocupa de "de-mistificar" el concepto de *cluster*, pasando por los estudios sobre *milieux innovateurs* (áreas innovadoras) (Amara *et al.*, 2005). Este capítulo no se integra al debate definicional, sino que toma como sinónimos intercambiables a los distritos industriales, *clusters* y *milieux*.

Al utilizar el *génesis* de un *cluster* o distrito industrial como criterio de clasificación, en el presente trabajo distinguimos dos tipos: el *cluster natural*, que se origina como resultado de la evolución histórica de una o más industrias en una región geográfica delimitada. Como ejemplos de *clusters* naturales podemos encontrar el *cluster* de cuero-calzado en las ciudades de León, México (Martínez Martínez, 2006; Pacheco-Vega, 2004), el distrito industrial de textiles y tejido en Baden-Wurttemberg (Staber, 2001), el *cluster* de empresas de *software* en Seúl, Corea del Sur (Hwan, 2002), la industria de vestimenta en Japón (Yamamura *et al.*, 2003), y la construcción de barcos en Holanda (Van Klink y De Langen, 2001).

El segundo tipo de *clusters* de acuerdo con su trayectoria evolucionaria es el cluster *forzado*. En este capítulo se define como una aglomeración geográfica de empresas promovida por la política industrial de un país (o en incluso por la política gubernamental sub-nacional, como puede ser el estado o municipio). El clásico ejemplo de un *cluster* forzado en México es la industria electrónica en Guadalajara, que es en gran parte el resultado de la política de fomento y apoyo a la instalación de empresas como Kodak, Hewlett Packard, etc., en la zona metropolitana de Guadalajara (Pozos, 1997; Rodríguez y Cota, 2001).[7]

De acuerdo con la dimensión temporal podemos distinguir tres tipos primordiales de *clusters*: aquellos que están en etapa de formación, aquellos que se encuentran "maduros" o consolidados, y los que están en etapa de decadencia. Esta perspectiva de "ciclo de vida del *cluster*" está reflejada en la figura 1. También cabe hacer notar que esta tipología se refiere a aquellos distritos industriales que se han conformado de manera natural a través de procesos evolutivos históricos.

Figura 1. El ciclo de vida del *cluster*

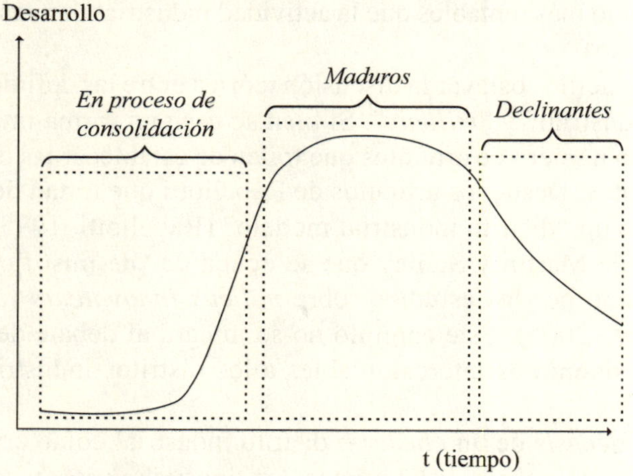

Fuente: elaboración propia.

Sin embargo, no resulta conveniente introducir los *clusters* "forzados" en esta tipología, ya que no son de formación natural. Como se mencionó en párrafos anteriores, en este trabajo diferenciamos entre los *clusters* que se conforman a través de los años en comparación con aquellos que son producto de la promoción de una política industrial fundamentada en los encadenamientos de plantas industriales. Por ejemplo, recientemente la Coordinadora de Fomento al Comercio Exterior de Guanajuato, con el apoyo del Banco Interamericano de Desarrollo, inició un programa de

[7] Más recientemente, María Isabel Rivera Vargas (2006) ha examinado las nociones de aprendizaje tecnológico en el *cluster* de la industria electrónica en Guadalajara. Dado que el énfasis de este trabajo no está enfocado primordialmente en el aspecto del aprendizaje tecnológico, sino en una crítica a la teoría de los *clusters*, esta arista no está explorada en el capítulo.

fomento de cadenas productivas (es decir, promoción al desarrollo regional basado en *clusters*).[8] La idea detrás de este programa es que es posible fomentar las alianzas entre empresas ya establecidas, de forma que se fortalezcan las relaciones de confianza entre compañías proveedoras y consumidoras.

En esta tipología se pueden enmarcar los *clusters* "en ciernes" o que están apenas comenzando a desarrollar las redes y entretejiendo los nexos necesarios entre empresas e instituciones. Éstos difieren de los *clusters* "forzados" en que carecen del agente "promotor". Por agente promotor entendemos aquel (o aquellos) elementos externos que fomentan de manera activa la localización de un cierto tipo de empresa en una región determinada.[9]

En el caso de los *clusters* "en ciernes" y "forzados", un elemento clave para el éxito de los mismos (la permanencia en la región geográfica y el fortalecimiento de su capacidad competitiva) es la orientación empresarial de quienes dirigen las plantas localizadas en dichos *clusters*. Feldman examina el desarrollo de una cultura empresarial en la región del Capitolio (Washington, D. C.) y cómo esta cultura influye en la formación de un distrito industrial regional (Feldman, 2001).

Para tratar de comprender el gran volumen de literatura que se ocupa de los distritos industriales (*clusters*), es necesario clasificar y organizar la literatura en varias categorías que pretenden responder a las preguntas siguientes:

¿Qué origina o cómo se forman los distritos industriales?

La literatura que examina la formación de distritos industriales, *clusters*, *milieux*, es muy vasta. Es casi imposible citar todos los trabajos que han examinado este fenómeno. De particular relevancia en el contexto mexicano están los estudios de los distritos industriales de la maquiladora electrónica en la frontera norte (en particular en Ciudad Juárez) (Carrillo y Hualde, 2000), los *clusters* automotrices en el Estado de México y en la frontera norte (Lara y Carrillo, 2003), los *clusters* del cuero y calzado en León y Guadalajara (Brown y Domínguez, 1997; Martinez Martinez, 2006; Pacheco-Vega, 2004). Otros *clusters* se prestan a análisis empíricos, como el

[8] Programa de Fomento a Cadenas Productivas (BID/Fomin/Cofoce).

[9] Una conversación con el Ing. Daniel Hernández del programa BID/Fomin/Cofoce dio lugar a esta noción del "agente promotor", aun cuando nuestras visiones con respecto del mismo pueden ser ligeramente diferentes. Hernández sugiere que un *cluster* requiere siempre de un agente externo. Éste puede ser el caso en los *clusters* forzados y en los *clusters* en ciernes, sin embargo, no lo es en el de los *clusters* naturales. Agradezco al ingeniero Hernández por sugerir este concepto.

mencionado trabajo de Dávila-García en Coahuila, los distritos industriales de mueblerías en Ocotlán, Jalisco, el *cluster* automotriz en Aguascalientes, etcétera.

¿Cómo funcionan los distritos industriales?

En cuanto a la Teoría de la Localización y las modalidades de proximidad geográfica en un *cluster*, Gordon y McCann presentan tres modelos (Gordon y McCann, 2000; McCann y Sheppard, 2003), aunque éstos no son analizados a detalle en este trabajo:[10]

- Modelo de aglomeración pura.
- Modelo de complejo industrial.
- Modelo de red social.

En cuanto se refiere a trabajos empíricos en México, aquí se pueden incluir aquellos que examinan la evolución del *cluster* de ropa de mezclilla en Torreón (Coahuila) y su capacidad competitiva (Bair y Gereffi, 2001), aunque este artículo incluye el concepto de cadenas productivas globales, describiendo cómo las empresas locales se conectan de manera eficaz con un mercado global. En la literatura internacional, el mismo Porter se encargó de analizar un gran número de *clusters* y su operación (1998, 2000).

¿Cuáles son las características de un distrito industrial exitoso?

Rabellotti, más que identificar las características de un distrito industrial exitoso, se enfocó en determinar (mediante un análisis comparativo de dos regiones en Italia y dos en México que tenían una cantidad desproporcionada de empresas de calzado) si estas regiones tenían las características específicas que hacen a un distrito industrial "clásico".[11] Encontrar exactamente qué elementos hacen exitoso a un *cluster* parece ser la pregunta de los 64 millones. Nadie tiene una respuesta clara, ya que cada caso

[10] Un análisis detallado está fuera de los límites de este trabajo. Sería repetitivo citar de nueva cuenta lo que han avanzado McCann y sus co-autores en materia de identificación de patrones de aglomeración.

[11] Existe mucho debate sobre lo que constituye un distrito industrial clásico, en el cual no participo con este trabajo.

es contextual. A pesar de haber analizado decenas de casos (y a veces centenas de ellos), nadie ha desarrollado la fórmula mágica para crear un *cluster* exitoso, económicamente viable y sostenible a lo largo del tiempo.

Feldman argumenta que es difícil descifrar si es que las actividades emprendedoras habrían ocurrido antes de que los estudios se llevaran a cabo, es decir, no existe un contra-factual (Feldman, 2001; Feldman y Francis, 2004; Feldman *et al.*, 2005). Esto contribuye a la paradoja de los distritos industriales: todo el mundo sabe que existen, pero es muy complejo crearlos y mantener sus ventajas competitivas.

Metodologías para identificar clusters

De acuerdo con Feser y Bergman, hay cuatro factores primordiales que son recurrentes en la literatura sobre *clusters* (Hallencreutz y Lundequist, 2003):

a) Entrelazamientos formales entre compradores y proveedores.
b) Proximidad geográfica (co-locación).
c) Instituciones compartidas que tienen un interés en la industria local.
d) Evidencia de cooperación informal y competencia simultánea (*coopetición*).

Estos autores sugieren un marco teórico y analítico de análisis aplicado de *clusters* regionales (Feser y Bergman, 2000), mismo que recientemente Dávila-Flores puso en práctica para el caso de los *clusters* en el estado de Coahuila (México) (Dávila-Flores, 2005). Feser y Bergman derivan un conjunto de 23 *clusters* manufactureros en Estados Unidos y los utilizan como modelos para analizar de manera ilustrativa cómo opera el sector manufacturero en un estado de aquel país.

Hill y Brennan ofrecen una metodología empírica cuantitativa para identificar las fuerzas que conforman a los *clusters*, la cual aplican al caso del estado de Ohio, en Estados Unidos. En su análisis de la zona metropolitana de Cleveland-Akron, los autores identifican 29 industrias directoras (*driver industries*) que emplean aproximadamente a 15% de un total de 1.5 millones de trabajadores (en 1995), donde 10 *clusters* aglomeran 18% de la base del empleo regional (235 mil trabajadores) (Hill y Brennan, 2000).

Colgan y Baker presentan una metodología cualitativa para estudiar siete grupos de *clusters* en el estado de Maine, donde establecen una medida no-cuantitativa de "fuerza" (fortaleza) del *cluster*. De la misma manera, los autores admiten que su metodología es más bien empírica y no fundamentada en un cuerpo teórico específico.

Sin embargo, tiene limitaciones metodológicas y no presenta robustez en las comparaciones inter-regionales (Colgan y Baker, 2003).

Estas metodologías, las más comúnmente aceptadas en materia de formación de *clusters*, tienen como objetivo encontrar los *patrones de formación* de los distritos, más que los *factores de éxito* y competitividad. Esta realidad tiene importantes implicaciones de política pública. A pesar de la sofisticación de dichos métodos de identificación de *clusters*, no se tienen todavía suficientes elementos empíricos como para establecer directrices de política de fomento a la formación de *clusters* que tengan un sustento sólido y un nivel bajo de riesgo.

Innovación y distritos industriales

En la reciente oleada de estudios que se ocupan de "la economía del conocimiento" (*knowledge economy*), el concepto del distrito industrial le ha venido como anillo al dedo a la noción del sistema de innovación regional. El distrito industrial se propone como un elemento indiscutible de un sistema regional de innovación, en el cual se encuentra incrustado[12] dicho *cluster*. Al conjunto de instituciones creadas alrededor de un distrito industrial se le denomina el *sistema regional de innovación* (Grandinetti y Tabacco, 2003; Hwan, 2002; OECD, 1999).

La evolución del concepto de *cluster* ha significado una modificación en materia del paradigma central. Mientras que al inicio los distritos industriales eran básicamente conglomerados localizados dentro de una región espacialmente definida, ahora se considera que el elemento clave de un *cluster* es la transmisión de conocimientos. Sobre la base de esta consideración, se postula que un *cluster* está conformado por una red de empresas que comparten conocimientos, que tienen formuladas relaciones de credibilidad y confianza, y que se encuentran apoyadas por una serie de instituciones y organismos de apoyo que les permiten evolucionar y sostener una posición competitiva en el mercado.

Si bien se considera que los elementos "suaves" son particularmente importantes en los *clusters* basados en la transmisión de conocimientos (*knowledge-based clusters*, entre los cuales se cuentan los distritos de la industria biotecnológica, de *software* y de empresas de alta tecnología aeroespacial o de manufactura), no es posible

[12] La noción sajona de "*embedded*" (literalmente, encamado) no tiene una traducción al español; sin embargo, utilizo el sustantivo "incrustado" en forma figurativa, ya que en realidad la noción de *embeddedness* se refiere al acolchonamiento u arropamiento que reciben las empresas que se encuentran dentro del sistema regional de innovación. Tal vez una mejor palabra sería "arropado".

establecer una correlación directa entre el grado de innovación y la co-localización geográfica. Esto es, no es posible decir que las empresas que están ubicadas dentro de una zona geográfica determinada serán más innovadoras (Martin y Sunley, 2003).

Aun cuando algunos autores sugieren que la aglomeración origina o fomenta la innovación, la evidencia empírica no parece apoyar estas hipótesis, particularmente cuando la industria analizada tiene un gran número de interconexiones con mercados internacionales (Simmie, 2004). Por otro lado, una revisión de casos empíricos publicados recientemente muestra que, contrario a lo que por lo general se postula acerca de que la cooperación entre empresas es la actividad generadora (o transmisora) de conocimientos, aparentemente es mucho más importante la interacción social al nivel de individuos y la dinámica del mercado laboral en la cual los trabajadores de distintas empresas socializan e intercambian datos e información que en algunos casos pueden tener relevancia en el fortalecimiento de las actividades de las empresas a las cuales pertenecen (Malmberg y Power, 2005).

Donde la proximidad geográfica no ayuda: distritos industriales en decadencia

Dada la popularidad de los *clusters* en la literatura actual, no solamente gracias al trabajo del estratega estadounidense Michael Porter (1998, 2000), sino también a compilaciones de casos de estudio en diferentes países (Andersson *et al.*, 2004), a menudo se tiende a dejar de lado los aspectos negativos de la aglomeración geográfica.

Para citar algunos elementos contraproducentes de tal situación, en primer lugar, la concentración geográfica parece fortalecer la conducta competitiva de tipo predatorio (*predatory behavior*). Ésta se refiere a la competencia intensa que existe entre empresas del mismo tipo o que atienden al mismo mercado, lo cual presenta un grave problema, particularmente para las empresas que apenas están comenzando (*start-ups*) en contraste con aquellos negocios que ya tienen un mercado establecido y relaciones tanto con proveedores como con consumidores específicos. Tal competencia se ve exacerbada en un entorno geográficamente restrictivo. Cuando las empresas pequeñas tienen que hacer inversiones considerables en movilizar su producto y penetrar mercados que no se encuentran dentro del perímetro contextual de sus actividades comunes, entonces enfrentan la posibilidad de conducta predatoria por parte de aquellos establecimientos que cuentan con capacidades de transportación y acceso a mercados dentro de un área geográfica mayor (por ejemplo, los artesanos de la cerámica en la ciudad de Dolores Hidalgo, Guanajuato, tendrían que realizar visitas a ciudades cercanas para promover sus productos). Este tipo de conducta puede tener efectos más negativos cuando se trabajan productos o en el contexto de clientes en mercados con alta elasticidad al precio. Cuanto más tenga que ceder la empresa para poder continuar en el mercado, más probabilidades de falla (y cierre) existen.

En segundo lugar, esta concentración también permite la competencia por mano de obra calificada, la cual se encuentra relacionada con el punto anterior. Cuando un grupo de empresas se encuentra localizado geográficamente en una misma región, cabe la posibilidad de que algunas traten de atraer personal calificado para fortalecer su propio capital humano, con el ofrecimiento de mayores sueldos, mejores condiciones de trabajo y vida, etc. Esta situación se presenta con mayor frecuencia en regiones donde la transferencia de capacidades humanas no tiene mayores dificultades, en particular si dichas capacidades son replicables con facilidad. Por ejemplo, re-entrenar a un operario especializado en el manejo de una máquina muy especializada podría presentar grandes conflictos e inversión para una empresa que depende de este tipo de empleados para continuar con sus operaciones. Sin embargo, si se requiere un carpintero para la construcción de un cierto tipo de muebles, ello es mucho menos problemático, ya que sus capacidades son más o menos homogéneas (es decir, casi todos los carpinteros pueden hacer casi lo mismo, aun cuando podría ser el caso de que hubiera algunos muy especializados, lo cual originaría problemas a futuro para la empresa que hace uso de dichos servicios, por el alto riesgo de cambio de trabajo).[13]

En un reciente artículo, Palazuelos critica el concepto de *cluster* y sugiere otros riesgos, tales como la sobre-especialización, el incremento de precios, y otras externalidades negativas (Palazuelos, 2005). Como bien indica el autor, es difícil identificar los elementos que hacen un *cluster* exitoso y es difícil combinar todos los elementos que pueden contribuir a lograr dicho éxito, sobre todo cuando el *cluster* arranca desde cero (coincidiendo con el concepto de *cluster* forzado propuesto por Pacheco-Vega, 2004).

Staber encuentra que la proximidad geográfica en el distrito de prendas de vestir tejidas en Batten-Wuttemburg (Alemania) no ayuda al crecimiento del *cluster*, sino que, incluso, puede tener consecuencias negativas. Utilizando teorías ecológicas, de acción aleatoria y neoinstitucionales, Staber encuentra que la co-locación en *clusters* de empresas en la misma industria incrementó la tasa de falla de los negocios, mientras que la localización en *clusters* diversificados de empresas que operan en industrias complementarias reducen las tasas de falla. Staber indica que estos resul-

[13] El verbo "piratear" se usa en el español coloquial de México para denotar una adquisición truculenta. Es entonces común para algunas industrias "piratearse" empleados excepcionales atrayéndolos con promesas de mejores sueldos y condiciones de trabajo.

tados empíricos son consistentes con el modelo ecológico de competencia localizada en ambientes de recursos compartidos (Staber, 1997, 2001).

Sugerencias de política pública: un enfoque de *clusters* balanceado

A la luz de la revisión de la literatura presentada en páginas anteriores, es importante reconocer que la cercanía entre las empresas localizadas al interior de un distrito industrial tiene ventajas substanciales, pero también presenta dificultades que no son despreciables.

La principal crítica a la Teoría de *Clusters* proviene realmente del gran (y en ocasiones desmedido) entusiasmo con el que se ha tomado el concepto. Tanto Martin y Sunley como Palazuelos y Pacheco-Vega han criticado la ligereza con la cual se promueve el concepto. Martin y Sunley demuestran que el concepto de *cluster* ha resultado más una idea reciclada de la economía geográfica que un concepto innovador de la literatura sobre gestión estratégica. Porter logra vender el concepto como si fuera novedoso, cuando está demostrado que las bases teóricas y los estudios empíricos sobre distritos industriales y *clusters* ya existían en la literatura de la geografía económica mucho antes de que Porter popularizara el concepto. La misma estrategia de popularización la hace Paul Krugman con su idea de la "nueva economía geográfica" (*new geographical economics*). Es cierto que estos prominentes autores sajones han contribuido al estudio de una diversidad de fenómenos socio-económicos. La contribución de Porter al estudio de la estrategia interna y al análisis de las fuerzas promotoras de la competitividad, tanto de las naciones como de las empresas, y de Krugman a la comprensión de los fenómenos subnacionales que tienen tanto o más importancia que las fuerzas macroeconómicas en los patrones de comercio internacional y de formación de ventajas comparativas, es innegable. Sin embargo, mi percepción es que esta popularización ha opacado las contribuciones de otros académicos que han teorizado en el campo del desarrollo regional y la economía geográfica. De alguna manera, es una noción reciclada y la nueva literatura da muy poco crédito a los trabajos anteriormente desarrollados.

Por lo mismo, es importante que el gobierno federal y estatal mantenga una visión balanceada de los distritos industriales. Como lo demuestra el análisis presentado en páginas anteriores, en un gran número de casos, la promoción de un enfoque de *clusters* es más un resultado de la popularidad que tiene el concepto y de lo atractiva y prometedora que resulta la idea de fortalecer el desarrollo económico a través de la proximidad (cercanía) de las empresas. Sin embargo, como lo demuestran Staber y otros autores, no siempre se tiene este resultado positivo.

Conclusiones

Es importante tener en cuenta la idea de proximidad geográfica como un elemento que puede tener (si bien, no siempre) implicaciones positivas para el desarrollo de un *cluster*. Los *clusters* naturales presentan una de las opciones más atractivas para formar un sistema regional de innovación. Esto, sin embargo, depende de la etapa del ciclo de vida en la cual se encuentren. Si el distrito está ya en etapas declinantes, probablemente ningún tipo de inversión tendrá efectos positivos.

Los *clusters* forzados no son siempre la mejor opción, ya que se requiere (como mínimo) de inversiones substanciales en infraestructura, disponibilidad de capital humano de alto nivel, una base institucional consolidada (en resumen, lo que se denomina un sistema regional de innovación). El grado de riesgo que enfrenta este tipo de *clusters* es elevado, ya que se tiene un alto nivel de incertidumbre. ¿Será posible que el distrito industrial se desarrolle dadas las condiciones macroeconómicas prevalentes en este momento en México? ¿Cuál será el costo de mantener el *cluster* en operación y qué mecanismos de soporte tendrán que ser establecidos para apoyar a los emprendedores?

Por último, cierro con la reflexión de Martin y Sunley de que "el riesgo de un enfoque de políticas públicas basado en *clusters* es que se pierde de vista la necesidad de tomar una visión más holística del desarrollo regional" (Martin y Sunley, 2003: 28). Este enunciado no podría ser más elocuente y acertado. La realidad es que el paradigma de *clusters* se ha convertido más en la tendencia de moda que en una visión integral del desarrollo regional. No todas las regiones pueden (ni deben) tener *clusters* ni tampoco existe la fórmula mágica de un desarrollo regional equilibrado y armónico. Una estrategia inteligente buscará la integración multidisciplinaria de ideas y la participación de la ciudadanía en la construcción de políticas públicas para un desarrollo económico regional sustentable.

Bibliografía

Amara, Landry y Quimet (2005), "Milieux Innovateurs: Determinants and Policy Implications", *European Planning Studies*, vol. 13, núm. 6, pp. 930-965.

Andersson, T., S. Schwaag, S. Sorvik y H. Wise (2004), *The Cluster Policies Whitebook*, Malmo, Suecia, International Organisation for Knowledge Economy and Enterprise Development (IKED).

Bair, J. y G. Gereffi (2001), "Local Clusters in Global Chains: The Causes and Consequences of Export Dynamism in Torreon's Blue Jeans Industry", *World Development*, vol. 29, núm. 11, pp. 1885-1903.

Becattini, G. (2002), "Industrial Sectors and Industrial Districts: Tools for Industrial Analysis", *European Planning Studies*, vol. 10, núm. 4, pp. 483-493.

Brown, F. y L. Domínguez (1997), "¿Es posible conformar distritos industriales? La experiencia de la industria del calzado en León, Guanajuato", en M. Ruiz Durán y M. Piore (eds.), *Pensar globalmente y actual regionalmente,* México, Jus-UNAM.

Carrillo, J. y J. Hualde (2000), "La maquiladora electrónica en Tijuana: hacia un *cluster* fronterizo", *Revista Mexicana de Sociología*, vol. LXIV, núm. 3, pp. 125-171.

Colgan, C. y C. Baker (2003), "A Framework for Assessing Cluster Development", *Economic Development Quarterly*, vol. 17, núm. 4, pp. 352-366.

Dávila-Flores, A. (2005), "Industrial Clusters in Mexico", en E. Giuliani, R. Rabellotti y M. P. van Dijk (eds.), *Clusters Facing Competition: The Importance of External Linkages,* Londres, Ashgate, pp. 231-258.

Feldman, M. P. (2001), "The Entrepreneurial Event Revisited: Firm Formation in a Regional Context", *Industrial and Corporate Change*, vol. 10, núm. 4, pp. 861-891.

________ y J. Francis (2004), "Homegrown Solutions: Fostering Cluster Formation", *Economic Development Quarterly*, vol. 18, núm. 2, pp. 127-137.

________, J. Francis y J. Bercovitz (2005), "Creating a Cluster while Building a Firm: Entrepreneurs and the Formation of Industrial Clusters", *Regional Studies*, vol. 39, núm. 1, pp. 129-141.

Feser, E. J. y E. M. Bergman (2000), "National Industry Cluster Templates: A Framework for Applied Regional Cluster Analysis", *Regional Studies*, vol. 34, núm. 1, pp. 1-19.

Gordon, I. R. y P. McCann (2000), "Industrial Clusters: Complexes, Agglomeration and/or Social Networks?", *Urban Studies*, vol. 37, núm. 3, pp. 513-532.

Grandinetti, R. y R. Tabacco (2003), "Formation and Evolution of Industrial Districts: A Knowledge-Based Perspective for Industrial District Research", ponencia presentada en *Reinventing Regions in a Global Economy: Regional Studies Association International Conference*, Pisa, Italia.

Hallencreutz, D. y P. Lundequist (2003), "Spatial Clustering and the Potential for Policy Practice: Experiences from Cluster-Building Processes in Sweden", *European Planning Studies*, vol. 11, núm. 5, pp. 533-547.

Harrison, B. (1992), "Industrial Districts: Old Wine in New Bottles?", *Regional Studies*, vol. 26, núm. 5, pp. 496-483.

Hill, E. W. y J. F. Brennan (2000), "A Methodology for Identifying the Drivers of Industrial Clusters: The Foundation of Regional Competitive Advantage", *Economic Development Quarterly*, vol. 14, núm. 1, pp. 65-96.

Hoover, E. (1937), *Location Theory and the Shoe and Leather Industries*, Cambridge, MA, Harvard University Press.

Hwan, J. S. (2002), "Characteristics and Development of Industrial Districts: The Case of Software Clusters in Seoul, South Korea", en R. LeHeron y R. Hayter (eds.), *Knowledge, Industry and Environment: Institutions and Innovation in Territorial Perspective,* Londres, Ashgate, pp. 107-124.

Lara, A. y J. Carrillo (2003), "Technological Globalization and Intra-Company Coordination in the Automotive Sector: The Case of Delphi", *International Journal of Automotive Technology and Management*, vol. 3, núm. 1, pp. 101-121.

________, A. García-Garnica y G. Trujano (2004), "El *cluster* automotriz en el Estado de México. Retos y oportunidades", *Región y Sociedad*, vol. XVI, núm. 31, pp. 83-116.

Malmberg, A. y D. Power (2005), "(How) do (Firms in) Clusters Create Knowledge?", *Industry and Innovation*, vol. 12, núm. 4, pp. 409-431.

Markusen, A. (1996), "Sticky Places in Slippery Space: A Typology of Industrial Districts", *Economic Geography*, vol. 72, núm. 3, pp. 293-313.

Martin, R. y P. Sunley (2003), "Deconstructing Clusters: Chaotic Concept or Policy Panacea?", *Journal of Economic Geography*, vol. 3, núm. 1, pp. 5-35.

Martínez M., A. (2006), *Capacidades competitivas en la industria del calzado en León. Dos trayectorias de aprendizaje tecnológico*, León, Guanajuato, México, Universidad Autónoma Metropolitana, Plaza y Valdés, Concyteg, ITESM.

McCann, P. y S. Sheppard (2003), "The Rise and Fall and Rise Again of Location Theory", *Regional Studies*, vol. 37, núm. 6 y 7, pp. 649-663.

OECD (1999), *Boosting Innovation: The Cluster Approach*, París, Organisation for Economic Co-operation and Development.

Pacheco-Vega, R. (2004), "Historia de dos ciudades: un análisis comparativo de los distritos industriales del cuero y calzado en León y Guadalajara", ponencia presentada en *Meeting of the Latin American Studies Association*, Las Vegas, Nevada, Estados Unidos.

Palazuelos, M. (2005) "Clusters: Myth or Realistic Ambition for Policy-makers?", *Local Economy*, vol. 20, núm. 2, pp. 131-140.

Paniccia, I. (1998) "One, a Hundred, Thousands of Industrial Districts. Organizational Variety in Local Networks of Small and Medium-Sized Enterprises", *Organization Studies*, vol. 19, núm. 4, pp. 667-699.

Porter, M. E. (1998), "Clusters and the New Economics of Competition", *Harvard Business Review*, vol. 76, núm. 6, pp. 77-90.

_______ (2000), "Location, Competition and Economic Development: Local Clusters in a Global Economy", *Economic Development Quarterly*, vol. 14, núm. 1, pp. 15-34.

Pozos, F. (1997) "Hacia una nueva generación de pequeñas industrias. El caso de Guadalajara", *Espiral. Estudios sobre Estado y Sociedad*, vol. III, núm. 9, pp. 101-120.

Quadrio-Curzio, A. y M. Fortis (2002), *Complexity and Industrial Clusters: Dynamics and Models in Theory and Practice*, Heidelberg, Nueva York, Physica-Verlag.

Rabellotti, R. (1995) "Is There an 'Industrial District Model'? Footwear Districts in Italy and Mexico Compared", *World Development*, vol. 23, núm. 1, pp. 29-41.

_______ (1997), *External Economies and Cooperation in Industrial Districts. A Comparison of Italy and Mexico*, Londres, MacMillan Press Ltd.

Rivera, M. (2006), "The Foreign Factor Within the Triple Helix Model: Interactions of National and International Innovation Systems", *Journal of Technology Management & Innovation*, Santiago de Chile, pp. 10-21.

Rodríguez, J. y M. Cota (2001), "Efectos de la restructuración económica en la Zona Metropolitana de Guadalajara", *Comercio Exterior*, vol. 51, núm. 7, pp. 634-651.

Schmitz, H. (1995), "Small Shoemakers and Fordist Giants: Tales of a Supercluster", *World Development*, vol. 23, núm. 1, pp. 9-28.

_______ (1999), "Global Competition and Local Cooperation: Success and Failure in the Sinos Valley, Brazil", *World Development*, vol. 27, núm. 9, pp. 1627-1650.

Simmie, J. (2004), "Innovation and Clustering in the Globalised International Economy", *Urban Studies*, vol. 41, núms. 5 y 6, pp. 1095-1112.

Staber, U. (1997), "Specialization in a Declining Industrial District", *Growth & Change*, vol. 28, núm. 4, pp. 475-495.

_______ (2001), "Spatial Proximity and Firm Survival in a Declining Industrial District: The Case of Knitwear Firms in Baden-Wurttemberg", *Regional Studies*, vol. 35, núm. 4, pp. 329-341.

Van Klink, A. y De Langen (2001), "Cycles in Industrial Clusters: The Case of the Shipbuilding Industry in the Northern Netherlands", *Tijdschrift voor Economische en Sociale Geografie*, vol. 92, núm. 4, pp. 449-463.

Yamamura, E., Sonobe y Otsuka (2003), "Human Capital, Cluster Formation, and International Relocation: The Case of the Garment Industry in Japan, 1968-1998", *Journal of Economic Geography*, vol. 3, núm. 1, pp. 37-56.

La innovación en la industria de *software* en Baja California[1]

Redi Gomis
Alfredo Hualde[2]

Introducción: la importancia de la innovación en las economías contemporáneas

Una primera idea acerca de innovación es que existe un acuerdo generalizado sobre su papel en las economías contemporáneas para lograr crecimiento, aumentos de productividad y competitividad, tanto de las empresas como de los propios países (Dosi, 2001: 30). Este servicio al desempeño económico realizado por la innovación se reconocía ya, incluso, desde la economía clásica.[3] Una segunda idea a señalar, tal vez más pol□mica o con un grado menor de generalidad que la anterior, es que para lograr un ambiente favorable a la innovación es importante el anclaje territorial de las empresas. Así, de acuerdo con Cooper (1991), hay tres aspectos importantes que deben considerarse respecto a la innovación: *a)* que el cambio tecnológico está *localizado*; *b)* que la innovación al nivel de la firma es el resultado de un proceso *acumulativo*, y *c)* que los factores que determinan la *apropiabilidad* de las nuevas tecnologías inciden de manera diferente.

[1] El presente trabajo forma parte de la investigación denominada "Pymes: Redes de Conocimiento, actividad innovativa y desarrollo local": 45550, financiado por Conacyt. Algunas de las ideas se debatieron en seminarios internos. De manera especial agradecemos a nuestro colega José Luis Sanpedro sus aportaciones a la parte teórica.

[2] Investigadores del Departamento de Estudios Sociales de El Colegio de la Frontera Norte.

[3] Cooper (1991: 3) cita a Ricardo: "*He... who made the discovery of the machine, or who first usefully applied, it would enjoy an additional advantage, by making great profits for a time...*" (Ricardo, 1830; edición de 1971, capítulo XXXI, pp. 378-379).

Sin embargo, más allá de estos acuerdos extendidos, se observan matices importantes en la literatura no sólo respecto al concepto mismo de innnovación, sino también a las distintas clases de innovación o a los factores que propician y/o dificultan los procesos innovadores. Además, es importante constatar que hay empresas y regiones que sobreviven sin innovar, y que las formas en la que se da la innovación es diferente según sectores económicos e, incluso, dentro de un mismo sector también se advierten diferencias (Storper, 1997; Blondel, 2002: 135).

En el presente artículo exponemos resultados de investigación para la industria de *software* de Baja California, un tejido empresarial compuesto principalmente por pequeñas y medianas empresas. De acuerdo con lo que arroja una encuesta realizada a 30 de estas empresas, parece existir una alta tasa de innovaciones incrementales. Los clientes son la fuente más importante de innovación, en tanto que otros actores e instituciones tienen un papel secundario. Los datos del mercado, fundamentalmente local y regional, indican que dichas innovaciones se dan en productos o servicios; sin embargo, las empresas encuentran dificultades para avanzar en sus capacidades organizativas. La experiencia bajacaliforniana, a pesar del tamaño relativamente reducido del sector, es importante porque las PYME de *software* vienen intentando cooperar desde aproximadamente el año 2001, y desde 2004 han venido operando con una cierta coordinación en un *cluster* formalizado. En este artículo se trata de evaluar hasta qué punto el *cluster* se puede o no considerar como un conglomerado innovador y si la organización colectiva contribuye a desarrollar dichas innovaciones. El *cluster* se aborda desde una perspectiva empírica, examinando a una agrupación de empresarios e instituciones que plantean el desarrollo del sector actuando de manera conjunta. A lo largo del presente trabajo se anotan observaciones acerca de la coordinación, formas de colaboración, avances y limitaciones del denominado *cluster* de Tecnologías de Información de Baja California.

De acuerdo con los objetivos propuestos, es necesario abordar algunos temas fundamentales sobre el concepto mismo de innovación y las formas en que ésta se produce, así como los actores que intervienen en el proceso innovador, tanto en las empresas como en el entorno. En segundo lugar, abordamos el tema de la innovación desde distintos ángulos: las innovaciones organizativas se documentan describiendo y analizando tanto el tipo de organización que presentan como el nivel de certificación en que se encuentran. Las innovaciones de producto y servicio se detectan describiendo el tipo de especialidad productiva, así como la percepción de las empresas sobre la innovación que llevan a cabo, las fuentes de innovación y las tecnologías que utilizan. La metodología utilizada no permite profundizar en aspectos organizativos internos de las empresas para examinar, por ejemplo, el tipo de rutinas que se dan y la posible ruptura de las mismas, pero posibilita un acercamiento al tema de la innovación en las empresas de *software* de la región. Finalmente, a la luz de los resultados obtenidos, desarrollamos una serie de reflexiones exponiendo algunos temas importantes para la investigación futura.

Innovación en la empresa y en el territorio

Señala Alter (2002) que la innovación es un proceso colectivo que se da en un contexto de incertidumbre, la cual permea todo proceso innovador en sus diversos matices. Éste es un primer aspecto a tomar en consideración.

La innovación tiene un significado económico que la diferencia de la invención. Se pueden tener nuevas ideas que, sin embargo, nunca se comercializan como un producto. Citando a Schumpeter, la innovación es una función económica asumida por emprendedores que aceptan un riesgo para conseguir del mismo una ventaja competitiva (*apud* Blondel, 2002, p. 134). Para llegar a la fase de comercialización o la valorización del producto es necesario disponer de una serie de recursos humanos y organizativos: la creatividad, la capacidad de resolución de problemas y la gestión del conocimiento son requisitos previos para que el producto sea innovador en el sentido económico (Foray, 2002). Para Villavicencio (2006: 223), la innovación en las empresas es una cuestión compleja porque "se trata esencialmente de aprender a organizar la difusión y la creación de conocimientos en la organización, así como la adquisición de conocimientos provenientes del entorno institucional".

Por otro lado, la innovación supone una alteración de las rutinas de las empresas que representan la forma "normal" del funcionamiento de las mismas, tal como lo señaló Schumpeter y, desde los años setenta, los economistas de la escuela evolucionista. La empresa encuentra su eficiencia a partir de una serie de procedimientos, arquitecturas organizativas, canales de comunicación establecidos que le dan, además, certidumbre acerca de su identidad como tal. La idea central es que las rutinas encarnan la manera en la que se resolvieron los problemas de una empresa en el pasado, por lo que constituyen un repertorio de respuestas eficaces (Nelson y Winter, 1982, citado por Villavicencio, 2006: 226; Tanguy y Villavicencio, 2000). De acuerdo con Tanguy y Villavicencio (2000: 99), la rutina es una construcción colectiva de individuos que son interdependientes y que en el curso de sus experiencias elaboran reglas simples y durables (transmitidas a los nuevos que llegan) que guían la acción de cada uno.

Las rutinas son la cristalización de esas formas de actuación recurrentes y la innovación el proceso que vendría a alterar dichas rutinas.[4] Por la razón anterior, la innovación ocasiona en la empresa ajustes y adaptaciones; en suma, una reorganización que altera las rutinas preestablecidas. Si la innovación es muy radical o la empresa muy rígida, el proceso de innovación puede venir acompañado de conflictos, en la medida en que los innovadores pueden modificar las relaciones de poder en las organizaciones. Las empresas no son estructuras rígidas, sino organizaciones en las que interactúan actores con visiones y proyectos diferenciados que tratan de negociar o imponer sus propios puntos de vista. Por ello, a diferencia del planteamiento evolucionista, algunos autores insisten en la idea del conflicto como un factor a tener en cuenta en los procesos de innovación. En esa medida es posible matizar, asimismo, la idea de la acumulación del conocimiento, puesto que ciertos conocimientos anteriores son cuestionados ya que no resultan útiles en el camino de la innovación (Tanguy y Villavicencio, 2000: 114).

Un segundo aspecto a examinar en la cuestión de las innovaciones tiene relación con su grado de quiebre con lo anterior. Es importante, entonces, por sus consecuencias económicas, tecnológicas y organizativas, calibrar la profundidad de la innovación.

Tradicionalmente, los autores que han estudiado el tema concebían la innovación como un cambio estructural que procedía de las actividades derivadas del trabajo realizado en el Departamento de Investigación y Desarrollo (Villavicencio, 2006: 223). Por el contrario, en la actualidad se argumenta que se pueden considerar innovaciones otro tipo de transformaciones en el proceso o en el producto que no se derivan de manera directa de la actividad de I+D. Landabaso y Morgan (2003), al describir políticas de innovación para las PYME en los Sistemas Regionales de Innovación europeos, señalan que la innovación en las PYME puede darse en I+D, en la fabricación, en la comercialización y en otras actividades.

Por su grado de ruptura con el pasado, las innovaciones se dividen en radicales e incrementales. Las primeras introducen una novedad que supone una ruptura con los productos o procesos anteriores. En este sentido, las innovaciones radicales en la industria del *software* se han ubicado en nuevos lenguajes y algunas herramientas

[4] Villavicencio critica la noción de rutinas por las siguientes razones: *a)* no permite conocer el proceso de transformación de la organización; *b)* según Hatchuel, no distingue entre información y conocimiento y, por tanto, no prevé las dificultades de la adquisición y transferencia del mismo, y *c)* la concepción de Nelson y Winter no contempla la posibilidad de utilizar competencias en situaciones no previstas. La rutina puede constituir un dispositivo eficaz de respuesta a un problema, pero no asegura que los individuos pongan en juego todas sus capacidades para resolverlo (Villavicencio, 2006: 22).

de programación, pero, sobre todo, en los algoritmos y lógicas de programación. En pocos casos se hallan en soluciones de aplicación o programas de *software*. La diferencia entre innovaciones radicales e incrementales permite incluir la mayor parte de las innovaciones de países en desarrollo que pertenecen a esta última categoría. Una innovación incremental puede ser la fabricación de un producto determinado, por primera vez, en un mercado específico, aunque dicho producto ya haya sido introducido en mercados de otros países.[5] Si bien esta clasificación tiene la virtud de precisar novedades surgidas de la práctica cotidiana de las empresas, sin embargo, corre el riesgo de trivializar el sentido de la innovación, al considerar que se le puede atribuir el carácter de innovador a cualquier cambio o mutación en los procesos de producción (Blondel, 2002: 133).

Un tercer aspecto a tener en consideración se relaciona con las fuentes de innovación. Una parte importante de la innovación se localiza, por supuesto, en la empresa. Sin embargo, la organización en red de las empresas y de los sistemas productivos propicia la importancia creciente de otros actores, principalmente instituciones de distinto ámbito. El contacto con los clientes o usuarios (Von Hippel, 1988) es otra fuente importante de innovación, y entre las instituciones destacan las que pertenecen al sistema de innovación científico y tecnológico.

En el seno de las empresas tambi□n hay diferencias respecto al rol que ocupa cada uno de los estratos que actúan en ellas. Hay autores, como ya se dijo, que ubican las innovaciones exclusivamente en los departamentos de I+D. Sin embargo, para otros la innovación es un tema que afecta a toda la organización y surge de la interacción entre sus distintos miembros (Nonaka y Takeuchi, 1995). Estos autores subrayan la gran importancia del aprendizaje y de la gestión del conocimiento en las empresas como un asunto que compete tanto a ingenieros como a supervisores y trabajadores de base. Foray (2004: 67-68) menciona tres modelos críticos de innovación en la creación de conocimiento. Para este análisis resulta relevante el primero de ellos, que tiene que ver con la naturaleza crecientemente científica de los métodos de investigación. En cada vez más sectores la "cultura epistémica" de la ciencia para la producción de conocimiento está creciendo en importancia. El involucramiento de los "usuarios" marca una tendencia creciente.

La complejidad creciente y la modularidad de la arquitectura industrial hace más crítica la producción de "conocimiento integrativo" como estándares, normas, arquitecturas comunes y plataformas.

[5] Hobday (2001: 344) señala: "*Many innovations occur from behind the technology frontier defined by leaders in the advanced countries*", y añade: "*Many firms have grown and succeeded as a result of innovations new to the company, although not new to the world*".

Finalmente, es necesario entender que las relaciones con el entorno son diferentes según los sectores. Por ejemplo, la industria farmaceútica es un sector que depende de manera más directa de la ciencia básica, en tanto que las industrias tradicionales, como el calzado y otras, dependen fundamentalmente de innovaciones en el ámbito de la ciencia aplicada. Otras actividades productivas encuentran su fuente de innovación en desarrollos puramente tecnológicos, cuya relación con el sistema científico-tecnológico es distante o inexistente (Foray, 2004: 51; Blondel, 2002: 133).

Además de la comprensión de la innovación en la empresas y las formas de aprendizaje que se dan en ella, el territorio se considera un actor por sí mismo en lo que se refiere a la innovación. Dado que la empresa no se desempeña ni funciona de manera aislada, se considera que las empresas con mayores posibilidades de innovar son las que se encuentran en redes y/o sistemas que les proporcionan útiles de aprendizaje que no encuentran en los límites de su propia organización. La idea de competitividad sist□mica o eficiencia colectiva alude a este conjunto de actores que cooperan de forma más o menos coordinada en un entorno territorial.

El territorio como actor innovador

Los distintos estudios sobre los sistemas productivos y la innovación han destacado el papel del entorno en el que se desenvuelven las empresas. Un entorno favorable a la innovación consiste en un conjunto de actores, empresas, instituciones, que actúan de forma coordinada en un marco cohererente de acción (Storper, 1997; Edquist y McKelvey, 1998).

El territorio no es equiparable a una región político-administrativa, aunque puede coincidir con ella. Sin embargo, en una economía global crecientemente interconectada, el territorio es el entorno de movilización de recursos (humanos, tecnológicos, financieros) que interactúa en distintas dimensiones espaciales.

El enfasis en lo local y lo regional proviene de una tendencia hacia la descentralización observable desde hace varias d□cadas en las economías europeas. Algunos autores han designado dichos entornos como sistemas de innovación. Desde la aportación pionera de Lundvall que caracterizó a los Sistemas Nacionales de Innovación, muchos estudiosos han puesto □nfasis en los entornos locales o regionales. Entre ellos, la corriente que propone como concepto el o los Sistemas Regionales de Innovación (SRI).

Dentro de los Sistemas Regionales de Innovación hay algunos más abiertos al exterior, mientras que otros están basados en los recursos locales, y unos terceros en los que se percibe una combinación de ambos elementos. Desde este punto de vista, Cooke *et al.* distinguen entre:

- Sistemas "localistas": son aquellos basados en pequeñas empresas que pueden ser parte de redes locales fuertes.
- Sistemas "globalizados": son aquellos dominados por firmas multinacionales que están fuertemente ligados con mercados globalizados.
- Sistemas "interactivos": son los que contienen un balance de ambos.

Otro eje de análisis para estudiar los SRI es el de la gobernanza (*governance)*, donde distinguen, asimismo, aquellos constituidos desde la base (*grassroots*), los constituidos en redes y los dirigistas.

En relación con lo anterior, es necesario considerar el papel diferenciado de los actores públicos y privados. Si en el sistema es importante el papel del gobierno y otros actores públicos, Cooke (2004: 4-5) los denomina Sistemas Regionales de Innovación Institucionales, y pone como ejemplo Gales. A los sistemas donde los actores privados son dominantes los considera Sistemas Regionales de Innovación de Emprendedores, que correspondería a la variedad anglosajona de capitalismo. Los estudios europeos o estadunidenses (Saxenian, 1999 y 2000; Arora y Gambardella, 2004) se han complementado con estudios en paises latinoamericanos. En el caso de estos últimos se destaca en general una mayor debilidad de las instituciones y una falta de colaboración entre las empresas (Bercovich y Swanke, 2003; Cassiolato y Lastres, 2003; Yoguel, 2001).

Sin embargo, la relevancia de los entornos regionales debe matizarse. Ni resulta una panacea ni excluye el papel de los estados-Nación, ni tiene las mismas implicaciones en todas las actividades económicas. En el caso concreto del *software* es importante saber si los entornos locales tienen relevancia para el desarrollo de las empresas. De manera intuitiva, se podría pensar que esta industria, íntimamente ligada a los Sistemas de Información, podría desarrollarse en función de redes de tipo global. Las experiencias internacionales indican resultados complejos. Aunque, en efecto, la industria tiene su sede en ciudades especificas, sin embargo, los efectos de derramas no parecen tener una importancia muy clara. Más bien lo que destacan estos estudios es la importancia de una mano de obra calificada en dichas ciudades, pero tambi□n las redes globales o internacionales que utiliza una parte de esa mano de obra para buscar nichos de mercado, negociar inversiones y acordar procesos de *outsourcing.* Esto es así en el caso de India y, en cierto sentido, en Irlanda, según Arora *et al.* (2005). Para estos autores, una ventaja competitiva de gran importancia en los paises estudiados es la adquisición de competencias organizativas por parte de las empresas.

Heidenreich (2004: 366), en un libro coordinado con Cooke, plantea un conjunto de dilemas interesantes surgidos del trabajo empírico realizado en doce Sistemas Regionales de Innovación alrededor del mundo:

La inversión en educación y capacitación, investigación y desarrollo, transferencia de tecnología y *marketing* no "produce" innovaciones de manera automática. Las regiones no son regiones emprendedoras cuando les falta un número suficiente de PYME y empresarios creadores en nuevos campos tecnológicos.

Hay tensión entre la idea de sistema (estabilidad) y el proceso de innovación (ligado a incertidumbre). Por un lado, las innovaciones son riesgosas, con costos generalmente altos y resultados inciertos. Por otro lado, las inversiones previas, las competencias, los hábitos y las calificaciones quedan devaluadas por la innovación.

La paradoja espacial: en tanto que la distancia está perdiendo importancia, el éxito económico de los distritos de negocios metropolitanos apunta al papel clave de la proximidad espacial y la comunicación personal. El dilema de la regionalizacion y la globalización determina la relación de grupos dominantes globalmente orientados y pequeñas compañías orientadas hacia mercados regionales y nacionales.

A pesar del beneficio de trabajar en redes, la contribución de las redes de cooperación a la innovación regional puede peligrar debido a efectos de cierre (*lock-in*) de redes establecidas o, por otro lado, estrategias de negocios individualistas. Las redes interorganizacionales, por lo anterior, siempre tienen que ser estabilizadas por órdenes de tipo regional (*regional orders*) o sistemas como los *mundos de producción*, basados en convenciones colectivas que reducen la incertidumbre. Por otro lado, al proveer "bienes colectivos locales para la competencia", pueden ayudar a superar problemas de acción colectiva; esto es, estableciendo reglas de interpretación y conducta, y suministrando recursos colectivos, los "órdenes regionales" contribuyen esencialmente al potencial innovador de las firmas regionales.

La innovación en la industria del *software*: entre la producción artesanal y la producción estandarizada

A finales de los noventa, 72% de los trabajadores de *software* en Estados Unidos estaba empleado fuera del sector especializado (Eischen, 2000). En M□xico, se calcula que de los casi 323 mil trabajadores en actividades de *software,* tan sólo la sexta parte —alrededor de 54 mil empleados— trabajaba en empresas especializadas (Mochi y Hualde, 2006: 61). Esta presencia generalizada del *software* en el tejido productivo lleva a la consideración de que se trata de una tecnologia gen□rica. Algunos autores mencionan que se trata de un bien intermedio y otros lo caracterizan incluso como una *commoditie.* Athreye (2005: 7-8) menciona que la función del *software* en la economía digital es similar a la del sector de bienes de capital en una economía basada en tecnologías mecanizadas. El *software* empaquetado es una pequeña parte de la industria. Además, dos tercios del esfuerzo en desarrollo de *software* se emplea en mantener y fortalecer el código de *software* existente, más que en producir uno nuevo. Esta peculiaridad de la industria lleva a Eischen (2000: 5) a señalar que el *software* es un proceso, un producto y una industria. Para este autor, el *software*, al igual que el ADN, el cerebro humano, el *hardware* y los libros, es simplemente el medio más reciente para el almacenamiento de conocimiento. Añade, sin embargo, que comparado con esos otros medios de conocimiento, su rasgo distintivo es la persistencia, la velocidad para actualizarse, la flexibilidad deliberada y la aplicabilidad para la acción. Y mucho más importante aún, en donde radica su mayor fuerza es en la habilidad del *software* para emular cada uno de estos medios de conocimiento (*idem*).

Bitzer (1997), por su pate, distingue dos tipos de procesos de desarrollo de *software*, tomando como criterio diferencial el plan que persigue la empresa que lo realiza. Así, si el producto resultante de tal proceso de desarrollo se vende a un solo cliente o a varios en conjunto, los desarrollos de *software* se harán, respectivamente, a la medida o estandarizados. El costo para los clientes es menor en este último caso, pues el mismo es compartido por todos los que adquieren el producto final. Sin embargo, cuanto mayor sea el grado de estandarización del producto —"una función del número de usuarios que puedan resolver sus propios problemas con el mismo *software*" (Bitzer, 1997: 8)—, crece a la par la necesidad de las adaptaciones individuales para satisfacer necesidades específicas que las soluciones estándares no pueden considerar *a priori*.

Aunque con el tiempo las soluciones estándares han ido ganando terreno en la industria, todavía mantienen su importancia los desarrollos "a la medida" o "a la carta" (Cusumano, 2003). Pero aun las empresas que adquieren en el mercado productos de *software* como un ERP (*Enterprise Resource Planning*) como el SAP,[6] requieren adaptarlos a sus necesidades particulares. Es precisamente en el terreno de los desarrollos a la medida, así como los servicios relacionados con la industria del *software* (entrenamiento, soporte técnico, mantenimiento y actualización, etc.) donde ha florecido el *offshore outsourcing*.

[6] Éste es un complejo y costoso sistema producido por una empresa homónima de sello alemán, capaz de integrar la información producida por los diferentes departamentos de una empresa.

Por tanto, el tipo de actividad condiciona la organización. La fabricación de productos en serie permite, en principio, una mayor división en las empresas y en los procesos de subcontratación, en tanto que el *software* a la medida se basa en una interacción frecuente con el cliente y en una adaptación sucesiva a las necesidades del mismo.

Sin embargo, con independencia de la especialidad de las empresas y del grado de complejidad del producto, se ha reiterado la idea de que una de las principales dificultades de la industria del *software* ha sido industrializar, estandarizar y racionalizar los procesos debido a la característica de creatividad (individualidad) que encierra el *software*, al menos en sus fases de diseño y análisis de requerimientos. Esta característica se traduce en que la organización en las empresas de *software* tiende a reforzar el trabajo en equipo, por lo que se ha dicho que es un modelo de tipo posfordista (no taylorista).

Esta escasez de "principios de ingeniería" en la producción del *software* ha ocasionado problemas de entrega a tiempo, mal uso de recursos, poca previsibilidad y, en general, carencias de productividad en la industria. Uno de los problemas en este sentido, en el desarrollo de *software* a la medida, es que cada vez que se inicia un proceso se parte de cero, porque no se pueden usar los códigos empleados en un producto o proceso para otro distinto, en la medida en que los requerimientos de los clientes son, en principio, distintos. Esta idea, sin embargo, ha sido criticada y matizada por algunos autores. Hay varias herramientas que tienden a racionalizar de manera más acusada los procesos de *software,* de modo que su desarrollo sea más previsible tanto en tiempo como en costo. Dos de ellas son importantes:

Las certificaciones CMM; creadas por el Software Engineering Institute, se proponen como objetivo documentar los procesos y, de esta manera, evaluar las capacidades de las empresas mediante una clasificación en cinco niveles. Hay otras certificaciones para *software* en las ISO (véase Mochi, 2006).

Las tendencias recientes a trabajar por módulos o a "modularizar" el *software* que permite una especialización de los diferentes grupos de trabajo y una producción estandarizada y en masa (Mochi y Hualde, 2006).

Las certificaciones CMM han recibido distintos tipos de críticas por sus inconvenientes prácticos: gran inversión de tiempo y dinero, e incertidumbre con respecto a sus resultados. Es llamativo que países como Irlanda, tan sólo hace unos años, únicamente tuvieran una empresa certificada en el nivel 4 (Mochi, 2006: 217).

El tema del carácter artesanal y de la escasa productividad parece ser contradictorio con la idea de que el *software* es un *commoditie,* un bien intermedio para la economía en general. Si así fuera, un *commoditie*, pierde el carácter original, artesanal, único e irrepetible, para convertirse en un producto estandarizado. Una posible explicación es que el *software* debe ser considerado como un sector bastante heterogéneo, tanto porque hay productos y servicios como debido a que los grados de complejidad son muy diferenciados.

Las características anteriormente señaladas del proceso de *software* tienen varias implicaciones para el tema de la innovación:

Por un lado, como señalan varios autores, las innovaciones organizativas son muy importantes. Por ello es interesante examinar las posibles fuentes de innovación organizativa, las herramientas que se utilizan para ello y la forma en que el entorno puede contribuir al resultado. En principio, podemos considerar fuente de innovación la experimentación con formas asociativas (*cluster*, integradoras), los proyectos de Prosoft destinados a ello, la presencia de grandes empresas que puedan transferir métodos de organización, formas de subcontratación (por ejemplo, SAIC en Baja California), y los procesos de certificación.

El segundo aspecto es el tema de las innovaciones de producto y/o servicio. En ambos casos es muy importante la relación con el mercado y, de manera muy acusada, la relación con los clientes. Los clientes son fuente de innovación, especialmente en *software* a la medida. Por otro lado, conviene tener en cuenta que la innovación se encuentra tanto en la fase de producción como en la de actualización, soporte, instalación y mantenimiento.

La industria del *software* en México

En México el mercado del *software* es reducido si se compara con los grandes países industrializados o con Brasil. Sin embargo, el mercado mexicano es el segundo en importancia en América Latina. El mercado de TIC en México llegó, en 2005, a 8 254 millones de dólares, de los cuales el *software* en paquete alcanzó 817 millones de dólares y los servicios sumaron 2 311 millones de dólares, casi tres veces más que aquél (Mochi y Hualde, 2006). Las empresas tienen un tamaño muy inferior al del promedio internacional, que es de 250 empleados, y se detectan grandes desigualdades entre ellas. Junto a un puñado de grandes empresas —sobre todo extranjeras y algunas nacionales—, varios cientos de PYME desarrollan principalmente servicios a medida. Además, el *software* desarrollado por las empresas especializadas tiene un valor mucho menor que el que elaboran universidades, instituciones públicas y grandes empresas no especializadas en *software* (Mochi y Hualde, 2006; Ordoñez, 2006). Por último, el *software* propietario es más importante que el *software* libre, aunque existen ejemplos interesantes de esta última modalidad.

Para desarrollar la industria; en 2002 la Secretaría de Economía diseñó el Prosoft, con siete estrategias que van desde el diagnóstico hasta el apoyo para el desarrollo de proyectos de las empresas.[7] El Prosoft, con sus limitaciones, ha permitido a los empresarios desarrollar proyectos para remediar carencias tecnológicas y organizativas, así como mejorar los procesos productivos de las empresas. En el año 2004 el presupuesto erogado por el programa (sin contar otros aportantes) sobrepasó los 13 millones de dólares. En 2005 el monto distribuido aumentó a más de 18 millones de dólares, y el número de proyectos se incrementó de 68 en 2004 a 181. En 2006 la suma destinada por Prosoft al desarrollo de *software* fue de 40 millones de dólares, aproximadamente, con 332 proyectos. En la distribución por regiones, Baja California ocupó en 2004 el cuarto lugar después de Nuevo León, Jalisco y Sonora, con 36 proyectos aprobados, lo cual representa 6.2% del total. Sin embargo, en 2005 descendió al octavo lugar (Secretaría de Economía, 2006). En líneas generales, el *cluster* de B. C. aparece como uno de los más consolidados, aunque con un menor número de empresas y organizaciones que los de Nuevo León y Jalisco que, aparte del D. F., son los más dinámicos en el país.

El Prosoft tiene un significado importante porque logró poner en contacto a las empresas, iniciar proyectos y crear redes. En cierto sentido, significa que el gobierno mexicano pasó de una actitud pasiva de *laissez faire* a diseñar una política de acompañamiento o "maridaje" (*husbandry*) con las empresas (Parthasarathy, 2004).

Así, no significa que necesariamente los contactos a nivel nacional de las empresas a través de Prosoft se hayan plasmado en redes de negocios concretadas en procesos de subcontratación, colaboración, intercambio de conocimientos y otras formas de reciprocidad.

La innovación en la industria de *software* de Baja California

Las empresas de *software* de Baja California, concentradas fundamentalmente en Tijuana y Mexicali, surgen en su mayoría en los años noventa, y su crecimiento ha

[7] Las estrategias en cuestión son las siguientes: *1)* promover las exportaciones y la atracción de inversiones; *2)* educación y formación de personal competente en el desarrollo de *software*, en cantidad y calidad convenientes; *3)* contar con un marco normativo y promotor de la industria; *4)* desarrollar el mercado interno; *5)* fortalecer a la industria local; *6)* alcanzar niveles internacionales en capacidad de procesos; *7)* promover la construcción de infraestructura física y de telecomunicaciones (Secretaría de Economía, 2002). Tal cantidad de estrategias dificulta evaluar las prioridades reales, sobre todo en lo que se refiere a la dualidad mercado interno *Vs*. mercado externo.

continuado de forma regular durante la segunda mitad de esa década y en lo que va de la actual.[8]

Con respecto a los empresarios, el aspecto más relevante a resaltar, de acuerdo con los objetivos de este trabajo, tiene que ver con la formación profesional de este colectivo fundamentalmente masculino de entre 40 y 50 años de edad. El elevado nivel de instrucción formal, la afinidad temática de los estudios realizados y la cercanía institucional de las casas de estudio fueron elementos que favorecieron los contactos entre ellos y el establecimiento de redes sociales que, a su vez, contribuyó al proceso de creación del *cluster* y al posterior establecimiento de diversas empresas integradoras. En efecto, todos los empresarios entrevistados, excepto uno, tenía estudios superiores,[9] un poco menos de la mitad en alguna licenciatura y el resto en diversas modalidades de ingeniería, pero en todos los casos en especialidades cercanas a las ciencias de la computación. Además, la formación de estos empresarios se obtuvo, en lo fundamental, dentro de la misma región. Así, 77% de los empresarios cursó sus estudios universitarios en instituciones superiores del estado de Baja California, entre las cuales sobresale el CETYS (Centro de Enseñanza Técnica y Superior), institución privada de orientación empresarial, donde se graduó la mitad de ellos. Este dato es importante a efectos del conocimiento mutuo y el establecimiento de alianzas. En las entrevistas quedó claro que algunos de ellos, antes de integrar el *cluster*, fueron condiscípulos, y otros mantuvieron relaciones de maestro-alumno. Por ello puede decirse que el sector surge y se desarrolla con base en redes previamente existentes entre los empresarios.

En relación con las empresas, el rasgo más acusado del sector es que está conformado, sobre todo, por empresas muy pequeñas. De éstas, 80% tiene menos de 15 empleados y, del otro 20% , ninguna llega a los 100 empleados. Se trata, en general, de un conjunto compuesto por micro empresas, con todos los inconvenientes que ello supone en términos de recursos y de organización, elementos importantes en los procesos tendientes a la innovación. En efecto, las PYME habitualmente tienen dificultades para acceder a la información necesaria para desarrollar innovaciones, debido a problemas de costos, insuficiencia de personal dedicado a ello, deficiencias organizativas y limitaciones derivadas de su tamaño. Es por eso que las mismas consideran agentes débiles por la escasez de recursos humanos y financieros, las inefi-

[8] Los datos que exponemos a continuación provienen de una encuesta levantada terminada en enero de 2006 a 30 empresas desarrolladoras de *software* en la región. También se utiliza información obtenida mediante entrevistas realizadas a empresarios del sector.

[9] El empresario que no tiene estudios superiores había comenzado estudios profesionales, aunque nunca logró completarlos.

ciencias asociadas a la escala reducida y el bajo poder de mercado. Sin embargo, hay que tener en cuenta, como señala Bertini, que "la experiencia demuestra que las PYME que se agrupan en *clusters* pueden tener éxito y competir con las grandes empresas" (Bertini, 2000: 107).

Las limitaciones financieras de estas empresas de *software* son similares a las de otras PYME. Si bien es cierto que en *software* no se requiere una fuerte inversión para iniciar operaciones, ninguna de ellas surge a partir de créditos bancarios o capital de riesgo, sino fundamentalmente a partir de ahorros personales y, en menor medida, de préstamos familiares. En ello no se diferencian de otros sectores más tradicionales; la distancia entre instituciones financieras y empresas parece ser un rasgo generalizado. Los recursos para la actividad económica cotidiana son esencialmente propios, ya sean provenientes de las ganancias de la actividad que realizan o, incluso, de adelantos realizados por los contratistas de los proyectos en desarrollo. Sólo una quinta parte de las empresas tiene ventas anuales por encima de los 500 mil dólares. La mitad vende en un rango comprendido entre los 100 mil y 500 mil dólares, y casi la tercera parte está por debajo de este nivel. Por último, tampoco recurren a programas especializados de apoyo gubernamentales —como Fondo PYME, Avance, Nafinsa, Fondos Mixtos, etc.—, lo que les daría acceso a recursos extraordinarios. El motivo es que 90% de las empresas desconoce dichos programas, con excepción de Prosoft, al cual se le otorga una valoración positiva.

En lo que respecta a su organización interna, se puede decir que, en líneas generales, las empresas de *software* de B. C. tienen una estructura interna flexible. La encuesta revela que en estas empresas se privilegia, en términos de importancia, el trabajo en equipo, en el que se intensifican los procesos de comunicación e interacción de los equipos de desarrollo de *software*. De las empresas entrevistadas, 60% responde que ése es el tipo de organización predominante en su estructura, frente a 30% que organiza las tareas de manera individualizada.

Sin embargo, al trabajo de equipo se le suma una diferenciación formal poco clara de los puestos de trabajo. Los desarrolladores suelen llevar a cabo distintas funciones, desde el análisis de requerimientos hasta la instalación de los programas en la base del cliente, pasando por el diseño, la codificación, el soporte técnico, etc. Esta estructura flexible es palpable sobre todo en las empresas más pequeñas. Tal polivalencia de funciones se debe principalmente a las dificultades por parte de los empresarios para responder de forma organizada a la actividad productiva, sobre todo cuando aumenta la demanda. Esta problemática es percibida por los propios empresarios, en quienes se observa una preocupación por los aspectos organizativos de su empresa, y, en consecuencia, una tendencia a tratar de encontrar formas más eficientes de organizar el trabajo. En las entrevistas, los dueños mencionan, por ejemplo, la necesidad de destinar personal de manera activa a la función de buscar clientes y ampliar mercados. Para ello, el dueño tiene el propósito de dedicarse a esa actividad, abandonando a favor de este propósito cualquier trabajo técnico. Sin embargo, indican que les resulta dificultoso dar este paso, ya sea por incapacidad de los otros empleados, por fallas organizativas o por cumplir con los plazos de determinados pedidos.

La certificación de los procesos de desarrollo, a pesar de que no cubre la totalidad de la actividad desarrollada en estas empresas, probablemente contribuiría a aliviar sus insuficiencias de organización. De cualquier forma, habría que tener en cuenta el hecho de que, aunque la certificación es un indicador de consolidación estructural, estos sistemas tienen ventajas diferenciadas según el tipo de empresas, siendo más útiles para las grandes (Cusumano, 2004). En la muestra se observa que pocas empresas (17%) cuentan con algún tipo de certificación, dos de ellas en CMMI nivel II. Sin embargo, apenas la tercera parte se encuentra actualmente en proceso de adquirir alguna certificación, fundamentalmente en la norma mexicana Moprosoft.[10] La inmensa mayoría (68%) de las que no contaban con certificación alguna, tampoco ha iniciado aún el proceso para lograrlo.

En las entrevistas, los empresarios explican que la certificación contribuye a elevar la confianza del cliente en el servicio y, por tanto, las credenciales de la empresa. Esta opinión es subrayada sobre todo por aquellos cuya actividad está fundamentalmente orientada a los servicios, y de manera especial, por aquellos que aspiran a que sus servicios sean subcontratados en Estados Unidos. Asimismo, la certificación ganará en importancia si la norma mexicana Moprosoft se convierte, finalmente, en un requisito exigido por las dependencias gubernamentales para sus proveedores de *software*, tal y como está sugerido. No ocurre lo mismo, sin embargo, con las empresas que ofrecen productos principalmente, pues, según los empresarios, la calidad del producto es la principal carta de confianza frente a sus clientes.

De cualquier manera, la cuestión de la certificación, puesta la mirada en los procesos innovadores, puede ser un elemento importante en la medida en que contribuye a mejorar la organización de los procedimientos de trabajo dentro de las empresas de *software*, y la mejor concentración del personal en la mejora de los procesos productivos y de negocio.

[10] El Modelo de Procesos para la Industria de Software (Moprosoft) tiene por objetivo proporcionar a la industria mexicana y a las áreas internas dedicadas al desarrollo y mantenimiento de *software* un conjunto integrado de las mejores prácticas basadas en los modelos y estándares reconocidos a nivel internacional, tales como ISO 9000:2000, CMM-SW, ISO/IEC 15504, PMBOK, SWEBOK, entre otros.

En este sentido, la organización colectiva en el *cluster* sirvió para capacitar a las empresas en procesos de negocios orientados a la certificación. La mayor parte de estos cursos fueron financiados por Prosoft en el año 2005.

Actividad económica de las empresas: productos versus *servicios*

Un elemento relevante para la discusión acerca de la innovación en las empresas de *software* se relaciona de forma directa con la actividad económica que realizan. En este sentido, las empresas del sector se orientan ligeramente hacia los servicios de *software*, en la medida en que representan la actividad medular para 53% de ellas. Sin embargo, el rasgo más distintivo es la combinación de ambos tipos de actividades, productos y servicios, en la misma unidad de negocios.

Los productos de *software* más importantes son:

- *Software* de gestión, una categoría que incluye soluciones para el control de nóminas y recursos humanos, control de inventarios, puntos de ventas, etcétera. Éstos representan 29% del total de los productos de *software*.
- Los programas de comercio exterior/aduanas/impuestos, que representan 24% del total y constituyen soluciones para la actividad de importación y exportación, fundamentalmente orientados al mercado de las empresas maquiladoras. Los dos tipos de *software* están directamente relacionados con la importancia de la industria maquiladora como mercado de *software*.
- Las aplicaciones verticales, con 16% del total, e incluye soluciones bancarias y otras destinadas a las funciones de gobierno.

En cuanto a los servicios, los tipos más importantes son los siguientes:

- Servicios en productos no propios, con 30% del total, e incluye no sólo la venta de los mismos, sino también su adaptación, integración y mantenimiento.
- Consultoría, con 28% del total.
- Desarrollo a la medida, con 23% del total.

Como se puede inferir, no hay una especialización clara. Si hubiera alguna, ésta sería hacia el mercado de la industria maquiladora, por lo que un rasgo importante a señalar es que tanto sus productos como servicios están destinados esencialmente a consumidores corporativos, no individuos, destacando entre ellos otras empresas.

Como clientes importantes sobresalen las maquiladoras, el comercio —como farmacias y gasolineras—, el turismo —como hoteles y restaurantes—, y las agencias de gobierno. De cualquier manera, nos parece relevante mencionar que las empresas de la región tienen una presencia importante en actividades creativas de cierto valor agregado. Es decir, no se concentran, como algunas empresas en la India, por ejemplo, en escribir códigos para soluciones diseñadas por otros. De hecho, en la opinión de algunos empresarios entrevistados, la región se dirige hacia una especialización tendiente a la consultoría.

Características del mercado

A falta de datos que permitieran establecer comparaciones retrospectivas, se preguntó a las empresas acerca de la demanda de sus productos en el momento de la encuesta. Los resultados son bastante similares para los tres productos principales. Poco más de la mitad de las empresas consideraba que la demanda comenzaba a crecer en cada uno de los tres productos principales. Entre las que consideraban que la demanda crecía a una tasa significativa, se observaba una gradación entre cada uno de los productos: 28% de las empresas consideraba que su primer producto estaba creciendo a una tasa significativa, 20% para el segundo producto y 17% para el tercer producto. Alrededor de 20% de las empresas consideraba con pocas oscilaciones que sus tres principales productos tenían una demanda estable o estancada, y prácticamente ninguna estimaba que la demanda de sus productos se encontraba en retroceso. Es decir, cuatro de cada cinco empresas se percibían en una senda de crecimiento.

El ámbito geográfico del mercado también es un indicador indirecto de la actividad innovadora de las empresas. Clientes con niveles altos de exigencia, competidores globales, podrían estimular innovaciones para poder mantener la competitividad.

En el caso de las empresas estudiadas, los resultados del estudio apuntan a que las empresas del *cluster* de *software* operan en un mercado básicamente nacional, donde el peso de lo local y lo fronterizo todavía es fuerte. Para los tres principales clientes, la misma localidad es la ubicación más importante, seguida por otra localidad fronteriza y por otra localidad no fronteriza. Sin embargo, la ubicación física tiene una connotación diferente cuando se considera que la vinculación con las empresas maquiladoras coloca a las empresas de *software* como un eslabón de una cadena global.

La localización de clientes en el extranjero es poco importante, aunque no despreciable, puesto que un tercio de las empresas encuestadas tiene actividad exportadora.

A pesar de ser un *cluster* fronterizo con Estados Unidos, y de que su intención inicial era penetrar el mercado de *outsourcing* en el sur de California, los países centro y sudamericanos constituyen, en conjunto, un destino de exportación similar en importancia al de Estados Unidos. De todos modos, es significativo que el peso de las exportaciones sobre el total de las ventas sea de tan sólo 8% en promedio.

Las entrevistas realizadas a los empresarios ratifican el interés de algunos de ellos por extender sus redes en el mercado nacional y abrir mercados en países latinoamericanos, aunque el objetivo inicial de exportar a Estados Unidos no había sido abandonado por parte de una de las cuatro integradoras existentes que dejó de operar en el año 2007. Las empresas exportadoras señalan, sin embargo, que para una empresa mexicana es más fácil exportar a otros países de América Latina. En algunos aspectos tiene que ver el idioma, pero, según estas interpretaciones, la imagen de México como un país más avanzado y con cierta afinidad cultural facilita las transacciones comerciales. En la relación con Estados Unidos, las exigencias para las empresas mexicanas les dificultan convertirse en clientes de los vecinos del norte. Los requisitos organizativos —a veces traducidos en certificaciones—, las dudas acerca del cumplimiento de los plazos de entrega con la calidad requerida, conforman un cuadro donde se da la confianza suficiente para concretar proyectos.

Las tecnologías

Existen al menos dos aspectos en relación con las tecnologías que vale la pena rescatar por su vinculación con los procesos innovadores.

Uno de ellos tiene que ver con el tipo de tecnologías utilizadas por las empresas de *software* de la región para el desarrollo de sus productos y servicios. En este sentido, un aspecto llamativo es que muy pocas utilizan el *software* libre. Así, por ejemplo, un examen de los proyectos realizados por estas empresas nos muestran tres datos definitorios: *a)* 1.5% fue para el sistema operativo Linux; *b)* 3% utilizaba bases de datos de licencia libre [MySQL, Postgress]; *c)* 5% utilizó el lenguaje Java.

El otro tiene que ver con el grado de estabilidad de la tecnología en la que descansan sus principales productos y servicios. En este sentido, las empresas mencionan que la mayor parte de las tecnologías que utilizan puede calificarse como tecnología "estable y difundida". Este porcentaje, que en el producto más importante es de alrededor de 70%, desciende en el caso del segundo y tercer productos. Ello haría pensar que el primero contiene tecnología menos innovadora y los productos que actualmente tienen menos ventas serían aquellos donde se concentran las tecnologías en las que se registran mayores innovaciones. Sin embargo, esta idea no es verdadera. Las tecnologías que pasan por mayores modificaciones alcanzan un porcentaje mayor en el segundo producto, pero son similares en el primero y en el tercero. Además, no hay tecnologías de salida en el primer producto, en tanto que 22% de las empresas señala que su tercer producto o servicio se encuentra en esta categoría.

A pesar del predominio de tecnologías "estables y difundidas", es interesante destacar que tres de cada cuatro empresarios respondieron de manera afirmativa a la pregunta de si habían introducido productos o servicios nuevos. De dichas empresas, un tercio introdujo tanto productos como servicios, 45% únicamente productos y alrededor de 23% únicamente servicios. Así pues, la idea de que una proporción relativamente importante de las empresas fabrica productos y lleva a cabo servicios se confirma en lo que respecta a las innovaciones que estos empresarios consideraron que se desarrollan en sus empresas.

En relación con la valoración acerca de los distintos tipos de innovaciones en las empresas de *software*, en conjunto, los empresarios conceden una importancia mayor a las innovaciones en "producto/servicio" que a las "organizacionales"; y éstas, a su vez, evaluadas con una puntuación más alta que las innovaciones en "procesos". Dentro de las innovaciones en "producto/servicio", la valoración más elevada fue otorgada al "desarrollo de nuevos productos", seguido por "modificaciones al diseño de productos ya existentes". En cuanto a las innovaciones "organizacionales", las más importantes fueron las referentes a las modificaciones a las prácticas de "mercadotecnia" y "comercialización", por encima de las correspondientes a las "prácticas de gestión" o las modificaciones a la "estructura organizacional". Y, en el caso de las innovaciones en "procesos", los empresarios privilegian en términos de importancia aquellas tendientes a la "adquisición de nuevas certificaciones" que al escalamiento de las certificaciones ya existentes.

Con respecto al origen de las innovaciones, los empresarios consideran que "las solicitudes de los clientes" es el factor principal para el inicio de nuevos proyectos, seguido de "la iniciativa propia". Las "relaciones con otras empresas" son evaluadas como poco importantes, lo cual es nuevamente un indicador de la relativa baja influencia que la interacción entre las empresas tiene como fuente de innovación.

También se les preguntó acerca del lugar de sus productos/servicios frente a aquellos con los que competía en el mercado. En conjunto, la mitad de las empresas, aproximadamente, considera que es pionera en lo que se refiere a sus tres productos principales: 55% se considera pionera en su primer o tercer producto o servicio, y alrededor de 45% en el segundo producto. Casi un tercio de las empresas se considera seguidora de productores nacionales en los dos primeros productos (29 y 36%) y una proporción inferior, alrededor de 16%, se considera seguidora de empresas nacionales en su tercer producto o servicio. Finalmente, 15% en el primer producto, 20% en lo que se refiere al segundo y 27% en el tercero se considera seguidora de empresas internacionales.

De estos productos, los más exitosos son, por el momento, los que van dirigidos a la industria maquiladora. El grupo Tress vende desde hace más de diez años un *software* de gestión de recursos humanos que ha ido evolucionando a la par de las necesidades de los clientes. Otra empresa de Tijuana, Vanguardia Technologies, vende un *software* que permite a las maquiladoras gestionar sus procesos de *import/export*. Una tercera empresa, ubicada en Mexicali, tiene, entre otros productos, un *software* para administrar parques industriales.

Además del ámbito maquilador, podemos destacar una empresa que exporta a Centroamérica servicios de seguridad para gobiernos locales o municipales sobre la base de la experiencia adquirida al suministrar los mismos sistemas al gobierno de Baja California.

Por último, resulta muy interesante la asociación de tres empresas que trabajan para el sector médico. Una de ellas desarrolla un *software* que plasma el expediente médico de los pacientes; la segunda, asesora a un laboratorio médico en lo referente a las necesidades del sector y a la conjunción del *software* con el equipo de radiología. Finalmente, una tercera empresa de telecomunicaciones aporta la tecnología necesaria para poner en conexión los distintos subsistemas implicados en el servicio. Esta integradora tiene relación con el Cicese de Ensenada para que esta institución tome parte activa realizando investigación aplicada que permita mejorar la innovación realizada hasta el momento. En esta integradora se percibe, por tanto, una innovación de producto, pero una de las claves de la innovación reside en el avance hacia una organización distinta con empresas de diversos giros que complementan sus capacidades.

Conclusiones

La industria de Baja California muestra rasgos que permiten deducir algunas conclusiones con respecto a la innovación. En un contexto de crecimiento moderado de la demanda, las empresas operan en un mercado fundamentalmente local o regional, aunque un tercio de las empresas logra exportar. A pesar de que el *software* en México está compuesto en su mayoría por empresas que prestan servicios, en Baja California hay un sector no despreciable de empresas exportadoras, sobre todo teniendo en cuenta que muchas de ellas surgieron en los últimos diez años.

Las innovaciones que los empresarios perciben son, sin duda, de tipo incremental. Se centran sobre todo en innovaciones de producto o servicio, pero los empresarios no valoran demasiado las innovaciones organizativas. Esta valoración relativamente poco importante contrasta con la importancia que a nivel internacional se ha señalado a este aspecto, en especial para países como India. Contrasta también con la idea expresada por las microempresas en entrevistas, en el sentido de que necesitan una consolidación organizativa que les permita ser eficientes y mejorar la comercialización de sus productos o servicios.

El alcance de las innovaciones de las empresas de la región se relaciona en buena medida con que sus productos son "idiosincráticos". La empresa local más innovadora tiene como cliente a la industria maquiladora local, y la innovación proviene del acceso a un mercado que en su momento fue virgen, y que es difícil de alcanzar por empresas extranjeras, porque se requiere un conocimiento y actualización constante de la legislación laboral y de la legislación de comercio exterior mexicanas, que es el país en el que aquéllas se encuentran operando. Ello explica la alta proporción de empresas que se consideran pioneras en la introducción de determinados productos o servicios, a pesar de que muchas de ellas emplean, según la encuesta, tecnologías estables y difundidas.

Las fuentes internas de innovación más importantes son los departamentos o personas encargadas de la comercialización, y las fuentes externas son los clientes. Entre las fuentes externas no se percibe una influencia de las grandes empresas asentadas en la región. Por un lado, Zentrum es una empresa corporativa que hasta el momento no se apoya en las PYME regionales y, en consecuencia, no las subcontrata. Tampoco en la actividad de Softtek se advierte relación con las PYME. Esto priva a la región de una fuente de aprendizaje potencial y de innovación en aspectos organizativos.

En el tema de la innovación tampoco son relevantes para el conjunto de las empresas las instituciones educativas o científicas de la región. Ello no se contradice con la participación de algunas de estas instituciones, como el Cicese, en proyectos relacionados con *software* médico.

Un tema pendiente de evaluación es el resultado de los proyectos financiados por el Prosoft, entre los que destacan las estancias de dos empresas bajacalifornianas en Silicon Valley.

Los resultados expuestos muestran que la industria del *software* en Baja California se concentra, en líneas generales, en innovaciones incrementales que le permiten desarrollarse en un mercado local y regional, aunque será interesante observar la evolución de las empresas que exportan en la actualidad. La característica más relevante a efectos de nuestro estudio es que las innovaciones obtenidas se producen por la actividad individual de las empresas. La agrupación en un *cluster* no se ha traducido, por el momento, en innovaciones de tipo colectivo, ya sea por alianzas entre empresas o por trabajos conjuntos con instituciones. En este sentido, la industria se asemeja a otros países en los cuales no se han detectado economías de aglomeración significativas, pero los usuarios constituyen una fuente de demanda que induce al crecimiento de la industria y al logro de innovaciones incrementales (Arora *et al.*, 2005: 202).

Bibliografía

Arora, A. y A. Gambardella (2004), *The Globalization of the Software Industry: Perspectives and Opportunities for Developed and Developing Countries*, Estados Unidos, National Bureau of Economic Research.

________, A. Gambardella y Klepper (2005), "Organizacional Capabilities and the Rise of the Software Industry in the Emerging Economies: Lesson from the History of some US Industries", en A. Arora y A. Gambardella (eds.), *From Underdogs to Tigers,* Nueva York, Oxford University Press.

Athreye, S. S. (2005), "The Indian Software Industry", en A. Arora y A. Gambardella (eds.), *From Underdogs to Tigers,* Nueva York, Oxford University Press, pp. 7-41.

Alter, N. (ed.) (2002), *Les logiques de l'innovation*, París, La Decouverte&Syros.

Benson V., M. (2004), "Softtek: Software from Mexico to the World", en *Innovation Mexico Magazine*, disponible en: http://www.innovationmexico.com/index.php?opc=rn&id=121&ed=3&type=fs (consultada en agosto de 2004).

Bercovich, N. y C. Swanke (2003), "Cooperacao e competitividade na industria de software de Blumenau", *Desarrollo productivo*, núm. 138, marzo, Santiago de Chile, R. d. R. y. C. Cepal, Naciones Unidas, 47 pp.

Bertini, S. (2000), "El fomento al desarrollo espontáneo y al *clustering* entre PYME: un intento de definición de un marco conceptual para las políticas a partir de algunas experiencias", en Boscherini y Poma (comp.), *Territorio, conocimiento y competitividad de las empresas. El rol de las instituciones en el espacio global,* Buenos Aires.

Bitzer, J. (1997), "The Computer Software Industry in East and West: Do Eastern European Countries Need a Specific Science and Technology Policy?", *Deutsches Institut für Wirtschaftsforschung Discussion Paper*, núm. 149, Berlín, disponible en: http://www.diw.de/deutsch/produkte/publikationen/diskussionspa piere docs/papers/dp149.pdf (consultada en agosto de 2004).

Blondel, D. (2002), "Le role des scientifiques dan le processus d'innovation", en N. Alter, *Les logiques de l'innovation,* París, Decouverte, pp. 131-155.
Cassiolato, J. y H. Lastres (2003), "O foco em arranjos produtivos e inovativos locais de micro e pequenas empresas", en Helena M. M. Lastres, José E. Cassiolato y Maria Lucia Maciel (eds.), *Pequeñaempresa: cooperação e desenvolvimento local*, Brasil, Relume Dumar Editora.
Cooke, Joachim, Braczyk (ed.) (2004), *Regional Innovation Systems. The Role of Governance in a Globalized World*, Londres, Routledge.
Cooper, C. (1991), "Are Innovation Studies on Industrialized Economies Relevant to Technology Policy in Developing Countries?", *Working Paper,* núm. 3, Maastricht, Países Bajos, UNU/Intech, The United Nations University.
Cusumano, M. (2003), "Business Models That Last: Balancing Products and Services in Software and Other Industries", *MIT Sloan School of Management Paper,* núm. 197, Maastricht.
________ (2004), *The Business of Software: What Every Manager, Programmer, and Entrepreneur Must Know to Thrive and Survive in Good Times and Bad*, Nueva York, Free Press.
Dosi, G. (2001), "Some Notes on National Innovation Systems of Innovation and Production and their implication for Economic Analysis", en C. Garrido, G. Dutrenit, G. Valenti (eds.), *Sistema Nacional de Innovación Tecnológica. Temas para el debate en México*, México, Universidad Autónoma Metropolitana, pp. 29-43.
Edquist, Hommen y McKelvey (1998), *Innovations and Employment in a Systems of Innovation Perspective*, marzo, Linköping, Suecia, Department of Technology and Social Change, Linköping University (Research Report), disponible en: http://www.tema.liu.se/tema-t/sirp/publi.htm (consultada en abril de 1998).
Eischen, K. (2000), "Information Technology: History, Practice and Implications for Development", *CGIRS Working Series*, Santa Cruz, Center for Global International &Regional Studies, University of California.
Foray, D. (2002), "Ce que l'economie neglige ou ignore en matiere d' analyse de l'innovation", en N. Alter (dir.), *Les logiques de l'innovation. Approche pluridisciplinair,* París, La Decouverte.
________ (2004), *The Economics of Knowledge*, Cambridge. MA, The MIT Press.
Heidenreich, M. (2004), "Conclusion: The Dilemmas or Regional Innovation Systems", en M. H. Cooke P., H. J. Braczyk, *Regional Innovation Systems. The Role of Governance in a Globalized World*, Londres, Routledge.
Hobday, M. (2001), "OEM *Vs*. TNC-LED Growth in Electronics: Comparing East and South East Asian Innovation System", en C. Garrido, Dutrenit, Valenti (eds.),

Sistema Nacional de Innovación Tecnológica. Temas para el debate en México, México, Universidad Autónoma Metropolitana.

Landabaso, M. e I. Morgan (2003), *La política regional de innovación en la Unión Europea en el siglo XX,* Serie Temas de Iberoamérica, Madrid, OEI/Altec, pp. 17-53.

Mochi, P. (2006), *La industria de* software *en México en el contexto internacional y latinoamericano*, Cuernavaca, México, CRIM/UNAM.

________ y Hualde A. (2006), "La industria del *software* en México", en *La Industria del* software *en América Latina*, reporte para la CEPAL, mimeo (en prensa).

Nonaka, I. y H. Takeuchi (1995), *The Knowledge Creating Company*, Oxford University Press.

OECD (2004), *Science and Innovation Policy: Key Challenges and Opportunities. Observer*, París, P. Brief.

Ordoñez, S. (2006), "Capitalismo del conocimiento: ¿México en la integración?", *Problemas del Desarrollo*, núm. 146, julio-septiembre, pp. 51-77.

Parthasarathy, B. (2004), "India's Silicon Valley or Silicon Valley's India? Socially Embedding the Computer Software Industry in Bangalore", *International Journal of Urban and Regional Research*, vol. 28.3, septiembre, pp. 664-685.

Rasmus, L. (2003), "Bangalore's Software Cluster: Global Webs and the Local Corporate System", en Daniel Fleming y Kristen Nordhaug Routledge (eds.), *Global Challenges, Local Responses: An Institutional Perspective of Economic Transformation in Asia, IDS Occasional Paper*, núm. 25, Roskilde, Roskilde University.

Saxenian, A. (1999), *Regional Advantage. Culture and Competition in Silicon Valley and Route 128*, Cambridge y Londres, Harvard University Press.

________ (2000), "The Origins and Dynamics of Production Networks in Silicon Valley", en M. Kenney, *Understanding Silicon Valley*, Stanford University Press.

Secretaría de Economía (2002), *Programa para el desarrollo de la industria del* software, México.

________ (2005), *Programa para el desarrollo de la industria del* software, México.

________ (2006), *Programa para el desarrollo de la industria del* software, México.

Storper, M. (1997), *The Regional World: Territorial Development in a Global Economy*, Londres/Nueva York, Guilford Press.

Tanguy y Villavicencio (2000), "Äpprentissage, innovation et modification des routines organisationnelles", en Tanguy y Villavicencio (coord.), *Apprentissage et innovation dans l'entreprise, une aproche socioeconomique des conaissances,* Aix en Provence, Editions Érès.

Torrisi, Pavitt y Elgar (eds.) (1998), *Industrial Organization and Innovation. An International Study of the Software Industry, Publishing*, Cheltenham, Reino Unido y Northampton, MA, Estados Unidos.

Tremblay, Klein, Fontan y Rousseau (2004), *Territorial Proximity and Innovation: A Survey of the Montreal Region. Research Note*, Montreal.

Villavicencio, D. (2006), "Trabajo, aprendizaje tecnológico e innovación", en E. de la Garza Toledo, *Teorías sociales y estudios del trabajo: nuevos enfoques*, México, Anthropos/UAM, pp. 222-243.

Von Hippel, E. (1988), *The Sources of Innovation*, Nueva York, Oxford University Press.

Yoguel, G. (2001), *Sistemas locales de innovación y el desarrollo de la capacidad innovativa de las firmas: las evidencias del cuasi distrito industrial de Rafaela*, disponible en: http://www.littec.ungs.edu.ar/pdfespa%F1ol/littec-DT2001-09.pdf

Cambios institucionales para la innovación: nuevos instrumentos de política científica y tecnológica. El caso del consorcio Xignux-Conacyt

Mónica Casalet[1]
Federico Stezano[2]

Introducción

Desde hace más de dos décadas se manifiestan algunas tendencias en México y a nivel internacional orientadas a consolidar las colaboraciones público-privadas para el financiamiento de la investigación, especialmente si ésta aborda prioridades nacionales, sectoriales y regionales que constituyen ejes claves en el diseño y ejecución de actividades pre-competitivas de innovación.

Los países integrantes de la Unión Europa plantearon la necesidad de enfrentar los problemas de competitividad y mejoras en las capacidades tecnológicas estimulando nuevas formas organizativas de colaboración en la investigación y el financiamiento de la misma. Por ello se diseñaron diferentes programas e instrumentos cuya finalidad fue estimular el desarrollo de la investigación con fondos públicos transnacionales dirigidos a responder ante los desafíos del conocimiento y de la producción.

[1] Mónica Casalet Ravenna, profesora-investigadora de la Flacso México; coordinadora del Proyecto de Investigación del Conacyt "Nuevas tendencias en el diseño y financiamiento de las políticas públicas para la investigación", Fondo I0002, Clave 000000000024028.

[2] Federico Stezano, doctorante de la Flacso México e investigador del Proyecto de Investigación del Conacyt "Nuevas tendencias en el diseño y financiamiento de las políticas públicas para la investigación".

En México, desde la década de los noventa, se manifiesta el interés por adecuar los Programas Nacionales de Desarrollo (PND) y las políticas sectoriales de desarrollo tecnológico, industrial y territorial hacia el diseño de instrumentos e instituciones capaces de estimular nuevas formas de coordinación social, que den respuesta a problemas nacionales y regionales vinculados con la creación de nuevas competencias profesionales. Los objetivos perseguidos no siempre con resultados tangibles, buscaban definir nuevas vías de vinculación y comunicación entre las empresas, especialmente PYME y con los centros de investigación y/o universidades. Este proceso iniciado en los noventa llevó a múltiples transformaciones, tanto en los programas de atención a las empresas (establecidos por la Secretaría de Economía, Conacyt y la Banca de Desarrollo) como en las instituciones educativas, los centros de investigación y en la propia conformación y normatividad del sector de Ciencia, Tecnología e Innovación (CTI).

En diferentes tiempos y resultados surge la necesidad en múltiples países (Argentina, Brasil, Colombia, Chile y México) de diseñar instrumentos para enfrenar los desafíos que no puede emprender solo el sector público, sino combinando a largo y mediano plazos la financiación pública y privada para la investigación. Esta nueva configuración, aunada al papel creciente del conocimiento en la producción, incide en la redefinición del papel de las universidades y de los centros de investigación, ya que se afirma la convicción de consolidar investigaciones de calidad basadas en una gestión eficaz de la transferencia del conocimiento y el fomento de un papel activo de la innovación en el desarrollo económico.

Estos aspectos conforman los ejes que articulan el desarrollo del presente trabajo y que inciden en la construcción de las agendas de investigación, entendidas como un instrumento que establece prioridades, define áreas de fronteras del conocimiento necesarias a desarrollar por cada país y/o región. Los proyectos integrados de forma interdisciplinaria y no exclusivamente por investigadores, se sostienen con apoyos públicos y privados, y el desarrollo del proceso mismo afecta tanto a las instituciones (académicas, empresas, consultorías) como a los actores involucrados (investigadores, jóvenes en formación de posgrado, *policy makers*) y repercute en la organización misma de la actividad científica y sus fronteras disciplinarias.

El presente artículo analiza en la primera parte los cambios que se manifiestan en el diseño, ejecución y financiamiento de las políticas de investigación, tomando como referencia los instrumentos y nuevas organizaciones creados en múltiples países de la Unión Europea y por las instancias supranacionales. La segunda parte se refiere a la incorporación de estas nuevas tendencias en el diseño de las políticas en el sector de Ciencia, Tecnología e Innovación (CTI) en México, enfatizando el análisis y funcionamiento de un instrumento creado para enlazar la investigación con la industria, especialmente creado por la Ley de CyT 2002: los Consorcios de Innovación. La tercera parte del artículo describe la creación y funcionamiento del Consorcio-Xignux, del análisis micro se desprenden las posibilidades que esta iniciativa representa para la creación de una agenda de investigación, conjuntamente con la oportunidad para evaluar la viabilidad y particularidad de estos nuevos instrumentos, cuyo desarrollo continuo y orientado puede abrir nuevas perspectivas para la innovación. La sistematización de las ventajas obtenidas y los convenientes encontrados en el proceso de desarrollo proporciona datos, situaciones a tener en cuenta, efectos positivos y negativos que permitirán evaluar y prever para el futuro una mayor eficiencia, tanto en las dinámicas organizativas y regulatorias como en los comportamientos de los actores (investigadores, empresarios y *policy makers*), donde la evaluación de los aprendizajes obtenidos es fundamental para reducir la etapa experimental y alcanzar metas ya logradas en otros países.

Los nuevos desafíos en la organización de la investigación en ciencia, tecnología e innovación

La innovación, como producto del desarrollo del conocimiento, es el resultado de un proceso de interacción entre un conjunto de actores que conforman el sistema científico. Por tanto, desde el punto de vista de la política científica y tecnológica, cobran valor las sinergias que se desarrollan entre los diferentes actores implicados (empresas, sistema público de investigación, sociedad civil) y, fundamentalmente, los efectos que se derivan para el conjunto de la sociedad. De ahí la importancia que adquiere el apoyo financiero concertado entre el sector público y privado orientado a consolidar enfoques multidisciplinarios en las estrategias de investigación que se traducen en efectos sinérgicos a nivel nacional, regional y sectorial.

En el nuevo escenario, la generación, difusión y apropiación de conocimiento, tanto codificado como tácito, producto de las actividades formales e informales de investigación y el desarrollo de redes, constituye un núcleo básico para la generación de ventajas competitivas dinámicas. En el modelo lineal de innovación, el conocimiento básicamente codificado circulaba de manera unidireccional desde la oferta (universidades, laboratorios públicos de investigación, instituciones especializadas sectoriales) hacia la demanda del sector privado. La crisis del modelo lineal de innovación generó un esquema más complejo, centrado en la participación de los diferentes agentes económicos.

De la modernización empresarial que constituyó la propuesta del modelo lineal de innovación para la vinculación, se pasa a un modelo intensivo en conocimiento que requiere de la coordinación entre el sector público y el sector privado para construir las prioridades.

En los análisis realizados en múltiples países integrantes de la OCDE (OCDE, 2003, 2002, 2001; Kuhlman, 2004; Debackere y Veugelers, 2004) se ha constatado que, a pesar de las historias diferenciales desde la mitad de la década de los noventa, se han logrado conformar estrategias de financiamiento orientadas a adecuar las estructuras institucionales y organizativas a las nuevas exigencias de la sociedad del conocimiento.

Estas iniciativas se han encaminado, de acuerdo con la especificidad de cada país, a reestructurar y promover prioridades nacionales y regionales planteadas en programas para la organización y financiamiento de proyectos de investigación en áreas innovadoras del conocimiento (como por ejemplo: ciencias de la vida, biotecnología, nuevos materiales, nanotecnologías, tecnologías de información y comunicación —TIC—, calidad y seguridad de alimentos; y, en menor medida, las ciencias sociales y el desarrollo regional). La finalidad de estas iniciativas es el fortalecimiento de la excelencia científica, la creación de una masa crítica de recursos humanos e institucionales necesarios en la nueva economía del conocimiento, lo cual se concibe como un esfuerzo por mejorar la excelencia de las ventajas competitivas de los países.

La percepción de la innovación como vector de cambios en los mercados fue un factor crítico de la competitividad internacional, aunado a la llamada paradoja europea, donde la relativa debilidad en el desarrollo científico, como impulsor de la producción industrial innovativa, cimentó las bases para la adopción de políticas de despegue basadas en la eficiencia y efectividad en el manejo de la actividad científica a nivel internacional, nacional y regional.

En 1980 se inicia el European Strategic Programme for Information Technology (Esprit) como respuesta a los nuevos desafíos del crecimiento económico y la extensión de la informática en la sociedad. El programa facilitó la investigación precompetitiva con el compromiso de aplicar los logros obtenidos en diversos sectores económicos. Los trabajos emprendidos dentro del programa se realizaron de forma conjunta entre las empresas, las universidades y los centros de investigación.

El surgimiento de los Programas Marco en 1984 proporcionó un gran impulso a la promoción de la competitividad, la innovación y la colaboración transnacional para la formación de redes de investigación, ya que constituyó una plataforma para reposicionar a los países europeos en las exigencias de la globalización y la sociedad del conocimiento.

La creación de los Programas Marco significó una de las mayores fuentes para obtener fondos públicos transnacionales en investigación y desarrollo. La evolución en cuanto a objetivos y formas de lograrlos refleja, a su vez, los cambios en las políticas de CTI y la búsqueda de un entorno institucional adecuado para sostener de forma integral el desarrollo económico y productivo. En 2000 se crea la gran red de investigación European Research Area (ERA) como un intento de paliar la fragmentación europea y acentuar la necesidad de coordinación de las políticas nacionales en CTI (Roediger-Schluga y Barber, 2006). El principal objetivo de la ERA es mejorar la competitividad contribuyendo a la solución de problemas sociales y de conocimiento, mediante la movilización de una masa crítica de recursos en I+D, y de nuevas competencias en Europa. Esta meta tiene consecuencias en la coordinación de las políticas de innovación y, fundamentalmente, en la evaluación de resultados y efectos de las mismas para reajustar y mejorar las metas de manera continua.

El sexto Programa Marco estuvo focalizado a formalizar las redes de excelencia científica y tecnológica, y a la creación en los diferentes países europeos de una masa crítica de recursos humanos con competencias en áreas de frontera para generar investigaciones de alta calidad. En este nuevo modelo, la investigación es concebida como un proceso interactivo complejo que lleva a producir contribuciones innovadoras en un área de conocimiento para lograr la excelencia. La coordinación de proyectos de investigación es trasnacional, la localización transciende la universidad, ya que muchas veces se crean organizaciones específicas de carácter flexible que interactúan estrechamente con colaboradores no académicos y responden a las prioridades definidas en la agenda de políticas en CTI. La Red Europea de Excelencia (Prime) es un ejemplo de este tipo de red transnacional europea que fue ampliamente apoyada por el sexto Programa Marco (Luukkonen *et al.*, 2006). El objetivo de Prime es fomentar y organizar actividades en el área de políticas de innovación. Las actividades de investigación se organizan de forma interdisciplinaria, interinstitucional e involucra de preferencia a los países europeos, tratando de construir una nueva entidad a partir de la interacción, la cooperación y el incremento de la especialización. La red Prime es una compleja herramienta organizativa de la investigación que busca producir impactos a nivel de la coordinación y de la colaboración de la investigación (Casalet, 2007).

Los esfuerzos realizados durante más de dos décadas se orientaron a mejorar los insumos en el diseño y la efectividad de las políticas de CTI, en múltiples países se realizaron investigaciones y evaluaciones sobre el sistema de innovación (Georghiou, 1995). Para ello se introdujeron metodologías formalizadas que evaluaron comportamientos y efectuaron previsiones (*foresight*) para opciones tecnológicas futuras

(Martin, 1995) y medir los resultados de las opciones asumidas (Rip *et al.*, 1995). En estos programas se ha forjado una reingeniería de nuevas redes que involucra a *policy makers* a nivel regional, nacional e internacional, los resultados obtenidos se incorporan en la formulación de nuevas políticas y proyectos de investigación.

Nuevos instrumentos orientados al desarrollo de las redes ciencia/industria

En los países integrantes de la OCDE, y recientemente en algunos latinoamericanos (Costa Rica, Colombia, Brasil, Chile, Argentina), han surgido una pluralidad de programas y fondos dirigidos a fomentar y organizar actividades conjuntas entre el sector público y privado. Éstos tienen el objetivo de consolidar una estructura de colaboración interinstitucional en la investigación, capaz de dar respuesta a los desafíos de la innovación e incrementar la eficiencia y efectividad en los instrumentos de las políticas en CyT a nivel nacional, regional y sectorial.

Los Fondos para Programas de Investigación, Desarrollo Tecnológico e Innovación (RTDI, por sus siglas en inglés) han sido clasificados como programas multi-actores, multi-dimensiones (MAP) focalizados a reducir las asimetrías de información entre la industria y las actividades científicas (Strata, 2004). La diferencia con otros programas en CyT anteriores radica en que en estos nuevos instrumentos se especifican objetivos a alcanzar mediante la colaboración de actores heterogéneos o multi-actores (organizaciones universitarias, centros de investigación, empresas, sector público, fondos privados, fundaciones, organizaciones de la sociedad civil). El cambio de agenda en las instituciones comprometidas en estos programas supone una nueva forma para abordar la complejidad del conocimiento, paulatinamente se manifiestan reestructuraciones en las formas organizativas, cada vez más centradas en las redes y la creación de flujos dinámicos de intercambio con actores no sólo académicos.

Estos nuevos acuerdos exigen un trabajo de concertación, a nivel de la división del trabajo y de la traducción de códigos no compartidos, entre los diferentes actores participantes, que proceden de contextos con lógicas, incentivos y culturas diferentes. A esta coordinación se agrega la creación de nuevas regulaciones para orientar la gestión, ejecución, supervisión y evaluación de los resultados alcanzados por los proyectos emprendidos. Tales disposiciones rompen antiguas rutinas y actúan sobre el comportamiento de los investigadores, estimulando conductas más colaborativas entre ellos y con los actores provenientes de la industria.

Los MAP constituyen una plataforma de aprendizaje para los actores involucrados, ya que el desarrollo del trabajo se basa en actividades articuladas donde no existen proyectos aislados. Estos instrumentos multi-actores y multi-actividades buscan consolidar, a través de políticas científicas y tecnológicas, a actores de diferentes campos del conocimiento y de la producción desde un conjunto diferenciado de actividades que permitan comprender la complejidad de los problemas planteados por la innovación en la sociedad. La organización del trabajo en redes contribuye a fortalecer comportamientos basados en la negociación y en la explicitación clara de objetivos favoreciendo la comunicación, la descentralización y la generación de nuevos aprendizajes organizativos y relacionales, sin necesidad de crear nuevas organizaciones. Dichos instrumentos se han utilizado para aglutinar actores fundamentales en el proceso de innovación (investigadores, empresarios, funcionarios implicados en la política tecnológica), con la finalidad de propiciar puentes para facilitar los intercambios con sectores a veces reacios a los cambios e intercambios.

Los RTDI de la Unión Europea han originado múltiples organizaciones que interrelacionan a los investigadores y la industria, entre los principales se destacan:

1. Los Centros de Competencia (Austria, Suecia, Alemania, Estonia).
2. Los Centros de Investigación Cooperativa para la Innovación (Hungría, País Vasco, Holanda, Bélgica, el programa Partners in Innovations del Reino Unido).
3. Los Centros de Excelencia (Canadá).
4. Los consorcios compuestos por instituciones científicas y la industria.
5. Los proyectos integrados.
6. Las redes de excelencia.
7. El Artículo 169, en donde se integran varios estados para desarrollar proyectos conjuntos, como, por ejemplo, en el área aeroespacial.
8. El Programa Ingenio 2010, aprobado en España y centrado en Consorcios Estratégicos Nacionales de Investigación Tecnológica (Casalet, 2006).

Consorcios: una nueva forma de administrar el conocimiento de manera efectiva.

La experiencia internacional en la creación de consorcios muestra que su configuración organizacional varía según las distintas estrategias definidas en el programa, y fundamentalmente del marco legal e institucional de cada país. En algunos casos, los consorcios creados se han registrado de forma legal.

En la conformación de las redes entre la ciencia y la industria, a pesar de las múltiples experiencias, se pueden identificar elementos que construyen una definición operativa de un instrumento específico, como son los consorcios. Éstos serían una organización o figura creada por una política pública en CTI, en la que participan empresas que comparten esfuerzos con organizaciones públicas de investigación, ambos contribuyen con distintos tipos y cantidades de recursos para el apoyo de investigaciones en un área de conocimiento de interés común al grupo de investigación conjunto (Stezano, 2006).

En la práctica de la mayoría de los países integrantes de la Unión Europea (Reino Unido, Dinamarca, Bélgica, Alemania, Suecia, España), la formación de consorcios debe cumplir ciertas características, como:

1. La creación de la organización mediante un acuerdo básico entre las partes involucradas: universidades, centros de investigación y/o grupos de investigación, las empresas y la agencia responsable de otorgar los fondos.
2. El establecimiento de un plan estratégico de largo plazo (que generalmente oscila entre tres y seis años) que orienta el programa de investigación, el desempeño de los participantes y el financiamiento de las actividades.
3. La definición en los acuerdos de la distribución de los derechos, la universidad/centros de investigación y los socios industriales; entre otros casos se consideran los derechos adquiridos por los resultados del proyecto.
4. De forma conjunta con el plan estratégico, hay un grupo de sub-contratos para integrar a todos los socios. En algunos casos, se prevén procedimientos para permitir el cambio de socios sin que ello perturbe la estabilidad del consorcio. En todos los casos se busca siempre conjugar estabilidad con flexibilidad.
5. La figura del coordinador es clave, ya que es el responsable de todos los aspectos vinculados con la negociación e implementación de los acuerdos entre los participantes.
6. La evaluación *ex ante*, durante y *ex post* es un aspecto fundamental que tales instrumentos han desarrollado. Las presiones para lograr que los programas e instrumentos creados funcionen de manera efectiva, en conjunto con el interés de eficientar los costos, han dado lugar a la conformación de paquetes complejos de técnicas evaluativas (*benchmarking*, análisis de costo/beneficio, evaluación de pares, aplicación de análisis de redes sociales, paneles de evaluación, modelos de simulación, proyecciones de futuro). Todos estos meca-

nismos de evaluación tienen como finalidad mejorar la comprensión de las nuevas dinámicas internas (cambios organizativos a nivel de las instituciones y en las trayectorias de los investigadores), así como sus efectos en las políticas de innovación (asociados con los impactos socioeconómicos para aumentar la inclusión social de grupos y regiones menos favorecidos).

Cómo se incorporan las nuevas tendencias basadas en la innovación y el desarrollo de redes en México

A finales de la década de los noventa se plantearon en México una serie de cambios que modifican las políticas normativas del sector de ciencia y tecnología. Estos cambios están comprendidos en la generación de:

1. Las nuevas propuestas que surgen en el Plan Nacional de Desarrollo (periodo 2001/06);
2. La creación del Programa Especial de Ciencia y Tecnología (PECYT) 2001/06; y
3. La creación de la Ley de CyT aprobada en 2002, la que incursiona en la exposición de nuevas medidas que reflejan la discusión internacional sobre las posibilidades y beneficios de la innovación, como el fortalecimiento de las instituciones que faciliten una mayor interacción entre la oferta y la demanda de ciencia y tecnología.

   Las nuevas estrategias y estructuras organizativas que se plasman en las propuestas contenidas en dicha ley, recogen aspectos significativos de la experiencia internacional sobre el conjunto de procedimientos, estructuras y estrategias que conforman la gestión del conocimiento en un contexto de innovación intensiva. Sin embargo, las opciones adoptadas en el caso mexicano dependen también y, principalmente, de la historia del país, del grado de desarrollo económico e institucional, del nivel de participación efectiva de la sociedad civil, y de la incipiente transparencia que se consolida en torno a las decisiones gubernamentales. De todas formas, y a pesar de las diferencias y particularidades, se manifiestan aspectos comunes que coinciden con las problemáticas y las formas de solucionarlas asumidas por los países miembros de la OCDE (Casalet, 2005).

   La aplicación durante la mitad de los años noventa de diferentes programas de fomento productivo orientados a las PYME y a la creación de agrupamientos sectoriales a nivel regional (electrónico, automotriz, textil, calzado, muebles) impulsados por el sector público (la Secretaría de Economía, y otras instituciones públicas nacionales como: Nafin, Bancomext y Conacyt) y los gobiernos estatales (especialmente en las regiones de localización de la maquila de exportación: Jalisco, Aguascalientes, Baja California, Chihuahua), han generado un proceso de comunicación y cooperación entre actores heterogéneos: productivos, gubernamentales, académicos, sociales, privados. La complejidad de los intercambios y acciones productivas emprendidas a nivel territorial (si bien están sujetas a lógicas discontinuas por los cambios políticos regionales que fragmentan la continuidad de las relaciones y procesos) posibilitaron la creación de instituciones con flexibilidad organizativa ("instituciones intermedias"), cuya capacidad radica en orientar los apoyos públicos y privados hacia el fortalecimiento de un mercado de servicios basados en la calidad, la certificación de productos y procesos, el desarrollo del aprendizaje individual y colectivo de las PYME. Estas instituciones han contribuido a canalizar una nueva dinámica basada en la interacción y el conocimiento, ya que fortalecen las redes de difusión del conocimiento, apoya el intercambio tecnológico, la transferencia y apoyo para la adaptación de tecnología y proporcionan asesoría técnica para que las PYME puedan participar en los programas de desarrollo de proveedores. Las tecnologías de la información son un tema cada vez más recurrente en la acción de las instituciones puente, ya sea para crear capacidad de uso, de aplicación y de adaptabilidad cultural al nuevo modelo relacional que conllevan.

La intención de mejorar la comprensión y gestión de una nueva cultura tecnológica de la sociedad ha incrementado la importancia de los centros de investigación, de las universidades y de los institutos tecnológicos a nivel regional, cuya intervención se acentúa para solucionar problemas de la producción y de las prioridades para el crecimiento regional. Estos intercambios inciden en la consolidación del tejido relacional, imprescindible para fortalecer la capacidad de programación y coordinación de las actividades productivas y de investigación.

4. La creación de la Red Nacional de Grupos y Centros de Investigación (iniciativa expresada en el Artículo 30 de la nueva Ley de CyT mexicana del año 2002) refuerza el interés por consolidar proyectos de investigaciones que aborden las prioridades estratégicas para el desarrollo en áreas de frontera del conocimiento y respondan a los desafíos del crecimiento económico, social e institucional. La complejidad de la problemática a investigar lleva a que los intereses comunes de la investigación sean el factor determinante en la definición de los grupos y las áreas de investigación. En la formación de la

Red Nacional de Grupos y Centros de Investigación pueden participar los investigadores de centros públicos y privados interesados en construir nuevas formas para consolidar e intercambiar el conocimiento. Esta creación supone el reconocimiento de una problemática que se manifiesta a nivel internacional, tanto en la comunidad académica como empresarial, que pone de manifiesto la necesidad de efectuar interacciones entre agentes de muy distinto tipo (empresas, centros de investigación, universidades, consultorías especializadas), cuya colaboración e intercambio de investigación es fundamental para reducir la incertidumbre externa y los impactos provocados por los cambios políticos (Casalet, 2005 y 2007).

La conformación de los Consorcios de Innovación en México

La iniciativa de creación de redes ciencia-industria definidas como Consorcios de Innovación para la Competitividad en áreas estratégicas (para el país y el conocimiento), en conjunto con la consolidación de instrumentos que estimulan la descentralización territorial (a nivel de recursos humanos e instituciones), indica la emergencia de un modelo más complejo, donde el conocimiento es un factor competitivo.

La conformación de estos Consorcios de Innovación (conocidos como Consorcios Conacyt) emergen en la nueva Ley de CyT de 2002, y son desarrollados a partir del año 2003, asimismo, plantean la integración de equipos de investigadores provenientes de diferentes centros de investigación, con participación de empresas, cuya característica radica en consolidar un proyecto conjunto para ejecutarlo en un tiempo determinado y con un financiamiento mixto (público y privado). Los consorcios, según la definición del Conacyt, surgen como un

> programa de apoyo creado para establecer alianzas estratégicas entre dos o más empresas con uno o más grupos de investigación e instituciones de educación superior. Su finalidad es crear o mejorar negocios basados en la utilización y explotación de desarrollos científicos y/o tecnológicos que los grupos o centros de investigación e instituciones de investigación superior realicen y ofrezcan para resolver demandas específicas de innovación de las empresas (Conacyt, 2006).

De tal forma, el instrumento busca conjugar las capacidades existentes en las diversas instituciones públicas de investigación (UNAM, UAM, IPN, Cinvestav-IPN, universidades públicas y privadas, Centros Públicos de Investigación —CPI— integrados en el sistema Conacyt) y en sus programas de investigación con las necesidades de las empresas. Bajo esta prédica, Conacyt hizo públicas las primeras propuestas de Consorcios en los primeros meses de 2004, algunos de los cuales comenzaron a establecerse a partir del segundo semestre de ese mismo año (Conacyt, 2004b; Once TV, 2004). De esa forma, la RNGCI y los Consorcios Conacyt son instrumentos de política en CTI que amalgaman a las distintas instituciones de investigación públicas, integrándolas en forma dinámica a través de una red.

Con la creación de los consorcios, es decir, las redes activas de investigación entre la academia y la industria, se consagra la meta de obtención de resultados, que indica una nueva forma de encarar la investigación y cuyo desarrollo tendrá efectos en la estructura organizativa de los CPI y en la trayectoria profesional de los investigadores participantes. Los consorcios constituyen reagrupamientos por proyectos para responder a objetivos específicos de investigación planteados por los sectores industrial, público y social. El interés es crear una masa crítica de conocimiento y competencias, transversal a los centros. Esta alternativa abre una vía para la movilidad de los investigadores (con otros centros de investigación y empresas). La participación en los Consorcios de Innovación para la Competitividad abre nuevas posibilidades institucionales e individuales, ya que supone un cambio importante para muchas disciplinas tradicionales e investigadores dedicados a enfrentar los problemas de investigación en solitario, difíciles de lograr en una sociedad caracterizada por innumerables lazos de interdependencias institucionales y relacionales.

Los Consorcios Conacyt suponen la constitución de equipos multidisciplinarios e interinstitucionales que tienen la obligación de definir objetivos estratégicos y resultados, la evaluación de la pertinencia económica, social y del conocimiento, la difusión de resultados y la evaluación de los impactos, así como la generación de una nueva cultura de transferencia de los conocimientos.

Para acceder a conformar un Consorcio de Innovación, los Centros Públicos de Investigación tecnológicos, científicos y sociales deben cumplir con determinados estándares de calidad (aplicados por Conacyt, y elaborados por investigadores de diferentes áreas del conocimiento) que evalúan el desempeño de la trayectoria institucional, como los resultados logrados en la investigación, la docencia y la eficacia alcanzada en la estructura organizativa interna y con la red de usuarios y beneficiarios, esta última referida a los vínculos establecidos con instituciones del sector en CyT nacionales e internacionales y con otros agentes económicos, productivos y sociales. En el año 2003, Conacyt creó un grupo de trabajo con el cometido de elaborar una serie de criterios y estándares que permitieran evaluar los Centros Conacyt interesados en participar en la RNGCI. Dicho grupo analizó distintos procedimientos y metodologías (estadísticos, de simulación macro/micro, metodologías cuantitativas y cualitativas). En la revisión de documentos realizada a nivel internacional, se constató la evolución de los enfoques sobre la evaluación hacia una perspectiva más flexible y experimental orientada a responder de forma integral englobando el monitoreo y *benchmarking* (Luukkonen *et al.*, 2006). En estas nuevas perspectivas se manifiesta una visión complementaria para responder a la comprensión de los procesos y las recomendaciones de futuro. A nivel nacional, se analizaron el Premio Nacional de Calidad y el Premio Nacional de Tecnología. La propuesta final incluyó el Premio Nacional de Calidad (PNC) y elementos del Premio Nacional de Tecnología, ya que fortalece el enfoque tecnológico en relación con la infraestructura y patrimonio. A su vez, se agregaron indicadores sobre: capital intelectual, gestión del conocimiento, formación integral del personal, y la colaboración con base en redes internas y externas (Conacyt, 2004a, c, y d).

Los criterios y estándares para la evaluación fueron realizados para tres áreas diferenciadas: tecnológica, científica y social. La aplicación de los estándares de calidad alcanzó a casi todos los centros integrantes del Sistema Conacyt, y de manera complementaria se diseñó un espacio digital para realizar el autodiagnóstico. La finalidad de este ejercicio fue integrar a todos los centros en el proceso de calidad, transmitirles instrumentos para incorporar mejoras e identificar los principales obstáculos derivados de las fallas en la organización, en la comunicación interna y externa, y la creación de redes interinstitucionales.

Estudio de caso: el Consorcio Xignux-Conacyt

En 2004 Conacyt inició la formación de consorcios, cuyo resultado fue la organización de 10 Consocios Conacyt que engloban alrededor de 100 proyectos de investigaciones conjuntas entre empresas y grupos de investigación. El consorcio establecido por Conacyt con el grupo empresarial Xignux, en 2006, denominado Consorcio Xignux-Conacyt, constituye el estudio de caso cuyo análisis y explicación exigió la realización de entrevistas a representantes empresariales, investigadores de los Centros Conacyt y funcionarios de Conacyt participantes en la organización del Consorcio. El Consorcio Xignux comprende 14 proyectos establecidos con dos empresas del grupo Xignux: cuatro con Viakable y 10 con Prolec-GE.

Selección de las empresas y de los proyectos de investigación del consorcio

Los Consorcios Conacyt fueron diseñados con la intención de resolver necesidades específicas de innovación del sector industrial mediante la estrecha colaboración con investigadores organizados en grupos interdisciplinarios e interinstitucionales capaces de detectar los bloqueos en el proceso de producción, gracias a la especialidad y conocimiento acumulados en la realización de la investigación y trabajos altamente especializados a nivel tecnológico. En la definición del proyecto de investigación, las empresas han participado de manera activa definiendo sus necesidades de investigación, como producto de las limitaciones en el proceso, la tecnología y la falta de una visión más multidisciplinaria a nivel del conocimiento para abordar la complejidad de las respuestas que requieren la intervención de ingenieros, químicos, matemáticos y especialistas en nanotecnología. La creación de los consorcios constituye una respuesta a la demanda planteada por los usuarios del conocimiento, representa también una vía para ampliar el patrón de especialización de la producción recurriendo a la capacidad, la investigación para abrir nuevas posibilidades y generar externalidades positivas para las instituciones de investigación y las empresas, aunque para los investigadores los beneficios obtenidos no se han plasmado en una reglamentación que estipule incentivos específicos (salariales y legales de transferencia del conocimiento).

En la constitución de la mayoría de los consorcios se manifiesta un proceso similar, la iniciación de los mismos responde a las relaciones informales de funcionarios de RNGCI de Conacyt establecidas con diferentes empresas, procedentes de múltiples sectores productivos. En esta fase, los contactos iniciales detectan oportunidades y especifican qué tipo de necesidades requiere la innovación (incremental), también cumplen con la finalidad de sensibilizar y estimular el interés de los empresarios y/o grupos de dirección para asumir el compromiso de apoyar un equipo interdisciplinario de investigadores que ensayarán, con base en su experiencia, proporcionar múltiples respuestas a los problemas productivos de la empresa. Una vez que Conacyt evaluó como pertinente la propuesta empresarial, se organizaron reuniones con los investigadores para reflexionar sobre la viabilidad y competencia de los centros de investigación potencialmente involucrados para desarrollar la investigación precompetitiva.

La iniciativa de creación del Consorcio con el grupo empresarial Xignux comienza en el año 2003, fue impulsada directamente por el director Conacyt, el ingeniero Jaime Parada, en conjunto con los directores de la empresa. El grupo empresarial Xignux tiene presencia en seis sectores industriales: cables, transformadores, automotriz, petroquímica, alimentos y fundición. En la reunión concertada en Conacyt con el director y el equipo de directores adjuntos, se concretó la formación del consorcio con dos de las empresas más destacadas del grupo Xignux: Prolec-GE (*joint-venture* de Xignux y General Electric) y Viakable. La aceptación del consorcio inauguró un proceso de formación y reflexión conjunta entre las empresas y los investigadores para identificar los problemas a abordar. La comunicación con el equipo de I+D de las empresas fue determinante para evaluar la efectividad de las opciones a ejecutar, evaluar los insumos y costos requeridos, así como las posibilidades comprometidas por las instituciones participantes. La dinámica grupal que orientó las primeras reuniones conjuntas dirigidas por especialistas en técnicas de conducción grupal facilitaron múltiples instancias para la discusión sobre la producción y las posibilidades tecnológicas incrementales como opciones de investigación de largo plazo, pero, fundamentalmente, generó un espacio común de intercambio que estimuló la confianza del grupo. Los encuentros frecuentes derribaron las barreras en la comunicación y propiciaron la discusión orientada y abierta para comprender códigos diferenciales (empresa e investigadores), inventando nuevas alternativas para resolver los problemas.

En el primer evento formal del Consorcio Xignux-Conacyt, profesionales de ambas empresas presentaron 20 proyectos a 10 grupos de investigación de diferentes Centros Conacyt en un encuentro de trabajo. Para cada proyecto, la empresa preespecificó sus necesidades de conocimiento, los productos donde se aplicaría ese conocimiento y los requisitos de calidad que debía cumplir. Ese encuentro tuvo resultados muy significativos para los participantes, ya que encontraron un espacio de diálogo, de intercambio informativo y de aplicación de nuevos conocimientos. En las entrevistas realizadas, varios investigadores expusieron su entusiasmo por la calidad del encuentro y la oportunidad que significó el intercambio y la valoración de los alcances y posibilidades de cada iniciativa propuesta para investigar. La dinámica grupal en el encuentro constituyó una real motivación para los participantes, ya que abrió perspectivas sobre las investigaciones con respuestas de diferentes plazos de realización (corto, largo). La novedad era la forma de trabajo: en colaboración con la industria (un escenario distinto del habitual del ámbito académico), y la integración de equipos de investigación interinstitucionales e interdisciplinarios para abordar la complejidad técnica de los problemas (otro elemento también poco frecuente en la dinámica de trabajo de los grupos de investigación públicos).

Estas reuniones iniciales derivaron en un proceso de ajuste y alternativas del protocolo de investigación, aproximadamente de tres meses, en el cual los investigadores, con base en las propuestas iniciales de las empresas, elaboraron los ajustes y alternativas técnicas, sostenidas en una planificación de actividades y tiempos. De este proceso surgieron los 14 proyectos abordados en el Consorcio Xignux-Conacyt: 10 con Prolec-GE (los analizados con mayor detalle), y cuatro con Viakable.

En las entrevistas realizadas con los investigadores participantes se destacó como un elemento determinante para el desarrollo de la iniciativa, la experiencia previa de la empresa en contratar asesores técnicos para la realización de proyectos de investigación con el departamentos de I+D, por lo general, consultores procedentes de centros de investigación, universidades y asesores tecnológicos. Otro elemento destacado por los entrevistados fue la precisión en la definición de los proyectos de investigación del consorcio, lo que representó también un producto de la experiencia y aprendizaje acumulado por la división de innovación tecnológica de Prolec-GE. Este departamento de I+D anualmente realiza un ejercicio de planeación multi-generacional de productos, donde proyectan para el futuro (uno o dos años) los productos y las líneas de investigación que desarrollarán. El ejercicio de proyección (costos, efectos en la producción y en los bienes) le permitió a la empresa contar con un aprendizaje acumulado para detallar sus necesidades de conocimiento y también evaluar la calidad de las sugerencias propuestas por los investigadores del consorcio. A su vez, el proceso de planeación tecnológica fue la base para la selección de tópicos de interés en el desarrollo del proceso de investigación. Gracias a la experiencia adquirida por la empresa, se integró un paquete diferenciado de proyectos, unos orientados a complementar investigaciones centradas en desarrollos de productos (con un beneficio dirigido a corto plazo) con investigaciones más complejas, con objetivos de mediano y largo plazos que suponían retos de conocimiento a los investigadores.

Instituciones participantes en el consorcio

En los 10 proyectos del Consorcio con la empresa Prolec-GE se dio una interesante complementariedad entre las instituciones. En esos proyectos trabajaron junto a la empresa seis instituciones públicas de investigación con distintas características y especialidades. De estas seis instituciones de investigación, tres pertenecen al sistema de Centros Conacyt: Cimav, Ciateq y Cimat, con una orientación tecnológica. A la vez, se agregan dos instituciones del Centro de Investigaciones Avanzadas (Cinvestav) del Instituto Politécnico Nacional (IPN), en Guadalajara y Querétaro, y el Instituto de Investigaciones Eléctricas (IIE).

Financiamiento y propiedad intelectual de los proyectos

En el Consorcio Xignux-Conacyt, al igual que en los otros Consorcios creados por Conacyt, el financiamiento tuvo un carácter mixto. La responsabilidad asumida por Conacyt y las empresas inicialmente fue equivalente, en la medida en que el Consorcio se desarrolló, según la programación acordada, debía ser la empresa la que adquiría mayor responsabilidad en el financiamiento.

Cuadro 1. Desarrollo de proyectos Consorcios Conacyt

Etapa del proyecto	*Monto aportado por Conacyt*	*Monto aportado por la empresa*
Etapa 1	50%	50%
Etapa 2	30%	70%
Etapa 3	10%	90%

Fuente: elaboración propia.

La aplicación de este sistema de costo compartido para el despegue y la intervención más activa de la empresa en su continuidad, es un esquema cada vez más frecuente en este tipo de asociaciones ciencia-industria, donde se instala el financiamiento mixto, público-privado de la investigación. En este caso, el financiamiento igualitario de la primera etapa actúa como incentivo para que las empresas se decidan a trabajar con el sector científico; y una vez captada la importancia de la investigación para el proceso de innovación, la mejora del proceso y los resultados económicos empresariales (captación de mercado, apertura a nuevos productos), ésta asumía el financiamiento de los proyectos conjuntos de investigación.

Los acuerdos sobre propiedad intelectual y confidencialidad de los resultados de las investigaciones se establecieron en la firma de un contrato previo entre la empresa y los centros de investigación a la iniciación de los proyectos. Dicho contrato estipula que los derechos de propiedad intelectual de las investigaciones del Consorcio pertenecen a Prolec-GE. En tanto que las investigaciones son pedidos específicos por parte de la empresa, la propiedad intelectual pertenece a ella. Para los trabajos en conjunto en donde la propiedad intelectual es compartida por la empresa y los centros de investigación, se estipuló para la empresa el derecho a la primera negativa, y así, la imposibilidad de ofrecer los derechos de propiedad intelectual a otra empresa hasta que Prolec-GE lo decidiera. Sin embargo, esta última situación no ocurrió en la práctica del Consorcio con el grupo Xignux.

Conacyt, como agencia organizadora y promotora de las políticas e instrumentos en CTI, no formalizó la aprobación de una reglamentación específica que estipulara condiciones y estableciera un antecedente normativo para regular la transferencia de conocimientos, tampoco existen para los nuevos instrumentos como Fondos Sectoriales y Mixtos donde se producen desarrollos en investigaciones conjuntas. La transferencia de tecnología es un tema crucial en la organización de instrumentos que buscan la co-participación del financiamiento público/privado, y cómo fomentar las posibilidades de garantizar la investigación colaborativa es un motivo de preocupación en diversos países desarrollados, al mismo tiempo que se aseguraba la generación de externalidades, de *spin-offs* y derechos de propiedad intelectual.

Tipos de proyectos: objetivos y áreas de conocimiento abordados

Los 10 proyectos de investigación del Consorcio Xignux-Conacyt con la empresa Prolec-GE, cubrían diversas necesidades de conocimiento solicitadas por ésta, todas dentro del ámbito del desarrollo tecnológico y la innovación. Los objetivos de estos proyectos fueron diversos, entre los que destacan: la reducción de costos, la mayor confiabilidad y menores dimensiones de los productos, la posibilidad de acceder a nuevos mercados, la reducción de fallas de operación, la mayor competitividad, menores ciclos de cotización, la generación de nuevos productos, y en uno de los proyectos se planteó una innovación.

La diversidad de los proyectos en focos temáticos y objetivos estuvo presente desde la planificación inicial de los consorcios, ya que la intención fue colaborar con las empresas en problemas de conocimiento que afectaran a la competitividad, pero sin que todo se orientara a la búsqueda de retornos inmediatos. Aunque muchos proyectos apuntaban a la reducción de costos y otras estrategias centradas en retornos económicos inmediatos, también se diseñaron proyectos de mayor complejidad en la investigación que exigían la participación de varias áreas del conocimiento, ya que las mejoras que se buscaban introducir así lo requerían, como también la innovación en nuevos productos.

Los proyectos de investigación desarrollados con la empresa Prolec-GE involucraban problemas en diversas áreas de conocimiento. Un aspecto destacado por los investigadores consultados es la multidisciplinariedad del conocimiento emergente de los proyectos. Esta complejidad del conocimiento involucró a investigadores procedentes de múltiples instituciones con experiencias profesionales ya decantadas en asesorías industriales realizadas en diferentes sectores productivos. Un investigador, en la entrevista realizada, ilustra este aspecto: "en los proyectos se integraron investigadores de distintas disciplinas. Definitivamente, en proyectos multi-disciplinarios no podemos decir 'nosotros hacemos la parte química, y ustedes ven cómo hacen lo otro'. Resolvemos la parte química, y de inmediato comenzamos a trabajar la parte mecánica" (investigador 6, Cinvestat-Q).

Etapas y tiempos de desarrollo de los proyectos

En la agenda de tiempos previstos para el proceso de investigación del Consorcio Xignux-Conacyt, desde el inicio se acordó un régimen de evaluación del cumplimiento de etapas demandadas por los proyectos. Este régimen se basó en tres etapas lógicamente diferenciadas, con tiempos de cumplimiento y productos entregables en cada una de ellas. Tras ser presentados los temas de los proyectos, la especificación precisa del objetivo y las metas a alcanzar, se establecieron las etapas y tiempos para cada proyecto. En todos los proyectos los tiempos variaron, pero se respetó la conceptualización y lógica de las etapas. A una primera etapa de análisis conceptual le seguía otra de análisis de factibilidad de los proyectos, para finalizar con las pruebas piloto y diseños experimentales que demostraban la factibilidad expresada en la etapa previa.

Los investigadores reconocen que tal esquema permite que las soluciones propuestas por los investigadores sean de corto plazo y que en el proceso se hagan concesiones a la empresa. Así lo señala un investigador:

> ...hay que comprender que es difícil asociar en la mayor parte de los casos: costo y tiempo a un proyecto, y lograr un resultado. En los entregables [*sic*] muchas veces se parte de cierto desarrollo del conocimiento que el industrial no entiende como importante, cuando para mí es lo más importante. Pero para mí también está el convencimiento de que le tengo que dejar otras cosas al industrial (investigador 5, Cinvestav-Q).

Los responsables del departamento de I+D de Prolec-GE, ante esa dificultad de amalgamar avances de investigación y tiempos estipulados, optaron por flexibilizar los tiempos de entrega.

Seguimiento y evaluación de los proyectos

Los avances de los proyectos del Consorcio Xignux-Conacyt fueron monitoreados por la empresa en cada etapa. Conacyt supervisó de forma general el desarrollo de la relación, pero sin solicitar ninguna de evaluación específica que le permitiera sistematizar la novedad y particularidad del instrumento creado. Aunque Conacyt acompañó el desarrollo del proceso y documentó el mismo, no hay ningún documento que recoja la singularidad de proceso implementado (como una sistematización de los aciertos y desventajas logradas), que sirva como indicación para la utilización en la formación de otros consorcios. La relación en este consorcio estuvo pautada por el trato directo entre los investigadores y la empresa, supeditándose la evaluación al criterio y tiempos de la empresa.[3]

[3] El sistema de seguimiento de los proyectos de la empresa Prolec-GE se basó en distintas instancias. Por una parte, en reuniones semanales de comunicación de avances y resultados presentados por los investigadores junto con los encargados de la empresa. A esas reuniones le seguían encuentros quincenales del departamento de I+D de Prolec y sus directores. Finalmente, cada cuatro meses se desarrollaban reuniones entre directores del grupo empresarial y Conacyt. Esa propuesta originada en la empresa fue impuesta por ella como regla desde el comienzo del consorcio con base en un esquema que repite el método de seguimiento de la actividad diaria que desarrolla en sus plantas productivas, pero adaptado a los consorcios, fijándose para cada proyecto metas y objetivos con plazos en función de los que se evaluaban los avances.

De las entrevistas con los investigadores surge el convencimiento, en la mayoría de ellos, de la rigurosidad de ese método de seguimiento. Un ejemplo ilustrativo de la rigurosidad e involucramiento de la empresa fue la actitud asumida frente a los retrasos en la comunicación de avances o presentaciones incompletas, donde la empresa imponía un seguimiento diario hasta que se avanzara en lo incumplido.

Por su parte, la empresa percibió que ese seguimiento era nuevo para varios investigadores, no acostumbrados a reportar avances de investigación de manera asidua. La empresa, de todas formas y advirtiendo esas dificultades, no pudo adoptar los mismos tiempos y exigencias de resultados que suelen utilizar ante otros socios externos como proveedores o asesores tecnológicos. De ese modo, la empresa asumió la existencia de culturas distintas y realizó concesiones sobre los tiempos de los investigadores, considerando el desafío que les supone a éstos trabajar bajo un esquema radicalmente distinto a sus reportes académicos habituales, los que pueden presentar cada seis meses o cada año. Como señala un investigador del departamento de I+D de la empresa: "si tuviéramos una relación severa cliente-proveedor, ante ciertos atrasos, se podía haber roto el contrato y exigir una retribución, pero como compartíamos los objetivos de colaboración en la investigación como consorcio, no llegamos a ese punto" (investigador 9, Prolec-GE).

Todos los entrevistados coincidieron en que el esquema de seguimiento supuso un aprendizaje para ambos socios. Por una parte, los investigadores se acostumbraron a trabajar con resultados programados y evaluar en una discusión semanal (ya no semestral) su rendimiento profesional. La empresa tuvo que aceptar e incorporar a su disciplina laboral tiempos diferentes a los exigidos en la planta, ya que el tipo de desarrollo tecnológico y la complejidad de conocimiento manejada fue diferente.

Relación ciencia-industria: diferencias culturales, beneficios, conocimientos y aprendizajes mutuos

La relación entablada entre los investigadores de los centros de investigación y el personal de I+D de la empresa estuvo jalonada por diferencias culturales derivadas de dos lógicas de acción distintas: la científica y la empresarial.

Los miembros de la empresa opinaban que las culturas diferentes se reflejaban en el manejo de agendas y tiempos.

> Nosotros hicimos que cada semana a cierta hora se instaurara la comunicación de los avances, estuviera el investigador donde estuviera, en su casa o el trabajo, nos comunicábamos. Hubo algunos que estaban algo molestos, pero se fueron acostumbrando. Una

> cuestión que hemos visto con algunos investigadores es la dificultad para que acepten un programa de trabajo con tiempos programados, no podemos meterlos en cintura. No es un problema que se soluciona con el seguimiento. Para que sea útil, tienes que tener la forma de que haya una acción colectiva. En algunos casos, algunos centros ignoran esto, como no le está costando extra, ya que tienen tanto los recursos humanos y el presupuesto asegurado, en tanto que nosotros tenemos que esperar a que el investigador trabaje con el tiempo que él defina (investigador 9, Prolec-GE).

La respuesta proporcionada por el investigador de Prolec-GE establece claramente los tiempos y rendimientos diferenciales producto de lógicas laborales muy distintas. Para la empresa, la participación en el consorcio representó un aprendizaje, no sólo en incorporar otras respuestas técnicas provenientes de los investigadores más vinculados con la reflexión y las exigencias académicas, sino también significó aceptar otra forma de trabajo y reconocer que se pueden lograr resultados conjuntos muy satisfactorios a pesar de aplicar otros métodos y rendimientos en el proceso. Esta visión de la empresa de ir creando relaciones más fluidas y estables, es señal de que, pese a las diferencias culturales notorias, los actores encuentran en la vinculación una serie de beneficios que vuelven atractiva y confiable la relación de colaboración. ¿Qué motiva a los investigadores y a las empresas a mantener esa relación, pese a sus diferencias? ¿Qué beneficios representa la asociación? En las entrevistas realizadas se mencionan varios de esos beneficios, los que pueden agruparse de manera estilizada del siguiente modo.

Cuadro 2. Beneficios del Consorcio Xignux-Conacyt

Investigadores	*Empresa*
Obtener recursos e infraestructura	Costo de los proyectos internacionalmente más competitivos
Aprendizajes por enfrentar nuevos desafíos de conocimiento	Aprendizaje en la gestión de conocimientos en ambientes cooperativos
Ayudar a las empresas	Mayores recursos para el desarrollo tecnológico
Reforzar y continuar líneas de investigación de las instituciones y sus investigadores	Consolidación de capital humano y metodologías avanzadas para la implementación y desarrollo de proyectos cooperativos
Crear redes institucionales	Creación de un centro tecnológico virtual: red entre los centros y la empresa

Fuente: elaboración propia.

En los beneficios mutuos de la relación entre el sector científico y el industrial, la investigación relevó especialmente la temática de la construcción de conocimientos y aprendizajes.

Un aspecto destacado por los entrevistados fue la posibilidad de construir, a partir del trabajo en consorcios, redes institucionales más amplias. Así lo señala un investigador:

> ...no hay que descartar que poco a poco se vaya trabajando por un lado los Consorcios, y por otro se desarrollen redes de conocimiento de manera informal. Eso ocurre por la dinámica propia de los consorcios; su sinergia va a ir generando este tipo de redes de conocimiento, a lo mejor informal porque nadie la declara. Ya hay esfuerzos aislados, más personales que institucionales, y lo que busca el trabajo en los Consorcios es primero institucional. Institucionalmente tenemos investigadores, y los resultados finales son de la institución con el apoyo de sus investigadores. Y es un trabajo entre redes, entre instituciones, de colaboraciones entre instituciones (investigador 1, Ciateq-Q).

A nivel individual, los investigadores han reconocido la importancia del contacto con expertos de ámbitos diferentes al que pertenecen. Así lo ejemplifica un investigador que destaca la importancia que supone compatibilizar lenguajes y códigos distintos: "El que tú le hables con otro lenguaje a los empresarios también es una experiencia. Hay una educación mutua porque ellos hablan de otros lenguajes, de otros problemas: es un aprendizaje conjunto" (investigador 2, Ciateq-Q).

Entre los investigadores de instituciones académicas, éstos destacan el trabajo con investigadores de centros tecnológicos:

> Es muy interesante ver las experiencias de los demás investigadores. En este caso, me refiero a la experiencia del investigador de [un investigador de un centro tecnológico]. Es una gente [*sic*] que tiene mucho contacto con la industria, yo he adquirido conocimiento a través de su experiencia, tiene un ojo perspicaz, se le ocurren cosas. Si yo me pongo a hacer las cosas por mí mismo, yo solo, tal vez tardaría diez, quince años en conseguir lo que con el auxilio de otros investigadores, a lo mejor lo consigo en tres o dos años. Y eso es lo que se ha podido apreciar aquí. Hay gente muy valiosa, que tiene muchos conocimientos, que tiene mucha experiencia en planta, y que se ha sabido aprovechar toda esa madeja de conocimientos que tiene la gente (investigador 6, Cinvestav-Q).

Otro aspecto que adquiere relevancia en la visión individual e institucional entre los investigadores es la importancia de establecer redes de excelencia con investigadores de otros países en áreas de conocimiento requeridas en los proyectos.

> Los proyectos supusieron un contacto con redes de investigadores que trabajaban problemas similares. El fundamento fue que el investigador levantara el estado del arte en base a publicaciones [*sic*], patentes y documentación que les daba Prolec, para lo cual se contactó con algunos investigadores de otras redes internacionales. Para los investigadores, ese contacto con el extranjero fue un aprendizaje en un tema nuevo, que a lo mejor algunos investigadores no estaban interesados, porque no les era prioritario conocer un tema nuevo. Pero fue algo que les quedo a ellos como una nueva línea, una nueva oportunidad; un aprendizaje en cuanto al proceso mismo, en cuanto a que sus definiciones del estado del arte estaban dirigidas a crear un nuevo conocimiento (investigador 9, Prolec-GE).

Este aspecto de formación de redes de excelencia ha sido uno de los logros de las diferentes iniciativas planteadas en la Unión Europea, especialmente en el Sexto Programa Marco: la creación de redes de excelencia con base en temas prioritarios o para responder a necesidades emergentes constituye una forma de creación de valor, ya que conjuntan diferentes capacidades y competencias para transformarlas en algo más que una suma de pares. Por otra parte, se han dirigido a fomentar una masa crítica de habilidades en temas de frontera a través de la integración de jóvenes investigadores, y el intercambio de investigadores y uso conjunto de infraestructura de investigación y equipamiento, así como la gestión conjunta del conocimiento producido. Dichos aspectos pueden ser una meta de futuro en el desarrollo de las experiencias de los consorcios; para sostener efectivamente las mismas de acuerdo con parámetros internacionales, sería fundamental aplicar evaluaciones *ex ante* y *ex post*.

En la investigación de caso sobre el desarrollo del Consorcio Xignux-Conacyt, no se pudo detectar movilidad laboral y cambios en las trayectorias de los investigadores, quizá una razón de ello sea la relativa novedad de esta iniciativa. Tampoco se detectaron casos de movilidad laboral desde el sector científico al industrial o viceversa. Sin embargo, y relacionado con ello, un elemento que surgió con bastante claridad de las entrevistas se refiere a la generación de aprendizajes y conocimientos en aspectos que aumentan las competencias de los agentes individuales e institucionales, que son las capacidades para la gestión del conocimiento y el trabajo con metodologías de innovación, profundización en la formación en ciertas áreas del conocimiento; ambas en el contexto del trabajo cooperativo con el otro socio.

Reflexiones finales

El desarrollo del presente artículo ha señalado la importancia de las políticas en ciencia, tecnología e innovación como apuesta imprescindible para lograr el desarrollo económico y el posicionamiento del país de forma positiva en la globalización. La adopción de políticas no es fácil ni tampoco se obtienen los resultados deseados de la simple aplicación de las mismas. Cada vez más la ejecución de estas políticas y fundamentalmente el éxito de las mismas requiere el consenso negociado entre múltiples actores que intervienen. En la aplicación de las políticas de CTI en la UE, la complejidad institucional y decisional se ha incrementado, ya que existen acciones adoptadas por organismos centrales de la UE, en conjunto con acciones que responden a los gobiernos nacionales y agencias locales, donde participan de manera activa grupos empresariales transnacionales y nacionales, asociaciones empresariales, organizaciones de la sociedad civil, comunidades científicas a nivel europeo, nacional y regional. Esta diversidad de actores construye una nueva gobernabilidad basada en la definición de prioridades temáticas para la investigación, donde se busca incursionar en áreas de frontera del conocimiento, cuya novedad asegure la competitividad del país, la región y el sector industrial involucrados. La consolidación de grupos de investigación multidisciplinarios e interinstitucionales se constituye en una figura clave para emprender proyectos con plazos de finalización determinados de antemano y con demandas específicas (investigación aplicada) a desarrollar, donde la inclusión de los jóvenes investigadores en proceso de formación (doctorado) permite mejorar sus capacidades de investigación y adquirir un aprendizaje en la gestión de proyectos (Van der Meulen, 1998).

La determinación de prioridades no sólo define áreas de investigación, sino que establece un compromiso de participación tanto de las autoridades del sector CTI como de los grupos de investigación y las instituciones involucradas en desarrollar tales propuestas. La determinación de prioridades es un proceso que lleva a la identificación de objetivos que son creíbles, aceptados y compartidos colectivamente por los actores involucrados. Por tanto, el establecimiento de prioridades es en sí un proceso de construcción de acuerdos sociales que involucra la participación de funcionarios del sector de CTI, legisladores, la comunidad científica, el sector privado y los distintos grupos de la sociedad civil, usuarios y beneficiarios del conocimiento. Como en todo acuerdo social existen intereses coincidentes y divergentes entre los actores, por tanto, los nuevos instrumentos tienen flexibilidad para incorporar cambios y readaptaciones.

En este sentido, la experiencia de los Consorcios Conacyt constituye un referente para impulsar nuevas investigaciones colaborativas que se orientan a resolver prioridades regionales y sectoriales del conocimiento.

Los Consorcios Conacyt, como instrumento de política en CTI, se orientan y responden a la demanda de conocimientos de las empresas. La experiencia concreta del Consorcio Xignux-Conacyt mostró capacidades en la empresa y grupos de investigación para enfrentar proyectos con alta complejidad de conocimiento. Una evaluación más amplia del instrumento permitiría detectar áreas de conocimiento donde existan competencias suficientes para proyectar iniciativas más amplias que articulen la oferta y demanda de conocimientos. El instrumento podría, así, ser un origen de iniciativas más complejas en ámbitos del conocimiento, en los que todos los actores del sistema de innovación acuerden que sea prioritario desarrollar actividades en I+D. Tales instrumentos permitirían formar nuevos investigadores, así como desarrollar en las empresas una mayor conciencia sobre la importancia de la innovación. Los investigadores, al participar en procesos conjuntos de mayor complejidad cognitiva y relacional, están sujetos a incorporar nuevas formas culturales y de confianza que articulen un lenguaje común facilitador del conjunto del trabajo.

En el balance de la experiencia del Consorcio Xignux-Conacyt, las empresas destacaron beneficios de su asociación con el socio científico. Aunque existieron fricciones por el manejo de lenguajes y códigos culturales distintos, Prolec-GE señaló el valor de los conocimientos y habilidades aportadas por los investigadores, además del aprendizaje que obtuvieron en términos de gestión, metodologías y formación de capital humano para desarrollar proyectos con socios externos. La empresa reconoció la importancia del financiamiento público de los consorcios, que facilitó abrir una vía al desarrollo tecnológico e implementar proyectos con costos internacionales más competitivos. Por su parte, Prolec-GE valoró la importancia del instrumento para impulsar una cultura de la innovación y el estímulo a la creación de ambientes de intercambio y confianza que incentiven a los actores a relacionarse en un clima distendido y de comunicación reflexiva.

En este Consorcio, los derechos de propiedad intelectual se pactaron al inicio de los proyectos, que es también una práctica habitual en la experiencia internacional. El hecho de que los derechos de propiedad intelectual pertenecieran a las empresas debe imputarse al carácter relativamente cerrado de la red formada por los consorcios donde existía un conocimiento específico de la misma, y una forma de protegerse frente a apropiación por parte de otras empresas competidoras (Erbes *et al.*, 2006).

La participación en los Consorcios tuvo diferentes impactos para los investigadores de los CPI. Por un lado, representó una oportunidad de afirmar lazos con el sector industrial respondiendo a la demanda en las necesidades concretas de las empresas, también constituyó una oportunidad (poco frecuente) de trabajar en colaboración con otras instituciones científicas.

Los investigadores que participaron en el desarrollo del Consorcio Xignux subrayaron el vuelco en la lógica de investigación habitual del trabajo académico diario. En las trayectorias profesionales e individuales la transformación alteró las prácticas y rutinas del desempeño académico "tradicional", se introdujeron nuevos ritmos, presiones y exigencias. Los científicos integrados a los consorcios fueron requeridos para presentar conocimientos complejos y con exigencias de resultados estipulados por el mercado (y no las habituales condiciones académico-institucionales). En la breve trayectoria desarrollada por los consorcios, ésta se perfila como una iniciativa que generó nuevas competencias en los investigadores, al desarrollar una alternativa de trabajo en colaboración con la industria respondiendo a las necesidades; individualmente derivó en un mayor acercamiento con la realidad del sector industrial-empresarial y, con ello, abrió posibilidades de movilidad laboral.

Esta experiencia, junto con nuevos instrumentos creados, como los Fondos Sectoriales y mixtos, representa un potencial para responder a las exigencias de la competitividad e innovación, su desarrollo pleno requiere una evaluación del proceso, de los resultados obtenidos para el conocimiento, así como de la transformación de las fronteras disciplinarias por la creación de nuevas redes de intercambio con la industria y, fundamentalmente, por los efectos en la producción y en la transformación de las historias profesionales colectivas e individuales de los investigadores enfrentados a una nueva modalidad organizativa: el trabajo en colaboración. La sistematización de información sobre estos aspectos, además de la profundización de una normativa para la regulación del conocimiento obtenido que beneficie a los actores involucrados, son elementos insoslayables en la planificación futura de Conacyt como institución ejecutora de las políticas en CTI. De esta forma, las políticas de investigación y la innovación estarán efectivamente guiadas por una visión real de cómo conducir el desarrollo futuro y cómo favorecer la calidad de los procesos de aprendizaje de acuerdo con la especificidad regional y sectorial del país.

Glosario de instituciones

Ciateq	Centro de Tecnología Avanzada, Querétaro, México.
Cimat	Centro de Investigación en Matemáticas, Guanajuato, México.
Cimav	Centro de Investigación en Materiales Avanzados, Chihuahua, México.
Cinvestav-IPN	Centro de Investigaciones Avanzadas del Instituto Politécnico Nacional, México.
Conacyt	Consejo Nacional de Ciencia y Tecnología, México.
CPI	Centros Públicos de Investigación, México.
Esprit	European Strategic Programme for Information Technology (en español: Programa Estratégico Europeo para Tecnologías de la Información).

ERA	European Research Area (en español: Área de Investigación Europea).
IIE	Instituto de Investigaciones Eléctricas, Cuernavaca, México.
IPN	Instituto Politécnico Nacional, México.
MAP	Multi-Actors and Multi-Measures Programs (en español: Programas multi-actores y multi-niveles).
PECYT	Programa Especial de Ciencia y Tecnología, México.
PND	Programas Nacionales de Desarrollo, México.
Prime Network of Excellence	Policies for Research and Innovation in the ERA (en español: Políticas para la investigación e innovación en la ERA. Red Europea de Excelencia).
RTDI Programmes	Research, Technology Development and Innovation Programes, European Union (en español: Programas de Investigación, Desarrollo Tecnológico e Innovación, Unión Europea).
RNCGI	Red Nacional de Centros y Grupos de Investigación del Conacyt, México.
UAM	Universidad Autónoma Metropolitana, México.
UNAM	Universidad Nacional Autónoma de México.

Bibliografía

Casalet, M. (2005), "Los cambios en el diseño institucional y la construcción de redes de modernización tecnológica", en M. Casalet, M. Cimoli y G. Yoguel (comps.), *Redes, jerarquías y dinámicas productivas*, Flacso, OIT y Miño Dávila Editores, agosto.

________ (2006), "Las nuevas tendencias en la organización y financiamiento de la investigación", *Seminario 2006: Globalización, Conocimiento y Desarrollo desde la perspectiva mexicana*, México, UNAM.

________ (2007), "Las nuevas tendencias en la organización y financiamiento de la investigación", en Jorge Basave y Miguel Ángel Rivera (coords.), *Globalización, conocimiento y países periféricos. Hacia una nueva estrategia de desarrollo*, Proglocode-UNAM.

Cimoli, M. y Primi A. (2004), "El diseño y la implementación de las políticas tecnológicas en América Latina: un (lento) proceso de aprendizaje", *Cátedra UEALC, Sociedad del conocimiento*, México, Flacso.

Conacyt (2004a), *Sistema Nacional de Redes de Grupos y Centros de Investigación. Criterios y estándares de calidad institucional para el diagnóstico de grupos y centros de investigación en el área científica*, México, mimeo.

________ (2004b), "Xignux y Conacyt formalizan consorcio", comunicado de prensa 07/04, 26 de febrero, disponible en: www.conacyt.mx

________ (2004c), *Sistema Nacional de Redes de Grupos y Centros de Investigación. Criterios y estándares de calidad institucional para el diagnóstico de grupos y centros de investigación en el área tecnológica*, México, mimeo.

________ (2004d), *Sistema Nacional de Redes de Grupos y Centros de Investigación. Criterios y estándares de calidad institucional para el diagnostico de Grupos y Centros de Investigación en el área social*, México, mimeo.

________ (2005a), *Consorcio Xignux-Conacyt*, México, mimeo.

________ (2005b), *Consorcio Xignux-Conacyt*, México, mimeo.

________ (2006), *Redes y consorcios*, disponible en: www.conacyt.mx

Debackere, K. y R. Veugelers (2004), *The Role of Academic Technology Transfer Organizations in Improving Industry-Science Links*, Katholieke Universiteit Leuven, Faculty of Economics and Applied Economics, disponible en: http://www.econ.kuleuven.ac.be/tew/academic/strateg/staff/rveug/ISL_ResPol_Fin.pdf

Erbes, A., V. Robert, G. Yoguel y J. Borillo (2006), "Regímenes tecnológicos de conocimiento y competencia en diferentes formas organizacionales: la dinámica entre difusión y apropiación", *Seminario Internacional Globalización Conocimiento y Desarrollo*, México, UNAM.

Foro Consultivo Científico y Tecnológico (2006), *Diagnóstico de la política científica, tecnológica y de fomento a la innovación en México*, México.

Georghiou, L. (1995), "Research Evaluation in European National Science and Technologies Systems", *Research Evaluation,* vol. 5, núm. 1, Reino Unido.

Kuhlman, S., L. Georghiou, W. Polt, A. Rip, R. Smits *et al.* (1999), "Improving Distributed Intelligence in Complex Innovations Systems", TSER Contract No. SOE1-CT96-1013, Karsruhe.

Kuhlman, S. (2004), *Governance of Research-The Role of Evaluative Information*, Karlsruhe/Utrecht, Contribution to the CRIS, Conference, Antwerp.

Ley de Ciencia y Tecnología de México (2002), *Diario Oficial de la Federación*, 5 de junio, México.

Luukkonen, T., R. Barré, M. Nedeva (2006), "Analytical Framework for the Monitoring and Assessment of NoEs in Achieving their Objectives Prime", París, 02/06.

Martin, B. (1995), "Foresight in Science and Technology", *Technology Analysis & Strategic Management*, vol. 7, núm. 2.

OCDE (2001) "Perspectives de la science, de la technologie e de l´industrie: les moteurs de la croissance: technologies de l´information", *Innovation et Entreprenariat*, Numéro spécial de perspectives, STI, París.

________ (2002), *Benchmarking Industry-Science Relationship*, París.

________ (2003), "Rapports par pays consagrés a l´Allemagne, aux Etats-Unis, á la Hongrie, au Japon, à la Norvége et au Royaume-Uni", disponible en: www.oecd.org/sti/policy

Once TV (2004), "Promueve Conacyt consorcios entre universidades y empresas", 27 de febrero, disponible en: www.oncetv-ipn.net

Rip, A. y B. van der Meulen (1997), "The Post-modern Research System", en Barrè, M. Gibbons, J. Maddox, B. Martin y P. Papon (eds.), *Science in tomorrow`s Europe*, París.

________, T. J. Misa y J. Schot (1995), *Managing Technology in Society, The Approach of Constructive Technology Assesment*, Londres/Nueva York, Pinter.

Roediger-Schluga, T. y M. J. Barber (2006), "The Structure of R&D Collaboration Networks in the European Framework Programmes", *Working Paper Series,* Holanda, United Nations University-Maastricht.

Stezano, F. (2006), *Políticas de construcción de redes ciencia-industria. El caso de los Consorcios Conacyt*, tesis para optar por el grado de maestría en Ciencias Sociales, México, Flacso, mimeo.

Strata (2004), *Good Practices for the Management of Multiactors and Multimeasures Programmes (Maps) in RTDI Policy. The Handbook,* Austria, TIG.

Van der Meulen, B. (1998), "Science Policies as Principal-Agent Games Institutionalization and Path Dependency in the Relation Between Government and Science", *Research Policy,* núm. 27, pp. 397-441.

Instituciones de metrología en el sector automotriz: el caso Cenam y Volkswagen

Alejandro Moreno[1]
Arturo Lara[2]

Introducción

A inicios de la década de 1990, en respuesta a las nuevas exigencias nacionales e internacionales, México reestructuró su marco institucional en materia de política científica y tecnológica. Una de las instituciones claves que emerge en dicho periodo es el Centro Nacional de Metrología (Cenam), con el propósito de dar respuesta a las necesidades metrológicas de las empresas y del Sistema Nacional de Innovación.

El objetivo del presente trabajo es doble: por una parte, reconstruir y analizar la evolución del Cenam, y por otra, describir y analizar la cooperación del Cenam y las empresas del sector automotriz, en particular Volkswagen México (VWM). La pregunta central que guió la investigación es la siguiente: ¿cómo explicar la cooperación tecnológica entre una institución de metrología y la industria automotriz? La hipótesis es la siguiente: la evolución de la cooperación responde a un proceso coevolutivo que se despliega dentro del ciclo exploración/explotación. La pertinencia de concentrar la atención en las actividades de exploración y explotación radica en que permite estudiar la heurística del descubrimiento, así como las distintas formas de transformación y continuidad de las prácticas organizacionales.

El trabajo está dividido de la siguiente manera: en la primera sección se describe el origen, objetivo y principales funciones del Cenam. En la segunda, desde el punto

[1] Egresado de la maestría en Economía y Gestión de la Innovación, UAM-Xochimilco.
[2] Profesor-investigador del posgrado en Economía y Gestión de la Innovación, UAM-Xochimilco.

de vista de la heurística del descubrimiento, se examinan las principales características del programa y de la red Mesura. En la tercera sección se describe la interacción entre el Cenam y Volkswagen; y se examinan los factores que impiden la interacción entre el Cenam y las empresas del sector automotriz.

Origen, objetivo y funciones del Cenam

El Centro Nacional de Metrología es una institución pública cuyo objetivo principal es conformar el Sistema Metrológico Nacional, asegurando, de esta manera, la calidad y coherencia de las mediciones. El centro inició formalmente sus actividades en 1994.[3] Su estrategia es atender de manera selectiva al sector automotriz, de alimentos y del petróleo, toda vez que dichos sectores contribuyen de manera sustancial a la generación de empleos y a la economía mexicana.

El Cenam cuenta con una inversión en equipamiento de alrededor de 25 millones de dólares en sus más de 120 laboratorios;[4] 321empleados,[5] de los cuales 79% y 21% de ellos tiene grado de licenciatura y de posgrado, respectivamente (25 doctores y 41 maestros en Ciencias).[6] Cuenta con 62 Patrones Nacionales de referencia en las principales áreas de aplicación en el país, así como tres en el Instituto Nacional de Investigaciones Nucleares (ININ).[7]

Los servicios en metrología que el Cenam ofrece a la industria van desde tareas simples hasta complejos desarrollos tecnológicos (véase tabla 1). Los servicios de calibración difieren en su grado de exactitud, complejidad, método, tiempo de realización, etc. El centro también ofrece pruebas y/o ensayos de aptitud técnica.[8]

[3] El Cenam se encuentra estructurado en seis direcciones principales con sus diferentes divisiones, encabezadas por la Dirección General, de las cuales cuatro corresponden a áreas tecnológicas: dirección de metrología eléctrica, física, de materiales y mecánica; y dos son de carácter administrativo: Dirección de Servicios Tecnológicos y Dirección de Administración y Finanzas.

[4] En contraste con sus inicios, cuando albergaba aproximadamente 20 laboratorios.

[5] Fuente: http://www.cenam.mx/transparencia/Archivos/RemMensualHonorarios.htm (consultada el 30 de junio de 2006).

[6] Todo el personal del Cenam es de confianza.

[7] Fuente: http://www.cenam.mx/patrones.asp (consultada el 30 de julio de 2006).

[8] Las Pruebas de Aptitud Técnica (PAT) proporcionan a los laboratorios los medios para evaluar y demostrar la confiabilidad de los datos que ellos producen. Esto puede incluir una evaluación realizada por los mismos laboratorios, por sus clientes o por otras partes, tales como cuerpos de acreditación o de normalización. Si un laboratorio obtiene resultados aceptables en Pruebas de Aptitud Técnica es garantía para los usuarios. El mayor número de PAT que ofrece el centro es en el área de metrología de materiales.

Tabla 1. Servicios que ofrece el Cenam

Tipo de servicio	*Concepto*
Calibración de instrumentos y patrones	La LFMN* faculta al Cenam para ofrecer servicios de calibración y emitir certificados como núcleo del Sistema Nacional de Calibración.
Desarrollo y certificación de materiales de referencia	El Cenam desarrolla materiales de referencia para la calibración de instrumentos de análisis en apoyo a la salud, el cuidado del medio ambiente y la productividad.
Asesorías	Apoya a la industria interesada en incorporar eficientemente la metrología en sus sistemas de calidad. Incluye recomendaciones sobre instalaciones y equipo, capacitación requerida para el personal y procedimientos de medición.
Capacitación en Metrología	El Cenam mantiene un programa anual de cursos sobre técnicas básicas y avanzadas en cada una de las áreas del centro. Ofrece cursos en las instalaciones del cliente y estancias en laboratorios propios.
Proyectos de Desarrollo de Sistemas de Medición	El Cenam desarrolla sistemas de medición gracias a sus capacidades físicas y humanas en distintas áreas de la metrología, y por contar con laboratorios y talleres con la tecnología más moderna.
Hora exacta	El Cenam difunde el tiempo exacto asociado a los husos horarios vigentes en el país por vía telefónica, mediante el sistema del reloj parlante y módem y hace las adecuaciones estaciónales.
Recursos bibliográficos	Pone a la venta publicaciones técnicas realizadas por los metrólogos y otras en forma gratuita, como archivos electrónicos.
Programa Mesura	Es un servicio integral de asesoría para fortalecer los sistemas de medición de la industria y de otros organismos que requieren garantizar la validez de sus mediciones.

Fuente: elaboración propia con base en datos del Primer Programa de Mejora Regulatoria 2001-2003 del Centro Nacional de Metrología, Dirección de Servicios Tecnológicos.
* Ley Federal de Metrología y Normalización.

Tabla 2. Número de servicios de calibración que ofrecen las divisiones de las cuatro áreas tecnológicas del Cenam

Área	*División*	*Servicios*
Metrología eléctrica	División de Mediciones Electromagnéticas	80
	División de Termometría	28
	División de Tiempo y Frecuencia	9
Metrología física	División de Acústica y Vibraciones	38
	División de Óptica y Radiometría	38
Metrología de materiales	División de Materiales Metálicos	4
	División de Materiales Cerámicos	35
	División de Materiales Orgánicos	14
Metrología mecánica	División de Metrología Dimensional	46
	División de Metrología de Fuerza y Presión	26
	División de Metrología de Masa y Densidad	33
	División de Metrología de Flujo y Volumen	41
Total		392

Fuente: elaboración propia con base en datos de: http://www.cenam.mx/calibracion/default.asp (consultada el 30 de junio de 2006). Esta información es el acumulado de servicios hasta el 30 de junio de 2006.

Dentro de los proyectos de investigación y desarrollo tecnológico existen algunos que destacan por su magnitud y extensión, como los realizados principalmente con empresas del sector automotriz, el sector eléctrico-electrónico y algunas paraestatales —como Pemex y la Comisión Nacional del Agua— que se caracterizan por requerir de mayores recursos y de mayor complejidad tecnológica. El número de servicios de calibración[9] por áreas tecnológicas se resume en la tabla 2. Las divisiones que tienen un mayor número de servicios son: mediciones electromagnéticas, metrología dimensional, y metrología de flujo y volumen, con 80, 46 y 41 servicios, respectivamente.

Los servicios especializados efectuados por el Cenam durante el periodo 2000-2005 (véase tabla 3), dan cuenta de que la actividad preponderante del Cenam es

[9] La calibración es un conjunto de operaciones que establecen, bajo condiciones específicas, la relación entre los valores de cantidades indicadas por un instrumento, sistema de medición o valores representados por un material de referencia y los valores correspondientes a los estándares (Howarth, 2003).

la de servicios de calibración, que se caracteriza por aprovechar y explotar la infraestructura existente. En el año 2004 se efectuaron 2 836 servicios de calibración, seguido por certificaciones de materiales de referencia con 329.

Tabla 3. Servicios especializados realizados por el Cenam, datos anuales

Concepto	*Observado*					*Meta*
	2000	*2001*	*2002*	*2003*	*2004*	*2005*
Calibraciones	3 166	3 022	3 038	3 474	2 836	2 799
Cursos	116	93	69	53	80	58
Módulos de asesoría integral	136	177	105	141	230	160
Certificación de materiales de referencia	199	246	272	303	329	325
Análisis de alta confiabilidad	96	91	92	214	193	114
Desarrollo de materiales	34	33	25	10	26	22

Fuente: Reportes de 2001 a 2005 del Cenam a la Secretaría de Economía.

De 2003 a 2004, se contrajo de 3 474 a 2 836 el número de servicios de calibración efectuados por el Cenam. Esta disminución de la demanda de servicios puede estar asociada a la incorporación de nuevos laboratorios secundarios al Sistema Metrológico Nacional, los cuales estarían absorbiendo parte de la demanda que antes satisfacía el Centro.

El análisis de los ingresos y egresos del Cenam revela aspectos importantes relacionados con su desempeño y con su dependencia de recursos. En la tabla 4 se observa que, en promedio, la venta de servicios representa 20% de los ingresos totales y las transferencias del gobierno 79%. Es notorio que la contribución del gobierno en el ingreso total del Cenam se incrementa, mientras que los ingresos asociados a la venta de servicios disminuyen; estos últimos caen de 37 millones de pesos en 2003 a 34.7 millones de pesos en 2005, al mismo tiempo que se incrementan los gastos de servicios personales de manera creciente de 82 millones en 2001 a 125 millones en 2005. Estos resultados parecen indicar que el sistema de incentivos y la dependencia de recursos del Cenam respecto al gobierno están creando una trayectoria institucional cada vez más dependiente de éste y menos de la generación de recursos que la conduzca de manera progresiva a un mayor grado de autosuficiencia y mayor oferta de servicios al mercado.

Tabla 4. Ingresos y egresos del Cenam 2001-2005 (pesos)

Ingresos	*2001*	*2002*	*2003*	*2004*	*2005*
Transferencias del gobierno federal	105 591 452	120 863 776	138 548 939	156 443 217	159 410 977
Venta de servicios	29 089 490	32 993 478	37 695 288	36 801 078	34 725 593
Otros ingresos	3 436 995	2 574 829	1 834 585	1 520 679	1 562 548
Ingresos totales	138 117 937	156 432 083	178 078 812	194 764 974	195 699 118
Egresos					
Servicios personales	82 629 324	95 812 737	113 903 318	119 795 101	125 275 880
Materiales y suministros	11 171 782	10 050 029	10 237 139	11 603 626	8 871 509
Servicios generales	30 684 248	39 341 113	42 067 073	47 479 108	43 604 256
Operaciones ajenas					6 005 808
Egresos totales	124 485 354	145 203 879	166 207 530	178 877 835	183 757 453
Remanente	13 632 583	11 228 204	11 871 282	15 887 139	11 941 665

Fuente: elaboración propia con base en datos del Cenam: http://www.cenam.mx/transparencia/Archivos/Estadosfinancieros2002-05.htm (consultada el 30 de junio de 2006).

Si se compara al Cenam con centros de metrología ubicados en los países industrializados, es clara la brecha tecnológica y de recursos. "Por ejemplo el NIST[10] —señala el Dr. Echeverría[11]— cuenta con 3 mil empleados; el PTB[12] con 3 mil, y el NPL[13] con 800 empleados" (Moreno, 2007, capítulo 5). Recursos que les permiten a estos centros realizar investigación metrológica de punta, relacionada con nuevas tecnologías, nuevos métodos y registro de patentes.

[10] El National Institute of Standards and Technology (NIST) es el Instituto Nacional de Metrología de Estados Unidos.

[11] Entrevista al director de Metrología Física, doctor Salvador Echeverría, Cenam, Querétaro, México, 12 de junio de 2006.

[12] Physikalisch-Technische Bundesanstalt (PTB) es el Instituto Nacional de Metrología de Alemania.

[13] National Physical Laboratory (NPL) es el Instituto Nacional de Medición del Reino Unido.

¿Esta diferencia en recursos explica en parte las distintas trayectorias de aprendizaje seguidas por las instituciones y agentes de los países industrializados, de la de los países recientemente industrializados, como México? Se puede indagar una respuesta a esta pregunta considerando el equilibrio explotación-exploración (véase tabla 5).

Tabla 5. Elementos de debate en exploración/explotación

Exploración	*Explotación*
Se asocia con el aprendizaje mutuo entre miembros de una organización.	Se relaciona con el aprendizaje y la obtención de alguna ventaja competitiva en la disputa por la hegemonía.
Es requerida por las organizaciones para sobrevivir en el largo plazo.	Es requerida por las empresas para mantenerse en el corto plazo.
Involucra desarrollo de nuevas cosas.	Involucra el uso eficiente de las capacidades existentes.
Se asocia con situaciones que implican: riesgo, variación, experimentación, juego, flexibilidad, descubrimiento e innovación.	Se asocia con términos como el refinamiento, opción, producción, eficiencia, selección, implementación, ejecución.
Plantea que los sistemas adaptativos que se insertan en la exploración en detrimento de la explotación, probablemente obtienen bajos beneficios y presentan ideas subdesarrolladas con pocas capacidades distintivas.	Los sistemas que se introducen en la explotación en detrimento de la exploración es probable que se encuentren atrapados en un equilibrio sub-óptimo.
Reta a la organización científica o taylorista con la experimentación de nuevos principios organizativos.	Se asocia con la estandarización de prácticas, productos y procesos.
Incrementa la probabilidad de lograr niveles de desempeño por arriba o debajo de la tendencia de la trayectoria histórica.	Es probable que mantenga la línea de tendencia histórica.
Surge de desviaciones como una fuente de innovación con una pérdida de control y coordinación.	Requiere conservar la identidad, conocimiento y prácticas existentes con cierta cantidad de control y coordinación en un diseño dominante, lo cual limita a los individuos en mayor o menor extensión.

Fuente: elaboración propia con base en datos de Nooteboom (2000); March (1991); Dijksterhuis, Van den Bosch y Volberda (1999); Lewin, Long y Carroll (1999); Abernathy y Utterback (1978).

- La *actividad de explotación* se vincula con términos como el refinamiento, opción, producción, eficiencia, selección, implementación y ejecución. Se relaciona con el aprendizaje y la obtención de ventajas competitivas necesarias para sobrevivir en el corto plazo. Los sistemas complejos adaptativos que privilegian las actividades de explotación e ignoran las actividades de exploración es probable que queden atrapados en un sub-óptimo local bajo.
- La *actividad de exploración* se asocia con términos como riesgo, variación, experimentación, juego, flexibilidad, descubrimiento e innovación. La exploración se relaciona con el aprendizaje mutuo entre miembros de una organización y es requerida para sobrevivir en el largo plazo. Los sistemas complejos adaptativos que se insertan en la exploración en detrimento de la explotación, probablemente obtienen bajos beneficios y débiles capacidades distintivas.

Surge la interrogante acerca de cuál es la cantidad óptima de elementos requeridos para balancear las actividades de exploración y de explotación. Toda vez que los países desarrollados cuentan con mayores recursos y capacidades, pueden combinar actividades de explotación con actividades de exploración. Por el contrario, instituciones con recursos relativamente pequeños, como el Cenam, enfatizan más las actividades de explotación. Sin embargo, como se examina más adelante, a pesar de la pequeña infraestructura y capacidades limitadas del Cenam, éste está transitando de actividades de explotación a exploración, impulsado por la cooperación con empresas del sector automotriz.

Encontrar el balance adecuado no es una tarea fácil a pesar de ser un factor vital para la supervivencia y prosperidad de la organización en el corto y largo plazos. La capacidad para balancear la exploración y explotación es tal vez uno de los mayores retos y la tarea más importante para los agentes que administran el cambio.

La construcción de una red de agentes: el Programa Mesura y su heurística del descubrimiento

La infraestructura metrológica en México se encuentra geográficamente muy concentrada en Puebla, Estado de México, Querétaro y, en menor medida, en Guanajuato. Tal patrón de distribución geográfica coincide con el patrón de localización de la industria manufacturera, particularmente de las armadoras automotrices. Sin embargo, existen zonas en donde la oferta de servicios metrológicos es insuficiente, como en el caso de Monterrey y Sonora. Por ello, uno de los objetivos del Cenam es el de ampliar su presencia a escala nacional y disminuir el déficit de servicios metrológicos a través del establecimiento y desarrollo de laboratorios secundarios en distintas regiones del país. El Cenam alienta la conformación de laboratorios de metrología en empresas, universidades y centros de investigación regionales;[14] de manera tal que el Centro tenga mayores posibilidades y recursos para comprometerse en actividades de exploración. Uno de los programas desarrollados en este sentido es el de Mesura.

El Programa Mesura es un servicio de asesoría integral que permite su aplicación sistemática y flexible de acuerdo con las necesidades del usuario. Es ejecutado por un equipo de consultores generalistas que, apoyados por una metodología, coordinan a los grupos de consultores especialistas en diferentes áreas de la metrología. El programa integra de manera sistemática tres elementos: *1) personal*: cursos de capacitación, *2) instrumentación*: trazabilidad[15] y caracterización, *3) procedimientos*: asistencia técnica y validación cuando se considera necesario (Echeverría, 1995, 1997). El Programa Mesura se despliega en cuatro etapas (véase tabla 6).

Tabla 6. Etapas para la aplicación de la metodología Mesura

Etapa	*Contenido*
I	a) Identificación de las necesidades metrológicas. b) Inventario de los recursos metrológicos disponibles.
II	a) Análisis y cartas de trazabilidad. b) Diagnóstico de las necesidades de medición para cada variable.
III	a) Diseño del sistema metrológico óptimo, a la medida de las necesidades. b) Programa de actividades para consolidarlo.
IV	a) Realización de las actividades recomendadas. b) Mantenimiento y mejora continua del sistema metrológico.

Fuente: elaboración propia con base en datos de Echeverría, 1997.

[14] Como en el caso del corredor industrial de Altamira-Tampico, vinculado a la industria petrolera —Pemex y sus proveedores.

[15] La trazabilidad se define como la propiedad de una medición, física o química, o del valor de uno o varios patrones, por medio de la cual éstos pueden ser relacionados a referencias establecidas, en este caso los Patrones Nacionales, a través de una cadena ininterrumpida de comparaciones. La trazabilidad únicamente existe cuando se presentan evidencias rigurosamente científicas, continuas y apropiadas a cada aplicación, que muestran que la medición está produciendo resultados documentados con valores de incertidumbre estimados y declarados, disponible en: http://www.cenam.mx/calibracion/otrainformacion.asp (consultada el 8 de noviembre de 2006).

Las etapas se llevan a cabo de acuerdo con una secuencia de: identificación de necesidades metrológicas, análisis y diagnóstico, diseño y programa, y realización y seguimiento. Adicionalmente, esta figura establece los agentes responsables de cada etapa (véase figura 1).

Figura 1. Esquemas de las cuatro etapas de la metodología Mesura

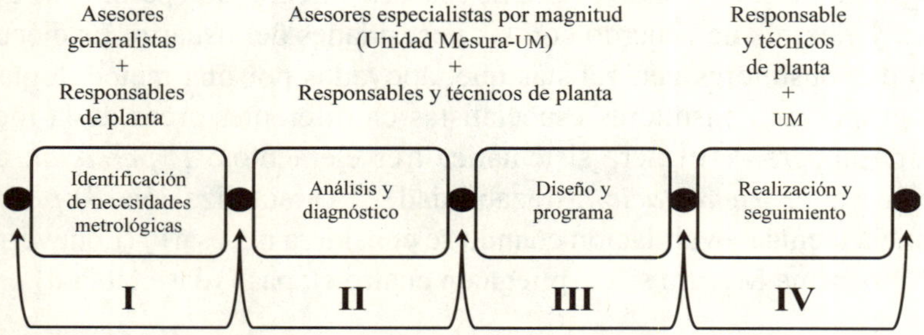

Fuente: http://www.simet.gob.mx/etapas.html (consultada el 30 de junio de 2006).

Cada fase se sirve de una base de prácticas e infraestructura metrológica probadas, que le permite realizar diseños metrológicos de acuerdo con las necesidades del cliente. La intensidad de la relación en términos de actividades de exploración y explotación está ligada al grado de la complejidad y requerimientos metrológicos del usuario (véase tabla 7).

El proceso de construcción de capacidades metrológicas implicado en la metodología Mesura puede ser reconstruido desde la perspectiva de la heurística del descubrimiento, la cual explica las diferencias y la relación entre las actividades de explotación y las de exploración (Nooteboom, 2000). La heurística del descubrimiento considera el principio central de que las ideas, intuiciones, rutinas y tecnología, evolucionan siguiendo un proceso de: consolidación □ generalización □ diferenciación □ reciprocación. El proceso se caracteriza por una alternancia de variedad de contenido y variedad de contexto. Por su importancia analítica, se describen a continuación las distintas fases de la heurística del descubrimiento (véase figura 2).

Tabla 7. Actividades realizadas en cada etapa del programa Mesura

Etapa	*Nombre*	*Actividades*
I	Levantamiento e inventario	1. Investigación y registro de los requerimientos de medición de la planta. 2. Inventario de los recursos metrológicos de la planta (instrumentos, procedimientos y personal). 3. Verificación de las características técnicas (magnitud, intervalo e incertidumbre).
II	Análisis y diagnóstico	1. Organización y jerarquización metrológica de los elementos de medición, conforme a niveles de incertidumbre. 2. Generación de carta de trazabilidad por magnitud. 3. Análisis de continuidad en cadena de trazabilidad. 4. Análisis de adecuación entre recursos y necesidades. 5. Identificación de las áreas de debilidad o posible mejora en los sistemas metrológicos de la planta.
III	Diseño y programa	1. Determinación de la estructura óptima para los sistemas de medición de la empresa, con base en requerimientos técnicos y costo. 2. Negociación técnica del diseño con personal de la empresa. 3. Determinación de actividades necesarias y especificaciones técnicas claras de los requerimientos. 4. Establecimiento de una secuencia calendarizada de actividades.
IV	Realización y seguimiento de actividades	1. Realización de las actividades especificadas en el programa: a. equipamiento y calibraciones. b. desarrollo y actualización de procedimientos. c. capacitación y entrenamiento de personal. 2. Confirmación metrológica por parte del responsable del sistema metrológico en planta. 3. Registros y conciliación con los planes de calidad.

Fuente: elaboración propia con bese en datos del Centro de Coordinación Mesura y Centro Nacional de Metrología, 2000: 8.

Figura 2. Identificación de necesidades metrológicas

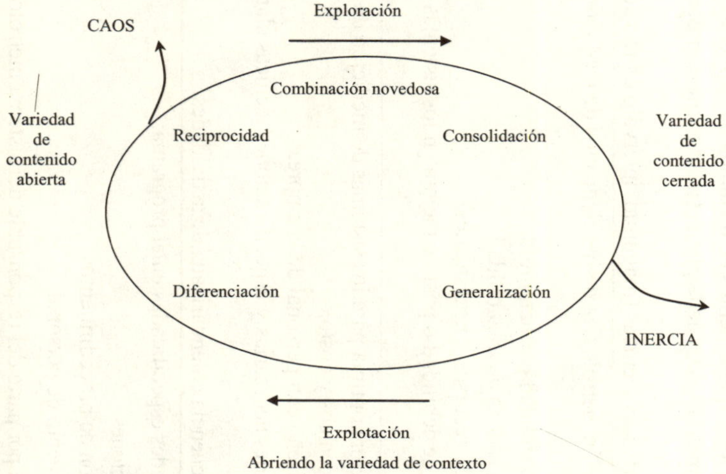

Fuente: B. Nooteboom, 2000: 184.

Consolidación. Para ser eficiente es necesario estandarizar las operaciones, aplicaciones y procesos productivos. Cualquier campo tecnológico, organización, conocimiento y lenguaje se consolida en prácticas estándares, las cuales proporcionan las bases para una eficiente explotación. La velocidad con que se estandarizan los procesos y productos depende, en primer lugar, de las presiones competitivas.[16] El proceso de consolidación puede conducir al agente a dos trayectorias de aprendizaje: progresivo e inercial.

a) *Progresivo*: en la consolidación, la lógica de la práctica es la de permitir la producción eficiente, paradigma que opera como una plataforma para la generalización. La consolidación provee las bases para la generalización; conduce las prácticas a contextos novedosos. Esta situación amplía la variedad de contexto, el cual proporciona nuevas percepciones hacia las necesidades y oportunidades para la diferenciación. La diferenciación, a su vez, conduce a la fase de reciprocidad, en donde la variedad de contexto ofrece la oportunidad

[16] Por ejemplo, conforme las patentes caducan, la novedad se difunde y las capacidades involucradas llegan a ser menos tácitas y más imitables, la competencia se incrementa y presiona hacia una producción más eficiente, mediante la utilización de economías de escala y alcance.

de adoptar elementos de prácticas externas encontradas en nuevos ambientes. Finalmente, ello conduce al siguiente ciclo de convergencia para un diseño dominante.

b) *Inercial*: el desarrollo del proceso puede terminar en inercia, a causa de la falta de incentivos u oportunidades para la generalización o diferenciación, inercia que puede conducir a la desaparición del agente, estrategia o diseño. En la etapa de combinación novedosa, ésta puede no fijarse o consolidarse y podría quedarse en un irresuelto caos de pruebas, errores e inadaptaciones en curso que pueden conducir a la desaceleración del desarrollo.

Generalización. Una forma de explorar los límites de una práctica es generalizar las aplicaciones en nuevos contextos. Para ello, el sistema debe contar con la suficiente flexibilidad para permitir adaptaciones sucesivas. Al final de esta fase surge el diseño dominante, el cual permite ligeras modificaciones, conservando en todo momento su identidad. Uno de los objetivos en esta etapa es vincular a las prácticas de explotación con las prácticas de exploración, en tanto que el agente: *1)* identifica los límites de las prácticas presentes; *2)* identifica los elementos de las prácticas actuales que puedan ser utilizados en combinaciones novedosas; *3)* identifica los elementos de prácticas vecinas con las cuales puedan ser combinados; y *4)* identifica los principios mediante los cuales estos elementos pueden ser combinados con una razonable probabilidad de éxito.

Para este propósito es necesaria una variedad de contexto, es decir, se necesita trasladarse prácticas de un ambiente de aplicación a otro, de forma tal que el siguiente contexto novedoso sea lo suficientemente cercano para permitir una viable explotación y lo suficientemente diferente para proporcionar pruebas a nuevas conjeturas y nuevas ideas.[17]

Diferenciación. Como parte de la movilidad a través de una variedad de contextos, las prácticas suelen ser diferenciadas para ajustarse a los nuevos ambientes. El concepto busca identificar el proceso de ajuste de los insumos, herramientas, productos, capacidades, etc. Una forma de diferenciación consiste en modificar elementos de una práctica existente en función de un nuevo contexto. El éxito de ello dependerá

[17] En el marco de los negocios, un bien generalizado puede ser la introducción de un producto ya existente a nuevos segmentos del mercado o mercados extranjeros; para el caso de una práctica, puede ser su introducción a nuevas condiciones tecnologías de producción, nuevas formas organizacionales y de gobernancia, nuevos sistemas de distribución, etc. Así, las diferencias de contexto podrían sugerir modificaciones, las cuales conducirán a la diferenciación.

de la creatividad de las personas involucradas para resolver un problema y del grado de comunicación y cooperación entre los agentes.

Reciprocidad. Una forma más amplia de adaptación es el de la adopción de elementos de prácticas externas encontradas en nuevos contextos; a este proceso, Nooteboom (2000) lo denomina como "reciprocidad". Su éxito depende de que las prácticas externas tengan elementos en común (insumos, productos, formas de hacer las cosas) con las prácticas preexistentes. La transferencia también se puede producir de otra forma: cuando elementos de prácticas existentes son transferidas a una práctica foránea. La diferenciación y la reciprocidad pueden ser vistas como innovaciones incrementales, que potencialmente pueden conducir a innovaciones radicales.

El Cenam cuenta con un conjunto variado de estrategias destinadas a acumular y difundir las mejores prácticas. Así, por ejemplo, cuando un empleado resuelve un problema exitosamente, se busca retener esa experiencia de dos maneras: *1)* la práctica exitosa se codifica con el propósito de estandarizarla y reproducirla para su adecuada explotación en contextos similares dentro de organización, y *2)* la práctica exitosa se busca asimilar en contextos diferentes. Esta estrategia conduce a generalizar y, posteriormente, a refinar y diferenciar la práctica.

Red Mesura Interinstitucional

La Red Mesura puede ilustrar aspectos centrales de la heurística del descubrimiento. Su versión interinstitucional es una organización que cuenta con un Centro de Coordinación (CCM) localizado dentro del Cenam, formada por un pequeño número de asesores en metrología que coordinan y se apoyan en laboratorios de metrología independientes establecidos como Unidades Mesura (UM). [18] Los agentes utilizan tres herramientas para administrar la red (véase figura 3): *1)* Procerch: es el Programa de Capacitación y Evaluación de Recursos Humanos; *2)* Sicame: es el Sistema de Calidad Mesura; y *3)* Simet: es el Sistema de Información Metrológica.

Para compartir la metodología Mesura, el Cenam estableció una red de laboratorios de metrología bajo un esquema de contratos de franquicia[19] con el propósito de fortalecer al Sistema Metrológico Nacional. La Red Mesura Interinstitucional

[18] Las Unidades Mesura son personas morales que se han afiliado a la red para brindar el servicio de asesoría Mesura de acuerdo con sus capacidades.

[19] Cada contrato cuenta con una vigencia de dos años. La relación entre el Cenam y los otros miembros de la Red se regula bajo un esquema de franquicias. En el contrato se estipula que el Cenam tiene el derecho de cobrar 15% de regalías en relación con el precio del proyecto que se realice. Las UM que

Figura 3. Red Mesura Interinstitucional

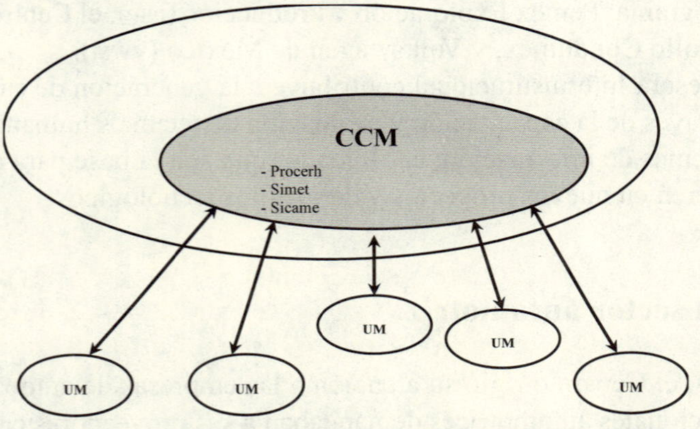

Fuente: http://www.simet.gob.mx/informacion.htp (consultada el 30 de junio de 2006).

actualmente está formada por científicos del Cenam y cinco instituciones con alta capacidad metrológica (véase tabla 8), que transfieren tecnología de medición en forma integral a los diferentes usuarios por medio del programa Mesura.

Tabla 8. Centros y asesores por centro afiliados a la Red Mesura Interinstitucional (UM)

UM	*AGM**	*AEM***
Centro de Innovación Aplicada en Tecnologías Competitivas (Ciatec)	2	3
Centro de Ingeniería y Desarrollo Industrial (Cidesi)	2	3
Centro de Tecnología Avanzada de Querétaro (Ciateq)	1	3
Centro de Investigación Científica de Yucatán (CICY)	2	2
Centro Regional de Optimización y Desarrollo de Equipo de Celaya (CRODE)	1	—

Fuente: http://www.cenam.mx/transparencia/default.asp# (consultado el 30 de junio de 2006).
* Asesores Generalistas Mesura.
** Asesores Especialistas Mesura.

gestionan y venden algún proyecto se adjudican otro 15% del valor del proyecto y el restante 70% se divide entre las áreas técnicas que intervienen en la solución del problema.

El Programa Mesura se aplica en diversas organizaciones de distintos sectores, destacando tres de ellas por el éxito logrado y los beneficios obtenidos por la aplicación del programa: Pemex Exploración y Producción (PEP); el Centro de Investigación y Desarrollo Condumex, y Volkswagen de México (VWM).

La Red Mesura Interinstitucional contribuye a la generación de capacidades metrológicas a través de la capacitación y evaluación de recursos humanos, sistemas de calidad y sistemas de información; capacidades que son la base para que las empresas se involucren en nuevos proyectos y desarrollos tecnológicos.

Cenam y el sector automotriz

En sus inicios, el Cenam dirigió su atención a las empresas de autopartes, debido a que las trasnacionales automotrices demandaban a sus proveedores cumplir con exigencias metrológicas internacionales.[20] Posteriormente, el centro fue creando nexos con las empresas del sector automotriz.

Existen dos modalidades en que la industria puede interactuar con el Cenam: *1)* a través del área de servicios a la industria, el Cenam atiende solicitudes de servicios puntuales,[21]en donde la atención es de carácter técnico y funcional. Este servicio regularmente se asocia con la explotación de los recursos e infraestructura existente; *2)* cuando la solución del problema implica un mayor grado de complejidad, el servicio es atendido por Mesura. Si el Cenam no cuenta con la especialidad requerida, éste es canalizado a algún agente de la red —Unidad Mesura— con la competencia solicitada.

Estas dos formas de interactuar dan lugar a la conformación de un proceso co-evolutivo, el cual se representa en la figura 4. Por un lado, se consolidan y explotan los procedimientos ya establecidos en el centro con la intención de incorporar a los usuarios al proceso co-evolutivo, toda vez que obtienen soluciones a sus demandas específicas. Por el otro, la evolución es mutua debido a que la complejidad del problema requiere que la información —resultado de las prácticas de exploración— pase por un proceso cognoscitivo conjunto para consolidarse.

[20] Las magnitudes que son motivo de mayor interacción entre el Cenam y el sector automotriz son las de longitud, par torsional, vibraciones y metalurgia.

[21] Como puede ser la calibración de algún instrumento o patrón de referencia, asesoría en un caso específico o ensayo de alguna pieza.

Figura 4. Vínculos Cenam-industria

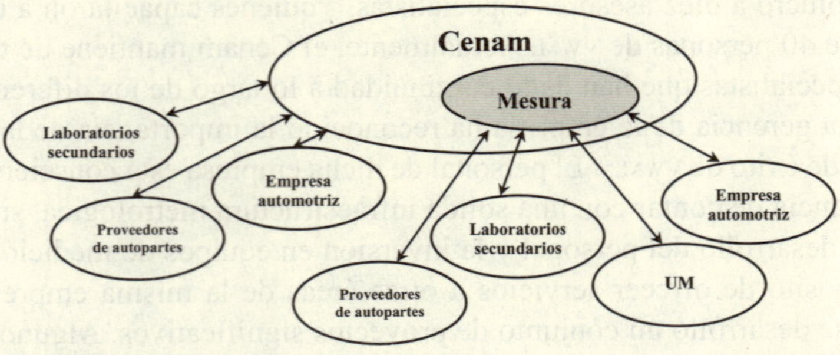

Fuente: elaboración propia.

La figura 4 ilustra el patrón de interacciones entre el Cenam y distintos agentes, como son: Unidades Mesura, empresas automotrices, proveedores de autopartes y laboratorios secundarios. Las empresas del sector, canalizadas por Mesura, resuelven sus problemas de medición y obtienen certidumbre en lo que miden; reciben una solución integral que generalmente se asocia con una reducción de costos de operación.

Evolución de la cooperación Cenam-Volkswagen México

De su cartera de clientes del sector automotriz, VWM es el principal cliente del Cenam, y es uno de los clientes que le ha demandado cada vez mayores capacidades metrológicas. La actividad principal de VWM es la fabricación, exportación, importación y venta de automóviles, motores, componentes y refacciones, tanto en el ámbito local como a nivel internacional.[22]

¿Cómo se inició la relación entre Cenam y VWM? En 2001, el Instituto Tecnológico y de Estudios Superiores de Monterrey (ITESM) impartió en la ciudad de Puebla un diplomado a VWM en donde se presentó un módulo de metrología, el cual fue impartido por el Cenam. Este acercamiento marcó el inicio de una relación de cooperación tecnológica creciente entre ambos. A finales de 2001 se inició la aplicación del Programa Mesura en cuatro áreas de VWM.[23] En la primera etapa se involucraron

[22] Juárez, Lara y Bueno, 2005; Volkswagen de México, 2006.

[23] En las siguientes áreas: *1)* Planta de Producción Automóviles, *2)* Planta de Producción Componentes, *3)* Partes de Compra, y *4)* Laboratorio central.

seis asesores generalistas, quienes elaboraron un primer informe general. La segunda fase involucró a diez asesores especialistas,[24] quienes capacitaron a un grupo de alrededor de 40 personas de VWM. Actualmente, el Cenam mantiene de tres a cuatro asesores especialistas que han dado continuidad a lo largo de los diferentes proyectos.[25] La alta gerencia de la empresa ha reconocido la importancia de la metrología como llave de éxito de VWM.[26] El personal de dicha empresa está consciente del papel y la importancia de contar con una sólida infraestructura metrológica, situación que estimula el desarrollo del personal y la inversión en equipos de medición y pruebas con el propósito de ofrecer servicios a otras áreas de la misma empresa. Durante estos años se desarrolló un conjunto de proyectos significativos. Algunos de los desarrollos tecnológicos más importantes son los siguientes:

- El Cenam apoya a VWM en el cumplimiento de los requisitos técnicos de la norma ISO/IEC 17025.[27] Este proyecto se benefició de los recursos de la Red Mesura Interinstitucional.[28]
- El Cenam apoya y asesora a VWM en la acreditación de su laboratorio de emisiones.
- El Cenam desarrolla el método y la tecnología para llevar a cabo servicios en Máquinas de Medición por Coordenadas (MMC) de VWM.[29] El proyecto logró reunir un equipo de trabajo interinstitucional —Cenam, VWM y un experto alemán[30]— para desarrollar conocimientos en esta área.

[24] Pertenecientes a diferentes especialidades como: color, brillo, dureza, longitud, par torsional, etcétera.

[25] Proyectos dirigidos principalmente a las magnitudes de longitud, par torsional y ultrasonido en la Planta de Producción de Automóviles (PPA).

[26] Fuente: http://www.simet.gob.mx/vw.htm

[27] La norma UNE-EN ISO/IEC 17025 establece los requisitos generales relativos a la competencia técnica de los laboratorios de ensayo y calibración.

[28] De este proyecto se derivó otro, donde personal de Cenam trabajó con personal de VWM para depurar y mejorar su control estadístico de procesos.

[29] Las Máquinas de Medición por Coordenadas (MMC) son instrumentos con los cuales se pueden medir características geométricas tridimensionales de objetos en general, disponible en: http://www.cenam.mx/cmu-mmc/Que%20son%20MMC.htm (consultada el 30 de junio de 2006).

[30] Doctor Eugen Trapet, director del Departamento de Metrología Avanzada de Unimetrik; representante en el comité ISO para la especificación geométrica de productos; miembro del Comité de Metrología Dimensional de Aenor; antiguo jefe del Departamento de Máquinas de Coordenadas del Physikalish-Technische Bundesanstlat (PTB); representante en el Subcomité de Metrología Dimensional de la Entidad Nacional de Acreditación (Enac).

- El Cenam colabora con vwm para desarrollar un patrón de par torsional[31] con características de un sistema primario.[32]
- El Cenam y vwm desarrollan el equipo de prueba de ultrasonido por inmersión. Una de las pruebas no destructivas[33] de mayor confiabilidad y ahorro para vwm es la de ultrasonido[34] en soldadura por puntos de resistencia.
- El Cenam y vwm tienen en puerta un proyecto que consiste en la construcción de una barra desmontable de cinco metros de longitud que se utilizará para la calibración de sus máquinas de coordenadas.
- A partir de 2005, vwm está trabajando en la implantación de una nueva filosofía metrológica[35] conocida como "humanización de la metrología", la cual pretende involucrar a fondo al personal. En la actualidad este programa se está

[31] El par torsional es una magnitud derivada de la fuerza y se define como la fuerza aplicada a un cuerpo, a una distancia perpendicular a un eje tal que se genere en él una rotación alrededor del mismo. Como ejemplos de aplicación de esta magnitud se tiene: medición de la potencia al freno en motores de combustión y eléctricos; proporcionar el apriete adecuado a tornillos en el montaje y ensamble de todo tipo de vehículos, aparatos, maquinaria y equipos. El patrón nacional de par torsional es un sistema de comparación basado en un juego de transductores de alta exactitud que, en conjunto con un motor-reductor para la aplicación del par torsional, un sistema de alineamiento, una placa de contra reacción y un cojinete de aire, sirven para comparar los instrumentos a medir, disponible en: http://www.cenam.mx/publicaciones/descargas/PDFFiles/cnm-pnm-23.PDF (consultada el 8 de noviembre de 2006).

[32] Un sistema primario es un método de alta calidad metrológica para el cual existe una carta de incertidumbre en el Sistema Internacional (si) de unidades, por lo que el resultado puede ser aceptado sin un estándar de referencia para la magnitud en turno.

[33] Una prueba no destructiva es la evaluación de la unión soldada sin que las piezas se destruyan y puedan continuar su siguiente proceso.

[34] Las pruebas por ultrasonido usan ondas sonoras de alta frecuencia y altamente direccionales para medir el espesor de materiales, encontrar defectos escondidos en el interior de la pieza o analizar las propiedades de los metales, plásticos, materiales compuestos, cerámica, caucho y vidrio. Los instrumentos de tecnología por ultrasonido, usando frecuencias por encima del límite perceptible por el oído humano, emiten ráfagas de energía sobre la pieza de ensayo y luego recopilan y analizan las formas de onda reflejadas o transmitidas para generar los resultados de las pruebas, disponible en: http://www.olympusndt.com/es/ (consultada el 23 de septiembre de 2006).

[35] En la evolución de una organización, ésta puede basar su éxito en diferentes aspectos, en este sentido, cada aspecto se considera como una etapa de su desarrollo en donde la visión de la empresa gira en torno a un elemento, es decir, a una filosofía. En este caso, se agrega que una filosofía es transversal a todos los procesos como la metrología, un ejemplo de ello es el mantenimiento: hace algunos años se hacía mantenimiento correctivo, luego el mantenimiento preventivo, pero incorporan más conocimiento y pasan al mantenimiento predictivo, hasta llegar a las filosofías tpm (Mantenimiento Productivo Total), en donde involucran al personal, es decir, que la gente que hace el mantenimiento sea el centro, que cada acción vaya orientada a generar el mayor valor para la empresa.

implementando en un área,[36] pero se pretende generalizar esta nueva filosofía a toda la organización.

Estos proyectos permiten representar el proceso de co-evolución de capacidades de Cenam-Mesura y VWM. Por ejemplo, el desarrollo del equipo de pruebas de ultrasonido por inmersión se realizó de manera conjunta entre el Cenam y VWM. Dicho proyecto demandó la construcción de conocimientos altamente especializados por parte de los expertos, ya que no se contaba con este tipo de conocimiento en la industria automotriz mexicana. Por tal razón, este proyecto contribuye de forma positiva al escalamiento de las capacidades metrológicas del Cenam y de VWM. Una parte de este éxito se localiza en el uso del Programa Mesura, toda vez que éste ha impulsado procesos de generalización y diferenciación de las prácticas, como también lo expresa, de manera puntual, el desarrollo del patrón de par torsional. Uno de los objetivos del Cenam en torno a VWM es fortalecer la relación y trabajar con el mayor número posible de áreas. Como resultado de los proyectos conjuntos, se han generado capacidades y conocimientos que se encuentran codificados en cuatro artículos[37] derivados de algunos trabajos conjuntos, de los cuales, tres se realizaron en co-autoría entre personal de Cenam y VWM, y el cuarto está escrito por personal de la empresa.

En VWM existen áreas[38] a las cuales les interesa que una institución como el Cenam reconozca y evalúe el desempeño de sus actividades y la capacidad técnica de su personal, como metrólogos. En relación con estas necesidades específicas, Mesura cuenta con el Programa de Capacitación y Evaluación de Recursos Humanos (Procerh) —para asegurar la competencia técnica del personal de la Red Mesura—, el cual se tiene que adaptar al entorno particular de Volkswagen México.

Una de las expectativas del Cenam es ser parte externa del equipo de metrología (*metrology team*) de VWM, coordinando a sus distintos laboratorios correspondientes. Cabe mencionar que ciertas áreas de VWM calibran sus instrumentos con proveedores externos, sin tener conocimiento de la existencia de laboratorios competentes dentro de su propia empresa. Así, la idea de formar un equipo de metrología contribuirá a la reducción de costos y generación de capacidades como resultado de los trabajos conjuntos de los distintos laboratorios existentes en Volkswagen México.

[36] En el área de metrología: "Partes de fabricación propia (Calidad PPA)".

[37] *1)* Echeverría *et al.* (Cenam) y Bada *et al.* (VWM) (2003a); *2)* Echeverría *et al.* (Cenam) y Hernández y Bada (VWM) (2003b); *3)* Rodulfo (VWM) y Amezola (Cenam) (2006); *4)* Hernández y Aguilar (VWM) (2006).

[38] VWM cuenta con un área de calidad de partes de fabricación propia en donde, hasta la fecha, el Cenam sólo ha trabajado con el sector de máquinas de coordenadas y par torsional.

Como un aspecto importante sobre las necesidades que antes eran canalizadas a sus proveedores, podemos mencionar que ahora vwm realiza internamente esos servicios con el concurso de recursos y capacidades del Cenam, disminuyendo de esta manera costos e incrementando el grado de monitoreo y confiabilidad de sus procesos. El beneficio principal para el Cenam es que cumple con el objetivo de dar trazabilidad a las mediciones, proporcionar servicios tecnológicos de la más alta calidad y resolver problemas relacionados con la medición. Otro de los beneficios es la generación de capacidades metrológicas, al empatar la teoría de los especialistas con la metrología aplicada por los técnicos de planta, lo cual abre una gama de posibles desarrollos para el control y mejora de los procesos. Esto, finalmente, se traduce en una co-evolución de las capacidades metrológicas del Centro y de Volkswagen México.

Factores que inciden en la cooperación Cenam-industria automotriz

Desde la perspectiva de los gerentes del Cenam, existen algunas situaciones particulares por parte de algunos clientes del sector automotriz que disminuyen el nivel y frecuencia de la interacción usuario-Cenam, por ejemplo:

- *Confianza en el proveedor*. A menudo las empresas no evalúan los insumos que les suministran sus proveedores certificados. Ello conduce a las empresas a requerir soluciones puntuales y de corto plazo, y no buscar soluciones integrales que evalúen a la materia prima.
- *Organizaciones con alta burocracia*. A pesar de tener necesidades metrológicas, la empresa transnacional depende de la autorización del corporativo de nivel jerárquico alto, al que se debe persuadir, lo cual se complica cuando la firma del convenio o contrato depende de distintos departamentos.
- *Dependencia tecnológica de la casa matriz*. Las empresas trasnacionales se caracterizan por una dependencia tecnológica excesiva de su casa matriz, la que por lo general se encuentra en otro país.[39] Tal situación afecta de manera negativa la relación entre el Cenam y las empresas del sector automotriz.
- *Burocracia en la administración pública y falta de confianza*. Existen situaciones en donde el marco normativo no es el adecuado para responder a las

[39] Por ejemplo, una empresa que produce baterías para coches pretendía hacer algunos desarrollos metrológicos en México, sin embargo, la casa matriz en Estados Unidos les informó que tenían que aguardar órdenes y formas de proceder, razón por la cual el proyecto se detuvo.

necesidades en tiempo y forma, por lo que hay casos en los que la excesiva normatividad de la administración pública funge como un atenuador en las relaciones Cenam-empresa.

- *Autonomía tecnológica.* Un ejemplo contrastante positivo es el caso de VW de México, el cual cuenta con una autonomía tecnológica que le permite desarrollar capacidades metrológicas, lo cual se ha convertido en una ventaja tecnológica dentro del corporativo. Este tipo de agentes y organizaciones permiten el desarrollo del Centro Nacional de Metrología.

Conclusión

El presente trabajo buscó explicar el vínculo entre las instituciones de metrología y la innovación, a partir del estudio de caso Cenam-Volkswagen. El marco analítico desplegado en este trabajo de investigación describe la generación de capacidades de innovación metrológicas; asimismo, ayuda a detectar la relevancia que tiene el Cenam en el proceso de innovación. Es posible reconstruir este proceso utilizando la heurística del descubrimiento: consolidación □ generalización □ diferenciación □ reciprocación. Este marco analítico permite cartografiar los elementos, bifurcaciones y conflictos que enfrentan los agentes en el proceso innovativo.

La evidencia expresa que la cooperación —Cenam-usuarios— responde a un proceso co-evolutivo, teniendo como referencia la combinación de actividades de exploración y explotación. La generación de la metodología Mesura y la conformación de la Red Mesura Interinstitucional, contribuye a aclarar de forma precisa en qué consiste y cómo se efectúa el proceso de co-evolución del Cenam y las empresas del sector automotriz. La Red Mesura: *1)* ofrece programas de transferencia tecnológica a la industria a nivel nacional, y *2)* permite el establecimiento de una infraestructura metrológica útil a la industria y a la sociedad. El Cenam explota el saber ya consolidado en la Red Mesura e incorpora nueva información como resultado de sus actividades de exploración.

La reconstrucción del caso Cenam-Volkswagen ayuda a detectar el nicho de oportunidades existentes en el Sistema Nacional de Innovación (SNI) mexicano vinculado con la metrología. En esta dirección, el Cenam trabaja en la conformación del Sistema Metrológico Nacional (SMN), que es uno de los pilares del SNI mexicano. Para avanzar en esa dirección de manera más vigorosa, el Cenam requiere de un Sistema Nacional Metrológico más fuerte, que le permita concentrarse en actividades de exploración y desarrollo de nuevas tecnologías de medición e incrementar de esta manera la competitividad de la industria nacional.

Bibliografía

Abernathy, W. y J. Utterback (1978), "Patterns of Industrial Innovation", *Technology Review*, vol. 81, pp. 41-47.

Cenam (2001), "Primer Programa de Mejora Regulatoria 2001-2003 del Centro Nacional de Metrología", México, Dirección de Servicios Tecnológicos.

________, Reporte 2001-2005 del Cenam a la Secretaría de Economía, México.

Centro de Coordinación Mesura y Centro Nacional de Metrología (2000), *Proyecto Red Mesura Interinstitucional*, Salvador Echeverría Villagómez (coord.), diciembre, México.

Dijksterhuis, M., F. van den Bosch y H. Volberda (1999), "Where do New Organization Forms Come From? Management Logics As a Source of Coevolution", en *Organization Science*, vol. 10, núm. 5, pp. 569-582.

Echeverría, S. (1995), "Mesura: Assurance Program of Measurement Elements", *Proceedings of the Conference: Metrology for the Americas*, Miami.

________ (1997), *Plan de desarrollo para la Red Mesura Interinstitucional*, México, Cenam.

________ *et al.* (Cenam) y A. Bada *et al.* (VWM) (2003a), "Proyecto de Cooperación Cenam-Volkswagen de México para Innovación y Desarrollo Tecnológico en Metrología", *AKJ Automotive: Cooperative Applied Research Award Mexico, CARAM 2003*.

________, M. Flores, G. Rivera, A. Ruiz (Cenam) y M. Hernández, A. Bada (VWM) (2003b), "Experience in the Implementation of the Laboratory Metrological Structure o Fan Automotive Company to meet the ISO/IEC 17025 Standard", *NCSL Internacional Workshop and Symposium*, agosto, Tampa Bay, Florida.

Hernández, M. y H. Aguilar (VWM) (2006), "Experiencias con el uso de artefactos de esferas para la evaluación del desempeño de máquinas de medición por coordenadas en Volkswagen de México", *Simposio de Metrología*, 25 al 27 de octubre.

Howarth, P. y F. Redgrave (2003), *Metrology-In Short*, 2ª. ed., diciembre, Dinamarca, disponible en: http://viform.org/tutorial%20lectures%20education/Measurement%20Technology%20in%20short.pdf

Juárez, H., A. Lara y C. Bueno (2005), *"El auto global: desarrollo, competencia y cooperación en la industria del automóvil"*, México, Conacyt, BUAP, UAM, UIA-Santa Fe.

Lewin, A., C. Long y T. Carroll (1999), "The Coevolution of New Organizational Forms", *Organization Science*, vol. 10, núm. 5, pp. 535-550.

"Ley Federal sobre Metrología y Normalización" (1992), *Diario Oficial de la Federación*, 1 de julio, México.

March, J. (1991), "Exploration and Explotation in Organizational Learning", *Organization Science*, vol. 2, núm. 1, pp. 71-87.

Moreno, A. (2007), *Coevolución de las capacidades metrológicas del Cenam y del Sistema Metrológico Nacional en relación a la demanda de los usuarios en México durante 1994-2005*, tesis de maestría en Economía y Gestión del Cambio Tecnológico, México, UAM-X.

Nava, H. (2006), "Establecimiento de un sistema nacional de mediciones, importancia de un Instituto Nacional de Metrología", presentación en pdf, abril, Bogotá, Colombia, disponible en: http://www.sic.gov.co/Articulos_Pagina_Principal/Noticias/2006/General/SeminarioSNC_Colombia/Nava%20-%20colombia.pdf (consultada en septiembre de 2007).

Nooteboom, B. (2000), *Learning and Innovation in Organizations and Economies*, Estados Unidos, Oxford University Press.

Rodulfo, R. (VWM) y R. Amezola (Cenam) (2006), "Implantación de técnicas de ultrasonido por inmersión en la inspección de ensambles automotrices", *Simposio de Metrología*, 25 al 27 de octubre.

Volkswagen de México (2006), "Reporte anual del 01 de enero al 31 de diciembre de 2005", 15 de febrero-noviembre de 2006, disponible en: http://www.vw.com.mx/CWE/EstadosFinancieros/Archivosinfoanual2005.pdf

Páginas electrónicas consultadas

http://www.cenam.mx/calibracion/default.asp (consultada el 30 de junio de 2006).

http://www.cenam.mx/calibracion/otrainformacion.asp (consultada el 8 de noviembre de 2006).

http://www.cenam.mx/cmu-mmc/Que%20son%20MMC.htm (consultada el 30 de junio de 2006).

http://www.cenam.mx/patrones.asp (consultada el 30 de julio de 2006).

http://www.cenam.mx/publicaciones/descargas/PDFFiles/cnm-pnm-23.PDF (consultada el 8 de noviembre de 2006).

http://www.cenam.mx/transparencia/Archivos/Estadosfinancieros2002-05.htm (consultada el 30 de junio de 2006).

http://www.cenam.mx/transparencia/Archivos/RemMensualHonorarios.htm (consultada el 30 de junio de 2006).

htpp://www.cenam.mx/transparencia/default.asp# (consultada el 30 de junio de 2006).

http://www.olympusndt.com/es/ (consultada el 23 de septiembre de 2006).

http://www.simet.gob.mx/etapas.htm (consultada el 30 de junio de 2006).

http://www.simet.gob.mx/informacion.htp (consultada el 30 de junio de 2006).

http://www.simet.gob.mx/vw.htm (consultada el 30 de junio de 2006).

Los derechos de propiedad intelectual en la economía global: ¿ruptura de la vía imitativa?

Manuel Soria[1]

Introducción

En el presente artículo se discuten los principales efectos tecnológicos de aplicar en los ámbitos institucional y global el Acuerdo sobre los Aspectos de los Derechos de Propiedad Intelectual Relacionados con el Comercio (ADPIC) gestionado por la Organización Mundial de Comercio (OMC). La aprobación del ADPIC en 1994 desencadenó una profunda polémica entre los países industrializados y los países en desarrollo en relación con la transferencia y desarrollo de capacidades y tecnologías. El centro de la polémica era saber si la forma de fortalecer los derechos de propiedad intelectual —en relación con el flujo comercial mundial de bienes y servicios—, constituiría un obstáculo para la industrialización y ampliación de capacidades tecnológicas en las economías en desarrollo. En la actualidad, la polémica no se ha disipado, sino que se ha profundizado. En efecto, considerando a los procesos imitativos como una de las formas básicas para aprender a desarrollar tecnologías e innovar, ¿el ADPIC favorece o inhibe los procesos de imitación en países en desarrollo?

Con el ADPIC, la difusión tecnológica queda subordinada al ejercicio de un derecho monopólico fortalecido por parte de los países desarrollados propietarios de la tecnología, impidiendo el desarrollo de los otros países por determinadas trayectorias, en especial las que se constituyen por vías imitativas. El argumento central de este artículo es que con el ADPIC se restringen:

[1] Profesor-investigador del posgrado en Economía y Gestión de la Innovación, UAM-Xochimilco.

1. *La difusión del conocimiento tecnológico contenido en patentes*: al fortalecer el derecho del propietario, éste pasa a regular la difusión de su conocimiento y castigar a quienes "supuestamente" se apropien de manera indebida de su conocimiento, sea o no aplicado en la producción.
2. *La investigación y desarrollo tecnológico local por vía imitativa*: sin ser la única fuente, en muchas empresas es mediante procesos de imitación tecnológica en la industria como se produce conocimiento tecnológico doméstico que contribuye a desarrollar capacidades locales.

El artículo se divide en cuatro partes. La primera esboza los principios generales bajo los cuales opera el sistema de propiedad intelectual en relación con su contribución a la innovación y el desarrollo de capacidades tecnológicas en una economía dada. La segunda parte analiza los elementos principales del cambio institucional, así como de la controversia del ADPIC en términos de los efectos que tiene sobre los países en desarrollo. El primer apartado explica en qué consistió a nivel mundial el cambio institucional de la propiedad intelectual. En el segundo, para comprender por qué ese cambio constituye un *major shift*, se hace necesario estudiar cada uno de los temas controvertidos. Se analizan las principales consecuencias para países como México. La tercera parte presenta evidencia empírica —datos sobre patentes—, mediante la cual se constata que esta regulación supranacional ha inhibido la difusión tecnológica, así como el desarrollo tecnológico basado en la vía imitativa en países como México. La cuarta parte presenta una discusión en torno a los efectos del ADPIC sobre las economías emergentes y en desarrollo, así como algunos aspectos de política pública a considerar.

Los derechos de propiedad intelectual como incentivos a la innovación tecnológica

Un fundamento de la economía como fenómeno global es la estrecha relación establecida entre el comercio mundial y la economía basada en conocimiento. En este contexto, la propiedad intelectual se introduce con la doble finalidad de proteger[2] y difundir el conocimiento tecnológico contenido en patentes y utilizado con fines económicos. El sistema de propiedad intelectual conlleva derechos exclusivos de explotación, cuyo objeto es constituir un incentivo a la innovación y la creatividad,

[2] Del robo, el uso indebido o la piratería por parte de terceros.

así como su difusión económica y social. El argumento central del esquema de incentivos a la innovación y la creatividad es: *a mayor protección de los derechos de propiedad intelectual, mayor es la tasa de innovación y creación de conocimiento y obras en una economía y su sociedad*, por dos vías al menos: *1)* aplicando las tecnologías patentadas en la producción, y *2)* difundiendo, en las industrias y dentro de la economía, el conocimiento tecnológico y las innovaciones contenidas en las patentes.

Hacia finales del siglo XIX, el Convenio de París (1883) y el Convenio de Berna (1886) representaron los primeros esfuerzos internacionales por difundir la protección de la propiedad intelectual. Luego vino la fundación de la Organización Mundial de la Propiedad Intelectual (OMPI, 1967), con lo cual se lleva al cabo un esfuerzo multilateral de mayor profundidad para proteger la propiedad intelectual y difundir el conocimiento tecnológico en el marco de la ONU. En la esfera de la ONU, la OMPI se conduce por negociaciones multilaterales y no tiene el poder para obligar o castigar a un país con relación a faltas o ciertas cuestiones sobre el alcance de los derechos en sus sistemas de propiedad intelectual.

Actualmente, desde la fundación de la OMC (1994) y la puesta en marcha del ADPIC (1995), la dirección del sistema corre a cargo de la OMC, aunque la OMPI participa de manera preponderante con todo su bagaje de convenios y acuerdos multilaterales en los diversos campos de la propiedad intelectual.[3] En la esfera del ADPIC, la OMC sí tiene el poder para sancionar violaciones de propiedad intelectual a través de un mecanismo propio de solución de diferencias, afectando la dinámica del comercio exterior del país que incumpla normas adoptadas por todos los miembros.

En este sentido, la actual gestión del sistema de propiedad intelectual evoluciona conforme la lógica de las estructuras comerciales a nivel global. Con ello, la definición de la política sobre propiedad intelectual, así como las regulaciones específicas en relación con la innovación tecnológica, saltó de la injerencia de la ONU a la de la OMC (Abarza y Katz, 2002). Mediante el ADPIC se han entrelazado los derechos de comercio con los derechos de propiedad intelectual del conocimiento. Este conocimiento de aplicación comercial, al ser protegido como propiedad intelectual, constituye un activo intangible que asume diferentes formas: *1) tecnológica*: patentes, secretos, diseños, modelos de utilidad, variedades vegetales, circuitos integrados, programas de cómputo y derechos de autor digitales; *2*) *simbólica*: marcas y denominaciones de origen, y *3*) *creativa:* derechos de autor.

[3] Asimismo, a lo largo de este proceso histórico, los países desarrollados siempre han sido sus mayores promotores. En muchos casos los países en desarrollo han sido presionados o convencidos para su adhesión a los convenios internacionales.

Las patentes representan el derecho de propiedad intelectual de carácter tecnológico más importante en términos de su alcance tecnológico, la vigencia, el valor económico y su historia en las organizaciones y las industrias. Al mismo tiempo, las patentes también concentran la mayor parte de las críticas en el marco del ADPIC, originándose así un trascendente debate mundial acerca de la verdadera incidencia de los derechos de propiedad intelectual sobre las políticas nacionales o locales de innovación tecnológica. Las patentes, por ejemplo, son documentos que contienen una gran cantidad de conocimiento tecnológico especializado que, supuestamente, será ampliamente difundido. Sin embargo, no todo se difunde ni se aplica en la economía, sino sólo una porción marginal. La porción mayor de patentes actúa, simplemente, como señales entre los agentes económicos que compiten, indicando quiénes producen y comercializan determinados conocimientos. Con ello, cada empresa va señalando el nicho tecnológico de su competencia que desea proteger, y va marcando, desde una perspectiva tecnológica, su posición en el mercado frente a los otros. En suma, en la realidad prevalece la importancia otorgada a la exclusividad de explotación, fundamentada en el interés privado mediante monopolio, con lo cual no siempre se contribuye al impulso de la competencia mediante la difusión tecnológica.

Entonces, desde una perspectiva ideal, ¿podría establecerse un sistema de propiedad intelectual que equilibrase lo mejor posible dos elementos de por sí antagónicos?

> A través del los derechos de propiedad intelectual el Estado establece un equilibrio en el conflicto intrínseco de intereses (público y privado) en la promoción de innovaciones. Según Penrose (1974) y Archibugi y Pianta (1996), dos son los equilibrios particulares que el Estado debe regular: Primero. Equilibrio, por un lado, entre los estímulos a la invención e innovación por medio del fortalecimiento de los antagonismos que suscita al acentuar uno u otro (el privado o el social) de los polos que caracterizan los DPI y, por la otra, diseminación de las invenciones codificadas en los títulos de propiedad intelectual. En otras palabras, se trata de un equilibrio entre el interés privado del inventor y el interés de la sociedad por la difusión de novedades tecnológicas. Segundo. Equilibrio entre el monopolio temporal que otorga el Estado al inventor y las normas de protección de la competencia. Es decir, la legislación debe consolidar el poder monopólico y a la vez proteger la competencia. El estímulo al empresario innovador se logra otorgando un poder monopólico temporal. Sin embargo, el monopolio erosiona la libre competencia del mercado. Estos dos equilibrios reflejan la naturaleza contradictoria y la función de los antagonismos que suscita al acentuar uno u otro (el privado o el social) de los polos que caracterizan los DPI. La historia de las controversias de los derechos de propiedad intelectual (o propiedad industrial, como se le llamó hasta finales de los años setenta) se ha caracterizado por las

polémicas y antagonismos que suscita al acentuar uno u otro (el privado o el social) de los polos que caracterizan los DPI.[4]

En efecto, el *trade off* de los DPI se constituye, entonces, de un conflicto intrínseco: el interés privado del propietario *versus* el interés público mediante la contribución de materias protegidas al bienestar y el desarrollo económico y social. En particular, mostrado en términos de patentes, el *trade off* del conflicto intrínseco se plantea como: estimular la invención protegiendo el interés jurídico y económico del inventor o innovador particular *versus* satisfacer el interés público mediante la difusión social del conocimiento tecnológico patentado. Es justo este planteamiento el que se trastoca con el ADPIC a finales del siglo XX.

La pregunta en torno al ADPIC es si este marco institucional global actuará como un freno o como un estímulo para generar y desarrollar políticas públicas sobre innovación tecnológica en los países en desarrollo. En teoría, los derechos de propiedad intelectual representan un factor de bienestar público orientado a difundir socialmente el conocimiento y las innovaciones, y de tal forma contribuyen al impulso de la competencia y el crecimiento económico.

El ADPIC-OMC: una década de derechos globales de propiedad intelectual

La aprobación del ADPIC en 1995 representó una inflexión del sistema multilateral de propiedad intelectual administrado hasta ese entonces por la OMPI. En efecto, tal como señalan los expertos (Correa, 2001; Abarza y Katz, 2002; UNCTAD-ICTSD, 2005; Roffe y Santa Cruz, 2006), se incluyó a la propiedad intelectual en un tratado de índole comercial (OMC) que establece nuevas normativas de regulación global, incluido un sistema de resolución de conflictos centralizado, y no en la organización especializada de la ONU (OMPI). México constituye un claro ejemplo de cómo la naturaleza del sistema ADPIC se concreta en el nivel de lo nacional.

El cambio institucional de la propiedad intelectual a nivel mundial

A mediados de los noventa, impulsado por Estados Unidos, el gobierno del sistema mundial de propiedad intelectual pasa de la OMPI a la OMC a través del Acuerdo Ge-

[4] Aboites y Soria, 1999, capítulo primero, sección 1.2.

neral sobre Tarifas y Aranceles de Comercio (GATT, por sus siglas en inglés). ¿Cómo se dio este proceso y cuál podría ser su principal incidencia?

Al inicio de los años ochenta, en Estados Unidos predominó la idea de que su declive productivo estaba asociado a que sus resultados de investigación y desarrollo tecnológico estaban siendo apropiados con relativa facilidad por firmas competidoras de otros países.[5] Asimismo, desde finales de los sesenta y principios de los setenta, los investigadores del ámbito de las ciencias de la vida ya habían logrado producir organismos vivos a través de sofisticadas técnicas genéticas de laboratorio. En este contexto, en Estados Unidos se impulsan cuatro cambios institucionales relacionados con el fortalecimiento mundial de los derechos de propiedad intelectual (Coriat y Orsi, 2001; Abarza y Katz, 2002; Olson, 1965; Slaughter y Roades, 1996; Rifkin, 1998).

En primer lugar, se encuentra el fallo del Tribunal Supremo de Estados Unidos a favor de conceder, por primera vez, la patente a una forma de vida como tal (1980).[6] En esa ocasión, el fallo fue en contra de la USPTO, organismo que defendió la no-patentabilidad de cualquier forma de vida.[7] Posteriormente, dando un giro de 180 grados, la USPTO se adhirió a la posición de patentar la vida al emitir la *Directriz sobre organismos pluricelulares* (1987). En ésta se estableció que todos los organismos pluricelulares —incluidos animales, si son transformados mediante ingeniería genética—, son susceptibles de ser patentados (Rifkin, 1998). En segundo lugar, el *Patent and Trademark Amendment Act* (*Bayh-Dole Act*, 1980) exige a las instituciones públicas de IDT patentar los resultados de sus investigaciones y explotarlos con firmas privadas, o creando *start-ups* (Mowery y Rosenberg, 1999; Abarza y Katz, 2002). En tercer lugar, el *Federal Courts Improvement Act* (1982) matizó los requisitos para el otorgamiento de una patente de invención, reduciendo las exigencias de "nivel inventivo" requeridas para obtener una patente. Gradualmente comenzó a aceptarse la prueba de éxito comercial como una justificación suficiente para otorgar la patente (Abarza y Katz, 2002; Hunt, 1999; Coriat y Orsi, 2001). Por último, el *Patent Restoration Act* (PRA) de 1984, revalorizó el papel de las patentes de invención por solicitud de firmas farmacéuticas innovadoras. Se extendió la vida útil de

[5] La mayor presión para conseguir del gobierno la defensa y protección de los derechos de propiedad intelectual provino de las grandes empresas farmacéuticas, biotecnológicas, electrónicas y de producción cultural y entretenimiento de Estados Unidos.

[6] Este fallo favoreció al investigador Chakrabarty, quien fuera inventor, y a la empresa General Electric, que financiaba distintos proyectos.

[7] Era un microrganismo modificado genéticamente (1971) destinado a consumir vertidos de petróleo (Rifkin, 1998).

patentes farmacéuticas por un lapso de cinco años, con el propósito de compensar el alargamiento de la investigación biomédica (Abarza y Katz, 2002; Kefauver, 1962).

Hubo tres consecuencias de estos cuatro hechos. Primero, con el fortalecimiento de los derechos de propiedad intelectual en Estados Unidos, aumentó significativamente el ritmo de solicitud de las patentes en la USPTO. Segundo, se avanzó en dicho país, y luego en el GATT y la OMC, hacia la conformación de un nuevo esquema institucional mundial y armónico en materia de derechos de propiedad intelectual. Tercero, inició así una nueva era de los inventos realizados por las empresas y los individuos: una era en la cual pueden patentarse distintas formas de vida. En efecto, este arreglo institucional en Estados Unidos generó el arquetipo que subyace en las negociaciones de la *Ronda Uruguay* del GATT,[8] convirtiéndose, además, en el modelo que acabó por plasmarse en el ADPIC de la Organización Mundial de Comercio.

Ámbito Mundial

El GATT fue la organización multilateral desde la cual Estados Unidos, seguido por la Comunidad Europea y Japón, lograron impulsar una serie de negociaciones y acuerdos posteriores que han estructurado un complejo entramado institucional de comercio y propiedad intelectual a nivel mundial.[9] Estos acuerdos se caracterizaron por fuertes polémicas entre los países en desarrollo y los países industrializados. El 1 de enero de 1995, la OMC sustituyó al GATT (1947, actualizado en 1994) como organización encargada de supervisar el sistema multilateral de comercio. Con la firma de los nuevos acuerdos de la OMC, los miembros del GATT se convirtieron en miembros de ésta.[10] El sistema de propiedad intelectual que emergió de este complejo entra-

[8] La Ronda Uruguay inició en Punta del Este (1986), siendo la negociación comercial de mayor envergadura en la historia de la economía mundial, en la cual, al final, participaron 123 países. Las negociaciones abarcaron casi la totalidad del comercio, desde los cepillos de dientes hasta embarcaciones de recreo; desde los servicios bancarios hasta las telecomunicaciones; desde los genes del arroz silvestre hasta los tratamientos contra el sida (fuente: www.omc.org).

[9] El Sistema de Resolución de Conflictos del GATT debe resaltarse como el único mecanismo establecido y reconocido para la solución de diferencias comerciales y/o de propiedad intelectual a nivel global. Representa un mecanismo crucial para el fortalecimiento de los derechos comerciales y de propiedad intelectual, pues, en su esencia, implica castigos para los transgresores de estos derechos.

[10] El ADPIC es uno de los 60 acuerdos y decisiones de la OMC que son el resultado de las negociaciones de la Ronda Uruguay (1986-1994), firmados en la Conferencia Ministerial de Marrakech (abril de 1994).

mado institucional del comercio considera tres niveles, que se ejemplifican para el caso de México.

En este contexto, los tratados que administra la OMPI constituyen el núcleo de la protección ofrecida por el ADPIC de la OMC. En efecto, en la última década, la OMPI[11] amplió sus funciones en relación con el comercio mundial y los derechos de propiedad intelectual, al concertar un acuerdo de cooperación con la Organización Mundial del Comercio (OMC-OMPI, 1995). Entre los convenios más importantes, la OMPI administra el *Convenio de París para la Protección de la Propiedad Industrial* (firmado en 1883 y revisado en 1967),[12] y el *Convenio de Berna para la Protección de las Obras Literarias y Artísticas.*[13] Asimismo, también administra el *Patent Cooperation Treaty* (PCT, 1970, 1995),[14] el cual es muy importante para el comercio mundial y el ADPIC. Actualmente, la OMPI promueve una serie de nuevos tratados o revisiones importantes: *1) Copyright Treaty, 2) Performances and Phonograms Treaty, 3) Substantive Patent Law Treaty* (SPLT), y la revisión de convenciones existentes. Estas nuevas regulaciones de carácter mundial contienen ya una serie de medidas ADPIC Plus, es decir, medidas que amplían los mínimos de protección exigidos por el ADPIC. Asimismo, existe una discusión dentro de la OMPI sobre la protección al conocimiento tradicional, el folklore, así como la protección de los recursos biológicos y genéticos.

Así, los principales acuerdos y tratados mundiales sobre propiedad intelectual de los cuales México es miembro son el ADPIC-OMC (1995), y todos los tratados y convenios administrados por la OMPI (1883-2006). Asimismo, en relación con los derechos de obtentores vegetales, desde los ochenta ha firmado la Upov (1978, 1991)[15]

[11] La Organización Mundial de la Propiedad Intelectual (OMPI) es uno de los 16 organismos especializados del sistema de organizaciones de las Naciones Unidas.

[12] Entró en vigor en 1884 en 14 estados (OMPI, 2007). Constituye el primer tratado internacional destinado a facilitar que los nacionales de un país protejan en otros países sus creaciones intelectuales mediante los derechos de patentes y marcas. Esto contribuyó a fomentar el desarrollo tecnológico, industrial y comercial de los países firmantes (OMPI, 2007).

[13] Su objetivo ha sido contribuir a que los nacionales de los estados contratantes obtengan protección internacional para su derecho de control y pago del uso de sus creaciones, tales como: novelas, cuentos, poemas y obras de teatro; canciones, óperas, revistas musicales y sonatas; así como dibujos, pinturas, esculturas y obras arquitectónicas (OMPI, 2007).

[14] Esto se debe a que permite a una empresa o una persona física, una vez registrada determinada patente en su país de origen, registrar esa misma patente de manera simultánea en una serie de países seleccionados. El PCT constituye el mecanismo central de la *world patent* o "patente tríadica" en el marco del ADPIC de la OMC. Este mecanismo "multipaíses" lo utilizan fundamentalmente las empresas trasnacionales.

[15] Este convenio protege la obtención de variedades vegetales y constituye una protección adicional y complementaria a la de las patentes de plantas.

y desde mediados de los noventa también se adhirió al Tratado de Cooperación de Patentes (PCT, por sus siglas en inglés, 1995). Esta nueva normativa mundial tuvo por objetivo la armonización de las legislaciones de propiedad intelectual de cada país en torno a una serie de normas mínimas de protección de los derechos de propiedad intelectual, en especial, de las patentes.

Ámbito regional

El capítulo XVII sobre Propiedad Intelectual del TLCAN (1994) constituye el primer ejercicio de inclusión de las regulaciones mínimas de propiedad intelectual —negociadas y aceptadas en el marco de la Ronda Uruguay del GATT, en un acuerdo de libre comercio regional. A partir de entonces, México continuará firmando otros acuerdos que incluirán a la propiedad intelectual, con países centroamericanos (1995-1998), sudamericanos (1995-2004), europeos (2000) y asiáticos (2005). Es en el marco de este tipo de acuerdos donde países europeos y Estados Unidos han impulsado medidas ADPIC Plus, esto es, medidas más restrictivas que los mínimos señalados en el mismo Acuerdo.

Ámbito nacional

Desde finales de los ochenta (1987), con el inicio de las transformaciones institucionales de la economía mexicana hacia la apertura comercial, comenzaron las primeras reformas a la propiedad industrial. Hacia el inicio de los noventa tuvo lugar una profunda reforma con la aparición de una nueva versión de la Ley de la Propiedad Industrial (1991), cuyo arquetipo lo constituye el documento de propiedad intelectual emanado de la Ronda Uruguay del GATT. Además, como consecuencia de estos cambios en México, fue creada la Ley Federal de Variedades Vegetales (1996), con lo cual se completa el modelo de protección a los resultados de la biotecnología y a las nuevas variedades vegetales, con patentes y un esquema *sui generis*. Del mismo modo, la Ley Federal de Derecho de Autor sufrió modificaciones importantes durante la era de la apertura comercial (1992), ya que fue actualizada, ampliada y reforzada.

Desde la perspectiva de los países en desarrollo, como México, tal como ya se señaló, al fortalecer el ADPIC, el TLCAN y la ley nacional de los derechos de propiedad intelectual, se trastocó el balance establecido hace más de un siglo (*Convenio de París*, 1883) entre el interés público y el interés privado. En efecto, estos cambios institucionales fortalecieron el interés privado frente al interés público (véase gráfica 1).

Gráfica 1. Fortalecimiento de los derechos de propiedad intelectual mediante el ADPIC, el TLCAN y las reformas en México, 1976-1995

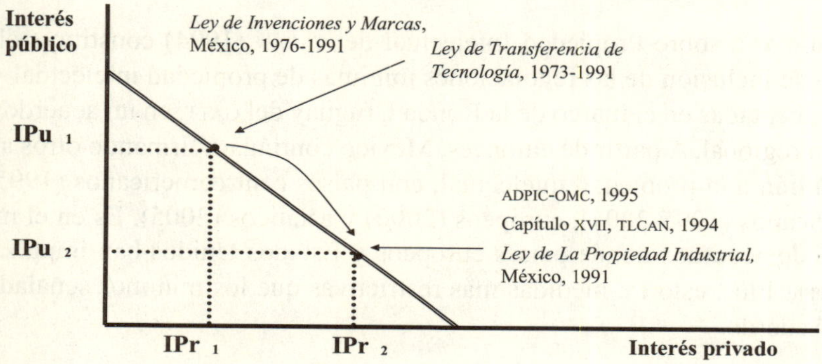

Fuente: elaboración propia.

¿Cuál fue el efecto general de este cambio institucional a nivel global? Implicó una transformación significativa, pues se conectó a los temas de propiedad intelectual con el comercio y, por tanto, con los temas públicos que se relacionan con tales actividades económicas (UNCTAD-ICTSD, 2005). Este fenómeno representa un cambio que transforma un sistema de propiedad intelectual relativamente simple —donde los países deciden el alcance y las limitaciones—, a un sistema de propiedad intelectual relativamente complejo —donde un acuerdo multilateral define esos límites y alcances dentro, entre y para todos los países (Gurry, 2004). Además, este cambio institucional puede caracterizarse como isomorfo (Dimaggio y Powell, 1983), es decir, países con condiciones de desarrollo diferentes aplican la "misma forma" institucional, con lo cual no obtendrán efectos iguales, sino diversos.

El resultado de este complicado proceso institucional se sintetiza en el diagrama 1, el cual muestra, precisamente, la complejidad que caracteriza al sistema mundial de propiedad intelectual y de comercio. La complejidad estriba en la manera en que el ADPIC, como mecanismo de gobernancia, actúa en tres ámbitos distintos (mundial, regionales y nacionales), y cómo éstos incluyen, a su vez, a una diversidad de organismos y regulaciones previas.

Tal como se muestra en el diagrama 1, en la parte superior se encuentra una serie de organizaciones e instituciones de carácter global (GATT, OMC, ADPIC, PCT, OMPI) que gobiernan desde el ámbito multilateral a los ámbitos regional (TLCAN, por ejemplo) y nacional (el caso de México) de la propiedad intelectual. Además, en el diagrama es claro que la OMC gobierna desde lo comercial a la OMPI en tanto organismo especializado en propiedad intelectual en el ámbito mundial. Entre cada uno de estos ámbitos las relaciones son vinculantes, en el sentido de que la protección jurídica de la propiedad intelectual se hará como marcan las leyes nacionales de México, las regulaciones del TLCAN y ambas alineadas a su vez con la regulación institucional del ADPIC de la Organización Mundial de Comercio.

Diagrama 1. La propiedad intelectual como institución compleja

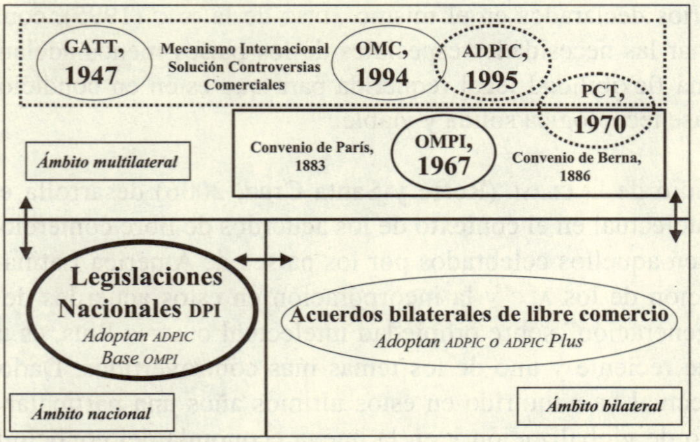

Fuente: elaboración propia.

La controversia de los ADPIC

Dos estudios recientes sobre propiedad intelectual en el ámbito mundial y latinoamericano, publicados por la CEPAL, se enfocan a discutir la controversia originada por el ADPIC de la OMC. El primero se propone analizar las implicaciones que tiene el ADPIC para los países latinoamericanos, desde la perspectiva de que fue negociado sin su participación en las decisiones y con gran desinformación de los efectos (Abarza y

Katz, 2002). El resultado ha sido una desigualdad en los beneficios y costos derivados que es necesario superar.

Según estos expertos, debiera reabrirse el debate multilateral entre los miembros de la OMC respecto al marco legal establecido en el ADPIC, con el objetivo de formar jurisprudencia y doctrina en beneficio de los países en desarrollo. Se trataría de una jurisprudencia dentro de este marco legal que restablezca la igualdad y confianza entre las partes, necesaria en cualquier tratado de esta naturaleza. Ante este panorama se preguntan: ¿cuál será el marco legal de la propiedad intelectual por el que transitarán a lo largo del siglo XXI la sociedad y la economía mundiales?:

1. Una fuerte posibilidad es la consolidación de la propiedad intelectual reforzada, la cual continuará siendo un "arma estratégica para bloquear el desarrollo de terceros" y un obstáculo para la vía imitativa en los países en desarrollo.
2. Otra posibilidad es que la aplicación del ADPIC se basará en los principios solidarios declarados en el mismo ADPIC de la OMC (1995), contribuyendo a subsanar las necesidades especiales de los países menos adelantados con la máxima flexibilidad legal requerida para que estén en condiciones de crear una base tecnológica sólida y viable.[16]

Otro estudio de la CEPAL (Roffe y Santa Cruz, 2006) desarrolla el tema de la propiedad intelectual en el contexto de los acuerdos de libre comercio (ALC), específicamente en aquellos celebrados por los países de América Latina y el Caribe. La proliferación de los ALC y la incorporación en estos acuerdos de clausulados de "última generación" sobre propiedad intelectual o ADPIC Plus, es un fenómeno relativamente reciente y uno de los temas más controvertidos. Dado que la propiedad intelectual ha adquirido en estos últimos años una particular importancia en el proceso de globalización y en la nueva economía del conocimiento, con la adopción del ADPIC se introduce el concepto de estándares mínimos de protección; además, están las medidas ADPIC Plus que están siendo inscritas en los ALC regionales o bilaterales. Con ello, la propiedad intelectual se incorpora de lleno al sistema comercial multilateral produciendo un quiebre en la evolución histórica de la economía mundial. La mejor forma de evitar y/o combatir la profundización del

[16] Es razonable que la humanidad cuente con una legislación de propiedad intelectual capaz de proteger las obras del intelecto humano, que los creadores obtengan una justa retribución y que haya incentivos para que la sociedad gaste lo socialmente óptimo en desarrollar la actividad inventiva (Abarza y Katz, 2002).

fortalecimiento de los derechos exclusivos de propiedad intelectual a nivel mundial es por medio de las negociaciones bilaterales que son menos complejas y su resultado un tanto más cierto.

Por tanto, estos autores están también a favor de abrir el debate, más no al nivel multilateral, sino por la vía de las renegociaciones bilaterales de los aspectos de propiedad intelectual relacionados con el comercio y las inversiones. En este sentido, la controversia sobre los principales cambios e implicaciones que contiene el ADPIC se pueden desagregar en cinco rubros (Roffe y Santa Cruz, 2006): *1)* crítica de los fundamentos sobre la propiedad intelectual; *2)* medidas de observancia y solución de controversias; *3)* el uso de las flexibilidades: el caso del acceso a medicamentos; *4)* materia viva, recursos genéticos y conocimiento tradicional; *5)* expansión del ámbito de protección del derecho de autor.

En relación con patentes, el ADPIC significó una "inflexión institucional" que ha generado un debate profundo mostrado en la serie de controversias en torno al retraso en el desarrollo de la innovación tecnológica en los países en desarrollo (UNCTAD-ICTSD, 2005). Las principales consecuencias de las medidas del ADPIC en la última década para países como México (véase diagrama 2), han sido registradas en términos del aprendizaje tecnológico local y el desarrollo de capacidades tecnológicas propias.

Diagrama 2. Los principales cambios institucionales en el ámbito de las patentes e innovación tecnológica

- Fortalecimiento de los derechos privados y limitación de actividades de imitación tecnológica, así como ciertas políticas públicas.
- Agilización del registro simultáneo global de derechos de propiedad intelectual en todos los países miembros de la OMC; PCT (1970, 1995).
- Patentes a todas las áreas técnicas —no discriminación, excepto lo restringido en el ADPIC (métodos quirúrgicos y diagnóstico, moral y buenas costumbres, descubrimientos, etc.). Se pueden registrar patentes farmaceúticas y de alimentos o sobre formas de vida y genética.
- Extensión de la vigencia hasta 20 años; extensión *pipeline* para patentes farmaceúticas.
- Castigos y sanciones más severos en caso de violaciones a la propiedad intelectual. Solución de controversias de la Organización Mundial de Comercio.
- Incorporación generalizada de nuevas figuras: derechos de obtentores vegetales, programas de cómputos, circuitos integrados, diseños industriales y secretos industriales y comerciales.

Crítica de los fundamentos: el caso de las patentes

La naturaleza y alcance de la obligación de proteger los derechos de propiedad intelectual en la legislación nacional se basa en el principio de "buena fe" de cada país para, efectivamente, proteger la propiedad intelectual en su ámbito nacional (Roffe y Santa Cruz, 2006). Dos son las reglas: *1)* cada país puede adoptar medidas más profundas que los estándares mínimos señalados en el ADPIC, *2)* cada país determina el método y las formas en que se otorgará la protección de la propiedad intelectual considerando sus leyes nacionales.

Estos acuerdos de libre comercio —continúan Roffe y Santa Cruz (2006)—, han sido objeto de críticas y reservas por parte de grupos de la sociedad civil y sectores académicos. En cierto sentido, estas reacciones se vinculan con las críticas más importantes a los acuerdos de libre comercio de nueva generación: *1)* los costos que se atribuyen a estos acuerdos en cuanto a obligaciones más severas en materia de propiedad intelectual; *2)* cómo profundizan el proceso de armonización en términos de extender la cobertura, la protección y la observancia de los derechos de propiedad intelectual.

Entre todos los tipos de derechos de propiedad intelectual que contiene el Acuerdo, las provisiones en relación con las patentes son las más significativas en cuanto a las implicaciones que tienen sobre el desarrollo económico de los países. Las siguientes provisiones sobre patentes son destacables (véase diagrama 2): *a)* no puede excluirse ningún campo tecnológico ni discriminarse por lugar, campo tecnológico, importación o producción local. *b)* Sólo pueden excluirse invenciones contrarias a la moral y el orden público, ciertos métodos de tratamiento animal y humanos, plantas y animales con algunas especificaciones. *c)* La vigencia mínima debe ser de 20 años a partir de la solicitud. *d)* Debe prevenirse la importación del producto patentado sin consentimiento del titular. *e)* Se mantienen las licencias obligatorias, pero sólo bajo las especificaciones correspondientes.

Un elemento central del debate tiene que ver con el procedimiento de dictamen de una patente en los países desarrollados. En particular, cuando aplican los criterios fundamentales para decidir si se concede o no un registro de patente.[17] En efecto, se-

[17] Véase Artículo 27.1, ADPIC, "Sección V: Patentes. Sin perjuicio de lo dispuesto en los párrafos 2 y 3, las patentes podrán obtenerse por todas las invenciones, sean de productos o de procedimientos, en todos los campos de la tecnología, siempre que sean nuevas, entrañen una actividad inventiva y sean susceptibles de aplicación industrial. Sin perjuicio de lo dispuesto en el párrafo 4 del Artículo 65, en el párrafo 8 del Artículo 70 y en el párrafo 3 del presente Artículo, las patentes se podrán obtener y los derechos de patente se podrán gozar sin discriminación por el lugar de la invención, el campo de la tecnología o el hecho de que los productos sean importados o producidos en el país".

gún el ADPIC, "...las patentes podrán obtenerse por todas las invenciones, sean de productos o de procedimientos, en todos los campos de la tecnología, siempre que sean nuevas, entrañen una actividad inventiva y sean susceptibles de aplicación industrial" (Art. 27-1). Sin embargo, organizaciones reconocidas y especialistas han encontrado que en las oficinas de Estados Unidos y de la European Patent Office (EPO), algunas de las solicitudes de patente se dictaminan con relativa "laxitud o relajamiento" al aplicar los criterios de novedad, actividad inventiva y aplicación industrial (UNCTAD-ITSD, 2005; Greenpeace, 2006; Coriat y Orsi, 2002; Abarza y Katz, 2002).[18] Por el contrario, "...los requisitos de patentabilidad, como la novedad o la no obviedad, debieran ser lo suficientemente estrictos como para evitar la concesión de patentes a invenciones con un bajo valor social que sólo incrementan el costo social del sistema de patentes" (Encaoua, Guellec y Martínez, 2006).

Por ejemplo, el criterio de *altura inventiva* es considerado a la ligera, ya que se ha reconocido que existe gran cantidad de casos en donde se conceden patentes a invenciones con un pobre o casi nulo aporte al *stock* actual de conocimientos tecnológicos.[19] A su vez, en la USPTO, al tomarse el criterio de *aplicación industrial,* no se considera que una patente deba explotarse en sí misma. Más bien, se considera suficiente que la patente aporte una nueva pieza al *stock* de conocimiento y no necesariamente que se produzca algo concreto con ésta. Por su parte, el criterio mismo de *novedad* ha sido aplicado en forma muy laxa o francamente indebida en la USPTO y EPO. Existen diversos casos de plantas originarias y conocimientos tradicionales de países en desarrollo que han sido patentados, siendo que no son elementos novedosos, sino ancestrales, y por tanto, previamente conocidos.[20]

Aquí la principal consecuencia para los países en desarrollo es que el grueso de la tecnología inventada por los países desarrollados queda protegida y bajo control

[18] Se establece como requisito de patentabilidad la novedad, la actividad inventiva y la aplicación industrial. No se establecen niveles de novedad o nivel inventivo mínimos. Uno de los cambios realizados, según Coriat, es la relajación de los criterios de patentabilidad y, en particular, el concepto de "no-obviedad" y su reemplazo por el concepto de "éxito comercial". Por otra parte, la relajación del concepto de "nivel inventivo" y la extensión de la patentabilidad a la materia viva, ha significado en la práctica la modificación de lo que se ha entendido tradicionalmente por "invención" y, aparentemente, se está utilizando la modalidad de la patente para proteger los "descubrimientos" (Coriat y Orsi, *apud* Abarza y Katz, 2002, sección patentes).

[19] En el caso de las invenciones biotecnológicas, se ha argumentado sobre la aplicación del criterio de altura inventiva, por ejemplo, en torno a que introducir una bacteria o un virus a la composición biológica o genética de un organismo, sin poder controlar con precisión un determinado efecto, no debiera significar que ello sea una invención patentable.

[20] En muy pocos casos se han revocado o nulificado las patentes. En los casos donde esto se ha logrado, el procedimiento ha sido largo, costoso y lleno de obstáculos.

monopólico, independientemente de su *costo y valor social*. Tecnologías de baja calidad representan una fuente de disminución del bienestar social de una economía en desarrollo, porque aumentan el control monopólico de mercados e industrias, sin quedar claro cuál es el verdadero alcance o contribución tecnológica de ciertas patentes. El grado de monopolio de un derecho de propiedad intelectual tendría que estar definido según la contribución de su valor o contenido tecnológico al bienestar de la sociedad.

Medidas de observancia y solución de controversias

Una característica esencial de los ADPIC es que ante la falta de observancia de los derechos de propiedad intelectual de cualquiera de los miembros, se instauró una medida sin precedentes: el sistema de resolución de disputas por asuntos de propiedad intelectual relacionados con el comercio. A partir de la estructura previa del GATT, en los ADPIC se introduce una estructura coherente y un proceso obligatorio de solución de controversias. Conforme el *Acuerdo para la Solución de Controversias* se establece que cualquier miembro puede entablar una disputa contra otros miembros en aspectos como el cumplimiento en proporcionar marcos institucionales adecuados para la protección de la propiedad intelectual. Existe también un proceso de apelación a las resoluciones de primera instancia. Las resoluciones del Panel de Controversias o de la Instancia de Apelaciones deberán ser adoptadas automáticamente, pues la resolución es obligatoria. Cuando estas resoluciones son incumplidas, existe, entonces, la opción de sanciones comerciales.

El uso de las flexibilidades: el caso del acceso a medicamentos

Todos los miembros de la OMC tienen la posibilidad de implementar excepciones limitadas[21] de los derechos exclusivos conferidos por una patente, siempre que sea

[21] Véase Artículo 30 del ADPIC. "Sección V: Patentes: *Excepciones de los derechos conferidos*. Los Miembros podrán prever excepciones limitadas de los derechos exclusivos conferidos por una patente, a condición de que tales excepciones no atenten de manera injustificable contra la explotación normal de la patente ni causen un perjuicio injustificado a los legítimos intereses del titular de la patente, teniendo en cuenta los intereses legítimos de terceros". El Artículo 30 del ADPIC especifica las cuatro condiciones que deben cumplirse simultáneamente para establecer excepciones (UNCTAD-ICTSD, 2005: 430-438): *a)* deben tener un carácter limitado; *b)* no puede entrar en conflicto de manera irrazonable

de manera justificada y no atenten contra los intereses legítimos de los titulares y de terceros. Si bien en las negociaciones se llegó a considerar que las excepciones específicas debían enlistarse, finalmente se optó por aplicar una regla general, lo cual permite excepciones diferenciadas por país.

Entre algunas excepciones notables a los derechos exclusivos de patente se encuentran los siguientes rubros (UNCTAD-ICTSD, 2005: 430-438):

1. Investigar y experimentar de manera científica y tecnológica sin intención comercial en torno a un conocimiento patentado para generar nuevo conocimiento.
2. Realizar actos de experimentación para propósitos comerciales dirigidos a mejorar la invención.
3. Negociar una licencia de uso de la patente para evaluar una invención o probar que el invento es válido.
4. Productores de medicamentos genéricos puedan explotar patentes antes del periodo de dominio público.[22]
5. Preparar medicinas patentadas producidas a partir de una receta o prescripción individual.

Éstos son el tipo de flexibilidades relativas del ADPIC que podrían aprovecharse más por los países en desarrollo, ya que promueven ciertos procesos de aprendizaje por vía de procesos imitativos de carácter legal. Los países en desarrollo no han elaborado políticas públicas para aprovechar estas oportunidades. El razonamiento es, al parecer, que una mayor protección de la propiedad intelectual conlleva condiciones favorables para aumentar los flujos de comercio e inversión extranjera directa (IED), así como de la transferencia de tecnología. Por el contrario, un debilitamiento de los derechos tiene como efecto la contracción de estos flujos. Bajo este razonamiento, ningún tipo de proceso imitativo tiene cabida.

Al constatar con la realidad, pueden encontrarse dos tipos de experiencias por parte de los países en desarrollo. El polo que atrajo mayores inversiones extranjeras fue la región de Asia, específicamente China e India, países que no han abandonado la vía de la imitación en ciertas trayectorias e industrias. Otros países en desarrollo, como México, han fortalecido plenamente los derechos de propiedad intelectual sin

---

con la explotación normal de la patente; *c)* no pueden prejuzgarse los intereses legítimos del propietario de la patente; *d)* deben considerarse los intereses legítimos de terceras partes.

[22] Para poder entrar al mercado justo cuando expiran estas patentes, es necesario un trabajo previo de investigación que no puede estar sujeto al derecho exclusivo, sino constituirse en excepción al patentamiento (el "trabajo temprano" o "excepción Bolar").

fortalecer la capacidad del sistema para difundir la información tecnológica. Aun con estas reformas, México, en comparación con otras economías emergentes, ha resentido una sensible baja en el flujo de IED, así como de la transferencia de tecnología en los años recientes.

Por otra parte, aun con estas flexibilidades incluidas en el ADPIC, en la realidad las empresas se han empeñado en fortalecer sus derechos exclusivos. El caso de los medicamentos es paradigmático, sobre todo debido a que la industria farmacéutica utiliza de forma más intensa la protección de patentes respecto de otras industrias. En términos de propiedad intelectual, es un mercado segmentado en cuatro partes: *a)* medicamento de patente y marca; *b)* medicamentos genéricos; *c)* medicamentos similares; *d)* medicamentos tradicionales y orgánicos.

El primero es el más rentable y representa la mayor parte del valor de mercado. Es un segmento dominado por empresas trasnacionales con grandes capacidades tecnológicas basadas en fuertes gastos en investigación y desarrollo tecnológico. Esta fortaleza tecnológica implica prácticas monopólicas que conducen a un alto nivel de precios, vulnerándose el bienestar de la sociedad en el ámbito de la salud. En México, por ejemplo, ha sido de tal magnitud el nivel de precios alcanzado por los farmacéuticos patentados que su índice de crecimiento superó con creces la tasa de inflación para la economía mexicana en los últimos años (véase www.banxico.org.mx, 2006).

El segundo —compuesto por empresas nacionales y/o extranjeras— explota licencias de tecnologías maduras y/o tecnologías propias y/o de dominio público. Este segmento ha sido un ejemplo del desarrollo de capacidades tecnológicas locales en países en desarrollo siguiendo una vía imitativa —es el caso de Brasil, India y China. Sin embargo, recientemente, las empresas trasnacionales también han percibido el potencial de este mercado de medicinas de bajo costo en los países en desarrollo.

En el tercer segmento —compuesto fundamentalmente por empresas nacionales— se explotan tecnologías de dominio público. Este segmento se encuentra dirigido a la demanda de medicamentos por los grupos sociales más pobres y vulnerables de la sociedad, principalmente, en centros urbanos y semi-urbanos.

Finalmente, el cuarto segmento es de carácter local, ya que se basa en el conocimiento tradicional y la biodiversidad en lugares muy específicos. En efecto, este segmento de mercado es en realidad una mezcla. Por un lado, están los portadores de conocimiento tradicional, quienes crean una serie de remedios y medicinas a través de las plantas de su localidad y curan a personas de grupos sociales rurales y semi-urbanos, quienes, a su vez, sufren mayor marginación económica y social. Ahora bien, por otra parte, aun en este segmento existen empresas mundiales que fabrican y distribuyen medicamentos orgánicos patentados de alta calidad asociados con el conocimiento tradicional y la biodiversidad de localidades específicas.

Es bien sabido, por ejemplo, que la epidemia del sida se encuentra en franca expansión, principalmente en países africanos. Ante este hecho, los países aquejados por el mal se han visto en la necesidad de utilizar todo tipo de mecanismos para poder frenar su avance. En este sentido, las medicinas especializadas constituyen una parte fundamental de cualquier política pública al respecto. Los gobiernos de tales países han tenido que enfrentar a las empresas trasnacionales que controlan este tipo de medicamentos. En efecto, al cobijo del ADPIC y los acuerdos de libre comercio, las empresas trasnacionales se han negado a: *a)* disminuir precios, *b)* aceptar el otorgamiento de licencias obligatorias a terceros, o *c)* que los gobiernos autoricen importaciones paralelas con su consentimiento. Justo por ello, en la Declaración Ministerial de Doha se han recogido este tipo de preocupaciones por parte de los países en desarrollo.

La experiencia de la epidemia del sida incluye de manera preponderante a las licencias obligatorias. Frente a esta situación de emergencia, los gobiernos africanos involucrados cayeron en la cuenta de cómo la cuestión de las licencias obligatorias dentro del ámbito del ADPIC es mucho más exigente con relación a las condiciones que deben prevalecer para su otorgamiento. En efecto, para otorgarlas han de existir:

1. Circunstancias propias y muy específicas en un país o localidad.
2. Un permiso de uso perfectamente delimitado —con una duración según los fines específicos y de carácter no exclusivo.
3. Los usuarios de las licencias no podrán ceder usos subsecuentes de la patente a terceros, y deben enfocarse sólo a abastecer al mercado interno.
4. Deberá prevalecer un mecanismo que permita retirar la autorización de licencia de uso bajo ciertas circunstancias.
5. El titular debe obtener una remuneración adecuada.
6. Si bien las licencias deben tener una validez jurídica, debe plantearse su revisión judicial por otras entidades y combatirse las prácticas anticompetitivas.
7. Finalmente, queda esbozada la posibilidad de condiciones adicionales relacionadas con otras patentes que se cruzan en la licencia obligatoria.

Entonces, en relación con las licencias obligatorias, el debate se forma de las siguientes propuestas encontradas:

a) Por una parte, la naturaleza de las primeras regulaciones nacionales e internacionales sobre propiedad intelectual plantean que el objetivo de la licencia obligatoria, en tanto mecanismo de incentivos, implica el goce de derechos exclusivos por parte del propietario de la tecnología, siempre y cuando realmente la utilice y la difunda.
b) Por el contrario, para quienes subrayan la centralidad del derecho exclusivo del propietario, la licencia obligatoria constituye una amenaza para el ejercicio pleno de los derechos monopólicos conferidos por una patente.

Lo cierto es que, en la práctica, acaba por acotarse el uso de las licencias obligatorias. Además, demostrar que una patente no es explotada constituye de por sí una tarea difícil de lograr por cualquier empresa o persona interesada. Con esto, el mecanismo se utiliza de manera marginal, contrario a los objetivos supuestamente planteados. Por otra parte, potencialmente, continúa siendo un mecanismo legal para diluir el poder monopólico de los propietarios de patentes cuando están en juego el interés público y el bienestar social.

Materia viva, recursos genéticos y conocimiento tradicional

Otro elemento central del debate versa sobre la materia patentable acordada en el ADPIC: ¿*Qué* materia puede patentarse y *cuál* debe excluirse de la patentabilidad?[23] Anteriormente, bajo el mandato de la OMPI y en el marco del *Convenio de París*, cada país definía lo que sí era y lo que no era patentable. La institucionalidad previa de diversos países en desarrollo —como México, Brasil o India— se caracterizaba por exclusiones específicas para patentar los medicamentos, los químicos, agroquímicos, la materia viva, etcétera.

En contraste, el ADPIC se caracteriza por señalar como un criterio universal que *todo es patentable*, salvo determinadas *excepciones*. Con ello, la OMC es quien define lo que no puede y lo que sí debe ser patentable en todos los países miembros. Los ámbitos de mayor complejidad señalados en este sentido refieren a qué aspectos de

[23] Véase Artículo 27 de la "Sección V: Patentes" del ADPIC-OMC. Véase Abarza y Katz (2002), Sección "Patentes", pp. 28-37. Véase Roffe y Santa Cruz (2006), "H. Los estándares mínimos de protección en materia de patentes", pp. 21-33. Véase UNCTAD-ICTSD (2005), Secciones: "17: Patents: Subject Matter and Patentability Requirements", p. 351; "19: Patents: Ordre Public and Morality", p. 375; "20: Patents: Therapeutic, Surgical and Diagnostic Methods", p. 384; "21: Patents: Biotechnological Inventions: Genetic Resources, Plant, Variety Protection, Traditional Knowledge", p. 388.

la vida social y biológica, del medio ambiente y de la salud animal y humana deben preservarse fuera del ámbito de las patentes. La principal consecuencia de una regulación para ampliar el patentamiento es que ello no se traduce en un aumento real de la invención y la innovación

Con el ADPIC se amplió la materia de protección de una patente entre los países miembros de la OMC. Esta ampliación se dio en el sentido de proteger todo tipo de invenciones, en especial las de sustento biológico y genético. Si bien el patentamiento de la vida como tal se encuentra prohibido, paradójicamente, en la realidad, ya se encuentran patentadas ciertas formas de vida. En efecto, no pueden patentarse formas de vida animal, humana y vegetal que sean naturales o cuyos procesos sean esencialmente biológicos. Por el contrario, sí son patentables las formas no biológicas y los micro-organismos, es decir, toda aquella materia viva que se obtiene por medio de procesos como productos intensivos en conocimiento fruto de la investigación y desarrollo tecnológico en laboratorios e instituciones especializadas. Este punto es especialmente sensible para los países en desarrollo, como México, que cuentan con una gran biodiversidad, ya que el sistema de patentes puede actuar como un mecanismo de apropiación indebida de su riqueza biológica y genética. De hecho, la Ronda de Doha tiene la encomienda de analizar la relación entre el ADPIC y el *Convenio de Diversidad Biológica* (2000), aunque no se han dado pasos concretos respecto a su estudio y discusión.

En este sentido, lo que se encuentra a debate es si la materia viva en sí es patentable: las empresas agro-biotecnológicas, farmacéuticas y biogenéticas piensan que sí debe patentarse, porque invierten fuertes sumas de capital en investigar y conocer a la materia viva para efectos industriales. Por el contrario, las ONG ecológicas, especialistas y algunos foros mundiales de carácter crítico, sostienen que, por su naturaleza, la materia viva en sí no debiera ser patentable, sino considerada como uno de los bienes comunes de la humanidad.

Expansión del ámbito de protección del derecho de autor

El ámbito de protección del derecho de autor se ha expandido en el sentido de una profunda armonización que se manifiesta en: *a)* el aumento constante del plazo de duración de estos derechos; *b)* la expansión de la materia protegida;[24] *c)* la ampliación para que una sola obra pueda utilizarse para controlar la producción y dis-

[24] Desde las obras artísticas y literarias en el siglo XVIII hasta a la fotografía en el siglo siguiente; las obras cinematográficas, las grabaciones de sonidos y la radiodifusión en los albores del siglo XX;

tribución de todas las formas derivadas,[25] *d)* el necesario permiso del titular para reproducir, comunicar, distribuir y arrendar su obra; *e)* en obras con expresión digital, derechos para controlar el acceso, la distribución y el uso.

En cuanto a los programas de cómputo, tanto la ley mexicana vigente como el TLCAN, explícitamente excluyen los programas de cómputo del patentamiento y en ambos casos el ámbito de su registro es el derecho de autor. El debate consiste en que, dentro de la USPTO en Estados Unidos, ya se patentan aquellos programas ligados a la operación de ciertos aparatos, equipos, máquinas o sistemas de diversos tipos. Mientras, por su parte, la EPO de la UE mantiene su idea de que patentar *software* borraría la línea entre las patentes y los derechos de autor. Para los países en desarrollo, si fuesen patentables los programas de cómputo, se perdería la relativa flexibilidad que existe todavía para imitar por haberlos registrado como derecho de autor y no como patente.

La evolución de las patentes en el marco de los acuerdos de libre comercio

En la sección anterior hemos podido constatar que en la última década han sucedido grandes cambios en el ámbito de la propiedad intelectual y cuyos efectos alcanzarán a todos los países del mundo, en especial a los países en desarrollo. En la sección primera concluimos que si bien los derechos de propiedad intelectual tienen por objeto promover la innovación, los diferentes sistemas a lo largo de la historia ponen diferente acento en el interés público o privado. En esta tercera sección se presenta evidencia sobre la expansión de los sistemas de propiedad intelectual de la mano de los tratados comerciales, tanto en México como en el mudo.

Los acuerdos de libre comercio entre países se vienen firmando desde finales de los años cincuenta, sumando alrededor de 250 acuerdos (OMC, 2006). Sin embargo, desde hace un lustro y una década, tomó lugar un significativo crecimiento de estos acuerdos, que son un mecanismo institucional para gobernar las relaciones de comercio e incluyen siempre una sección sobre derechos de propiedad intelectual, supeditada, a su vez, por el ADPIC y los convenios internacionales administrados por la OMPI. México ha firmado la mayor parte de sus tratados regionales de libre comercio durante los años noventa en la etapa de auge de los ALC —con América del Norte

los programas de *software* para computadores hasta los sistemas *sui generis* de protección de bases de datos no originales a finales del siglo pasado.

[25] Adaptaciones, parodias, traducciones, arreglos.

y países de América Latina, y, durante el nuevo milenio, con Europa y Japón. La evidencia sobre patentes se agrupa en dos tipos: *a)* patentes mundiales, *b)* patentes en México.

En la gráfica 2 se puede observar cómo se han comportando las solicitudes PCT, es decir, las llamadas *World Patents*. Hacia finales de los años setenta este tipo de títulos eran marginales. Durante los ochenta comenzaron a crecer de manera sostenida, hasta alcanzar tasas de incremento sustanciales durante los noventa, aunque atemperadas en su crecimiento durante los últimos años.

Gráfica 2. Solicitudes de PCT de patentes a nivel mundial, 1978-2005 (número de solicitudes)

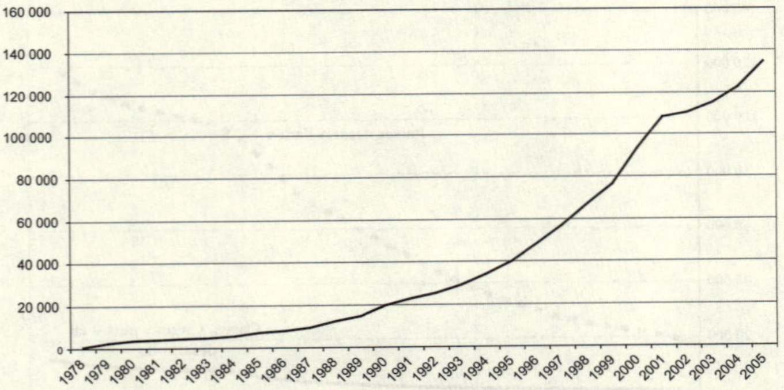

Fuente: OMPI, *World Patent Report 2006*.

¿Que índica este crecimiento de las patentes y cómo se relaciona con el crecimiento de los ALC? Primero, indica un aumento en las actividades de invención e innovación tecnológica incorporadas en los bienes y servicios que se difunden por medio del comercio mundial; principalmente por las empresas trasnacionales de la triada de los países desarrollados: Estados Unidos, la UE y Japón. Segundo, también indica que las empresas trasnacionales asignan gran importancia al registro de patentes en varios países a la vez. Éstas buscan, en forma creciente, la protección global de los derechos de propiedad intelectual contra la imitación y el uso indebido de sus tecnologías y conocimiento sin licencia expresa.[26]

[26] Dentro de este gran flujo de patentes mundiales, los dos sectores más dinámicos por su crecimiento en la última década y media son la biotecnología y las TIC. En este caso, las patentes mundiales van registrando la evolución de estos dos nuevos paradigmas socio-técnicos en el panorama del comercio mundial: *1)* la revolución de la informática, instalada y difundida desde hace tres décadas y media, y

En la gráfica 2 se expone el flujo general de patentes PCT de los principales países desarrollados y del resto del mundo agrupado como países en desarrollo. En este último flujo se incluye a Corea, China e India, los tres países que mayor dinamismo registran en patentes PCT durante la última década. Como se observa, la brecha entre países es de gran magnitud. Esto significa, medida en términos de patentes, que las empresas trasnacionales de los países desarrollados controlan la mayor parte de la tecnología asociada al comercio mundial.

Gráfica 3. Solicitud de patentes PCT registradas por los países desarrollados y el resto del mundo, 1990-2005 (número de solicitudes)

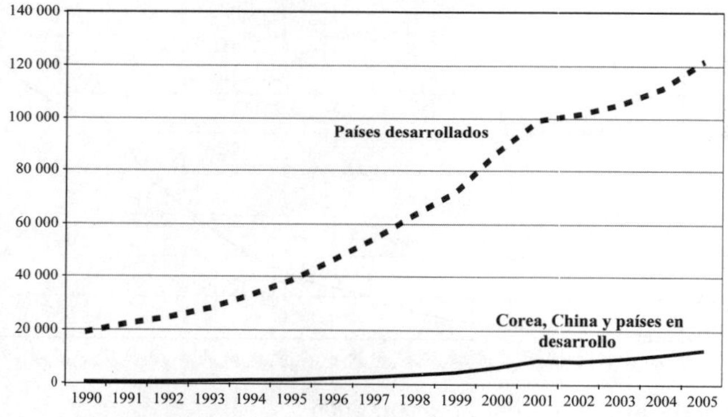

Fuente: OMPI, *World Patent Report 2005.*

En el cuadro 1 se abunda respecto a las capacidades inventivas en estos dos grupos de países, al presentar datos de patentes[27] para países desarrollados y países en desarrollo o emergentes seleccionados.

Dentro del conjunto de estos últimos destacan dos tendencias. Por una parte, un crecimiento en las solicitudes de patentes dentro de China (aumentó 11.7 puntos porcentuales) y Corea (aumentó 1.8 puntos porcentuales), siendo este último país el

---

2) el paradigma de las tecnologías de la vida, que no ha arrancado a plenitud y está por revolucionar, todavía, a una gran cantidad de industrias y servicios. Este tipo de patentes está relacionado con el cambio institucional del ADPIC y el TLCAN. Es decir, estos registros técnicos son resultado de la apertura institucional de la materia patentable, la extensión de su vigencia y el fortalecimiento de la vigilancia y los castigos. También se asocian con la creación de nuevos títulos de propiedad intelectual (el de obtentor vegetal y el de trazado de circuitos).

[27] Son porcentajes de participación relativa entre países de un periodo a otro (véase cuadro 1).

que registra la mitad de las patentes de todo el grupo de países en desarrollo. Por otra parte, es evidente un descenso en las solicitudes de patentes en Brasil (disminuyó 4.9 puntos porcentuales), India (disminuyó 2.1 puntos porcentuales), México (disminuyó 4.7 puntos porcentuales) y Venezuela (disminuyó 1.7 puntos porcentuales).

Cuadro 1. Patentes totales por periodo en países seleccionados (porcentaje)

País	*1985-1994*	*1995-2005*
Países en desarrollo o emergentes		
Corea	47.8	49.6
China	18.8	30.5
Brasil	12.9	8.0
México	10.8	6.1
India	7.0	4.9
Venezuela	2.6	0.9
Total	100	100
Países desarrollados		
Japón	57.7	53.9
Estados Unidos	26.7	32.0
Alemania	7.0	7.0
Reino Unido	4.9	4.2
Francia	2.9	2.3
Italia	0.8	0.5
Total	100	100

Fuente: elaboración propia con base en datos de OMPI, *World Patent Report 2007*.

Con respecto a los países desarrollados, también se observan dos tendencias muy claras. Por un lado, Estados Unidos (aumentó 5.3 puntos porcentuales) tuvo un avance muy importante de las solicitudes de patentes, lo cual impulsa su participación a escala global. Esto le permite cerrar la brecha de patentes que lo separa de Japón —a su vez, el país con más patentes registradas en un solo territorio nacional en todo el mundo. Por el otro lado están los demás países seleccionados, los cuales comparten un estancamiento o descenso en su participación de solicitudes de patente a escala global: *a)* Alemania (0 puntos porcentuales), *b)* Japón (3.8 puntos porcentuales), *c)* Reino Unido (0.7 puntos porcentuales), *d)* Francia (0.6 puntos porcentuales), e *f)* Italia (0.3 puntos porcentuales). En suma, entre los dos grupos de países destacan tres por su avance en relación con la solicitud de patentes dentro de sus fronteras: Estados Unidos, China y Corea. Todos los demás mostraron, en mayor o menor medida, un descenso del ritmo de patentamiento total.

Cuadro 2. Patentes registradas entre periodos en países seleccionados (tasa de crecimiento del periodo 1985-1994 al periodo 1995-2005)

País	*Patentes no residentes**	*Patentes domésticas*	*Patentes totales*
Países en desarrollo o emergentes			
1 Brasil	161.8	193.2	264.8
2 China	707.7	728.1	858.7
3 Corea	122.3	820.3	514.5
4 India	154.4	343.9	309.9
5 México	92.8	117.6	235.5
6 Venezuela	-45.0	60.8	95.5
Total	211.7	647.8	491.3
Países desarrollados			
1 Alemania	30.4	198.6	191.0
2 Estados Unidos	98.6	252.8	249.5
3 Francia	-29.4	148.0	134.5
4 Italia	-75.4	162.0	111.8
5 Japón	114.3	166.9	173.3
6 Reino Unido	22.4	149.4	151.7
Total	83.9	183.2	192.3

Fuente: elaboración propia con base en datos de OMPI, *World Patent Report 2007*.
* Incluye patentes registradas directamente por no residentes, así como las registradas vía PCT.

Sin embargo, es necesario ahondar más sobre esta exploración. El cuadro 2 presenta el crecimiento de las patentes[28] en cada uno de estos países, no sólo en términos totales, sino también separando a los residentes de los no residentes. Al observar la columna 3, vemos que en el grupo de países en desarrollo o emergentes sucede lo si-

[28] Se mide el crecimiento de las patentes de un periodo (1985-1994) a otro periodo (1995-2005). El primero es un periodo pre-ADPIC, mientras que el segundo es el periodo ADPIC como tal.

guiente: *a)* China, Corea e India presentan las tasas de crecimiento más importantes, y *b)* Brasil, México y Venezuela presentan tasas sensiblemente menores. Por su parte, el grupo de países desarrollados muestra lo que sigue: *a)* Estados Unidos presenta la tasa de crecimiento más alta entre todos, y *b)* los demás países, Japón, Reino Unido, Francia, Alemania e Italia tuvieron una tasa de crecimiento más baja. En suma, lo que se tiene es que sólo cuatro de entre estos países seleccionados mantuvieron un ritmo creciente en relación con la solicitud de patentes dentro de sus fronteras: Estados Unidos, China, Corea e India. Todos los demás mostraron menores ritmos de crecimiento de un periodo a otro.

Veamos ahora una comparación del crecimiento entre patentes de residentes y patentes de no residentes. En el caso de China los indicadores son muy similares, es decir, están creciendo rápidamente tanto las patentes domésticas como aquellas que provienen del extranjero (patentes PCT). En el caso de Corea la tendencia es muy distinta. Claramente, la fortaleza de esta economía radica en su ritmo doméstico de patentamiento. A su vez, India, si bien no muestra una tasa de crecimiento tan alta como los dos países anteriores, lo cierto es que el grueso de su crecimiento, al igual que Corea, se funda en la actividad inventiva doméstica. Finalmente, en el caso de Estados Unidos, su fortaleza también se encuentra en el crecimiento de las patentes domésticas. En general, ésta es una característica de los países desarrollados, entre los cuales el patentamiento doméstico es el de mayor crecimiento. Además, en los países europeos la tasa de crecimiento de patentes de no residentes son muy bajas o inclusive negativas, en términos netos son economías exportadoras de tecnologías.

En el caso de México, si bien es mayor el crecimiento de las patentes domésticas en comparación con las de no residentes, ambas tasas son bajas en comparación con los demás países (sólo son superadas por las de Venezuela). Entre los países de América Latina, únicamente Brasil muestra el crecimiento más consistente de sus flujos internos y externos de patentamiento.

El gráfico 4 muestra el cambio en la composición del patentamiento registrado en los últimos años en México en términos del tipo de vía institucional elegida. La vía convencional para registrar una patente en México era directamente en el IMPI. Dicha vía ha perdido participación de manera significativa. Si a mediados de los noventa representaba 60% de las solicitudes, casi una década después predomina la vía de la patente mundial, la cual ahora representa 80% de las patentes solicitadas. Éstas son las patentes PCT que se solicitan de manera simultánea en una variedad de países previamente seleccionados desde el país de origen de la primera solicitud, principalmente, por empresas trasnacionales.

Gráfico 4. Evolución en México de la solicitud de patentes según vía institucional, 1996-2004 (porcentaje)

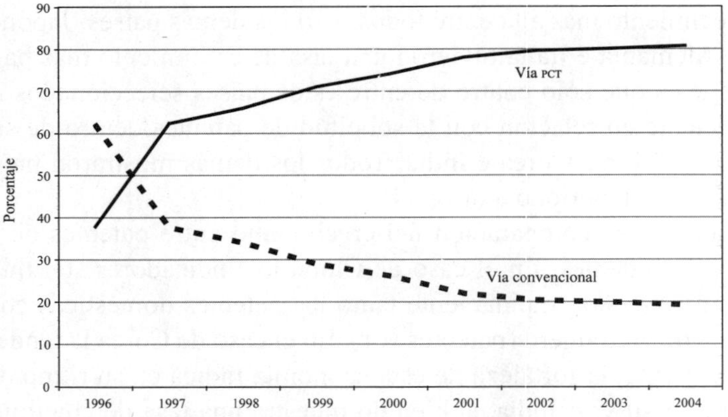

Fuente: elaboración propia con base en datos de OMPI, *World Patent Report 2005.*

Finalmente, en el gráfico 5 se muestra la evolución de las patentes registradas en México por mexicanos (residentes) y extranjeros (no residentes) durante los últimos 26 años. Tal como se puede observar, dos son los puntos de inflexión. El primero es entre 1987 y 1991, cuando se dieron los cambios más profundos en la legislación mexicana. En este caso, mientras que el flujo extranjero respondió positivamente a dichos cambios legislativos, el flujo doméstico decreció. El segundo punto de inflexión representa la puesta en marcha del TLCAN y el ADPIC entre 1994 y 1995. En este caso, mientras que el flujo extranjero se acrecentó significativamente ante dichos cambios institucionales, regionales y globales de la propiedad intelectual, el flujo doméstico continuó deprimido.

En suma, la evidencia indica que tuvo lugar una expansión de: *1)* los acuerdos de libre comercio mundial y protección de la propiedad intelectual, *2)* las patentes mundiales de las empresas trasnacionales, *3)* las patentes domésticas dentro de los países emergentes y Estados Unidos, y *4)* las patentes mundiales dentro de México. Esta evidencia permite afirmar que, conforme se expanden y fortalecen las regulaciones del sistema global de propiedad intelectual como parte del sistema de comercio mundial, el registro mundial de patentes globales se expande en dos sentidos. Por una parte, crecen las patentes globales de las empresas trasnacionales vía PCT a la par de una marginal participación de los países en desarrollo. En tal caso, como en México, este

Gráfico 5. Evolución en México de la solicitud de patentes totales, de residentes y no residentes, 1978-2004 (1978 = 100)

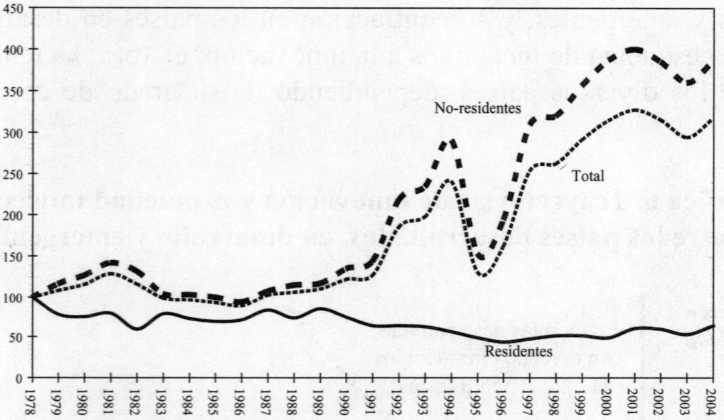

Fuente: IMPI, *Informe anual 2005.*

proceso muestra un efecto adverso en términos de la inventiva doméstica necesaria para el desarrollo de capacidades tecnológicas. Por otra parte, a nivel de países, hay un resurgimiento del patentamiento doméstico en Estados Unidos y en las naciones emergentes —Corea, China e India.

En efecto, de la evidencia anterior destaca el comportamiento de tres países emergentes porque su evolución tecnológica se encuentra fincada en un fuerte crecimiento de las patentes domésticas. Ésta había sido, tradicionalmente, una característica única de países desarrollados. Con ello, la denominación de estas tres economías como *rapid emerging economies* (REE). Por el contrario, las economías de América Latina denotan un menor crecimiento de su capacidad inventiva doméstica, elemento fundamental para el crecimiento económico sostenido. Los datos también evidencian cómo los cambios institucionales promovidos por Estados Unidos a nivel doméstico e internacional han rendido importantes frutos, al menos frente a la dinámica de los demás países desarrollados. Por último, la internacionalización de las patentes en México indica dos cuestiones: *1)* las empresas trasnacionales que patentan desde su país de origen dominan el sistema de patentes de México; y *2)* el sistema de patentes de México se encuentra plenamente integrado al sistema global de propiedad intelectual asociado al comercio mundial.

Política de innovación, comercio y propiedad intelectual

En la sección anterior se constató la expansión de la solicitud de patentes en países desarrollados y emergentes, y su contracción en los países en desarrollo. En este sentido, como esquema de incentivos a la innovación, el ADPIC ha tenido diferentes efectos entre los diversos países, dependiendo de su grado de desarrollo (véase gráfica 6).

Gráfica 6. Trayectorias de innovación y propiedad intelectual entre los países desarrollados, en desarrollo y emergentes

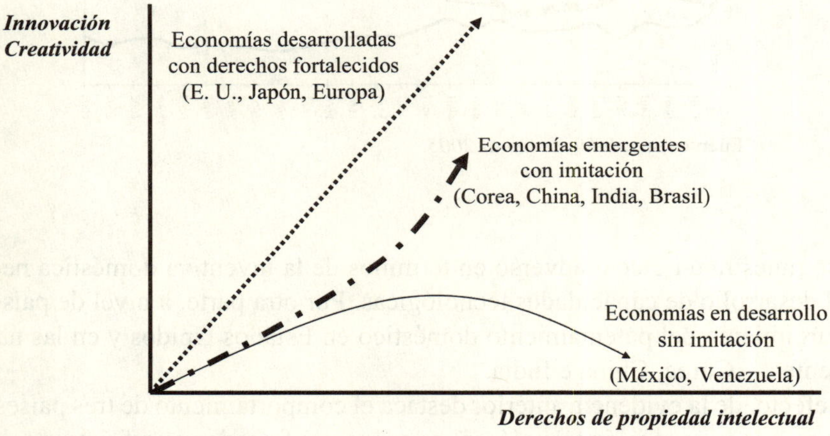

Fuente: elaboración propia.

Las economías productoras de innovaciones han tenido el mayor incentivo para registrar más derechos de propiedad intelectual y expandir el monopolio de sus tecnologías dentro de los flujos comerciales globales al cobijo del ADPIC (véase gráfica 6). Su mayor fortaleza es su gran capacidad inventiva doméstica. Además, a través de las patentes PCT, se ha reforzado la presencia de las tecnologías de las empresas trasnacionales en todos los países del mundo. Éstas utilizan el sistema de propiedad intelectual principalmente para expandir sus flujos de comercio, más que para difundir la tecnología como tal. Prueba de ello es que la mayor parte de las patentes registradas al amparo del ADPIC y por vía del PCT por empresas trasnacionales en países en desarrollo, como México, por ejemplo, no se utiliza para producir bienes o servicios a nivel doméstico, sino para importar productos patentados desde otras locaciones productivas. Es decir, las patentes actúan como mecanismos comerciales y no tanto de transferencia de tecnología.

Las economías emergentes de rápido crecimiento como Corea, China e India han impulsado y extendido sus actividades inventivas domésticas de una forma muy importante (véase gráfica 6). Justamente, la evidencia sugiere que al adoptar políticas de innovación que incluyen, entre otras, actividades de imitación de tecnologías extranjeras, estos países contribuyeron a generar y fueron fortaleciendo sus capacidades tecnológicas domésticas. De esta misma forma se comportaron algunos países desarrollados en los siglos XIX y XX, principalmente, Estados Unidos, Holanda y Japón, al imitar sus empresas tecnologías producidas en los países de Europa y en Norteamérica, respectivamente (Dutfield y Suthersanen, 2005).

Corea, por su parte, contó con un decidido impulso por parte del gobierno, el cual incluyó —entre otros— apoyo para realizar actividades de imitación dentro de industrias seleccionadas (Kim, 1997). A su vez, China se ha caracterizado por copiar o imitar casi cualquier bien o servicio de alto consumo en masa, mientras que India ha llevado hasta el fin del término acordado la plena aplicación del ADPIC en su territorio.[29] China e India, incluso Brasil, aprovecharon esta flexibilidad del ADPIC, lo cual le permitió a sus empresas nacionales proseguir con procesos imitativos en marcha desde años atrás, sin infringir las reglas del ADPIC. China[30] y Brasil[31] se han acogido a ciertas flexibilidades que permite el Acuerdo.[32] La evidencia sobre países emergentes sugiere, entonces, que la dinámica creciente del patentamiento doméstico de Corea, China e India, se encuentra positivamente asociada con las actividades de imitación de tecnologías generadas en países desarrollados.

Por el contrario, en ciertas economías receptoras de tecnología (México, por ejemplo), la legislación sobre propiedad intelectual cambió con antelación a la formalización del ADPIC (véase gráfica 6).[33] En efecto, si durante la sustitución de im-

[29] El mismo ADPIC incluyó un periodo de transición de 10 años para que todos los miembros de la OMC ajustaran plenamente su legislación de propiedad intelectual.

[30] Por ejemplo, en China, el uso generalizado de *software* se ha difundido principalmente a través de la copia no autorizada, inclusive a sabiendas de la trasnacional Microsoft.

[31] En el caso de Brasil, a principios de 2007, el gobierno decidió "quebrar" una patente de medicamento para el sida de una empresa trasnacional, acogiéndose a las flexibilidades que se le otorgan a los gobiernos en el ámbito de la salud.

[32] Asimismo, China, Brasil e India tienen una base relativamente sólida de empresas nacionales productoras de medicamentos genéricos que se han desarrollado conforme prácticas imitativas.

[33] México fue el primer país de América Latina en instaurar las nuevas modalidades para fortalecer las regulaciones monopólicas de la propiedad intelectual (1991). Sin embargo, no hace lo mismo con las medidas que permiten restringir o acotar ese poder ni con aquellas que están orientadas a la difusión

portaciones la imitación fue clave para la industrialización de México, en la época de la apertura comercial la política del gobierno contribuyó a generar un obstáculo para imitar.[34] Tal como se ha constatado, este cambio institucional anticipado no ha elevado el ritmo doméstico de patentes. En efecto, antes de proseguir una política de innovación basada en la imitación como un elemento para desarrollar capacidades tecnológicas, la mayor parte de los países en desarrollo ha modificado sus regulaciones institucionales en el sentido del ADPIC. Es decir, han visto el ADPIC más como un factor para promover actividades comerciales e inversiones, que como un mecanismo de regulación que afecta las políticas de innovación tecnológica (Abarza y Katz, 2002). Entonces, en términos de política pública, el mayor defecto de estos gobiernos en relación con la propiedad intelectual es no haberla considerado como un elemento de la política nacional de innovación (Ghosh, 2004).

Debe subrayarse que lo anterior no significa que no existan otras vías, más que la imitativa, para el aprendizaje y desarrollo tecnológico. Actualmente hay ejemplos en sectores como el de tecnologías de información y comunicaciones, biotecnología, química, cemento y minería, donde han sido desarrolladas por empresas mexicanas innovaciones domésticas, hasta cierto punto, más que incrementales. Sin embargo, en la medida en que una buena parte de la tecnología en México se transfiere del exterior, la vía imitativa cobra mayor fuerza como forma de aprender y desarrollar tecnologías propias.

En suma, la evidencia anterior sugiere que los diferentes efectos entre los diversos países, dependiendo de su grado de desarrollo, fueron los siguientes:

1. Las economías de países desarrollados innovaron y protegieron con la misma intensidad los resultados de sus actividades inventivas domésticas.
2. Los países emergentes de Asia han imitando esta forma general de operar de las naciones desarrolladas, particularmente, el fortalecimiento de las capacidades inventivas domésticas.
3. Por el contrario, dentro de los países en desarrollo, haber armonizado sus regulaciones nacionales sobre derechos de propiedad intelectual no se tradujo

plena de la tecnología contenida en patentes. Al no aprovechar las flexibilidades sobre las regulaciones de patentes dentro del ADPIC, se fortalece el poder monopólico de la patente y se debilita su difusión.

[34] El esquema es interesante como hipótesis, aunque surge la duda de que se tenga la evidencia necesaria para demostrar que así ha sucedido. Si bien en este texto es imposible profundizar en el tema de la imitación, es importante señalar que existen alcances y limitantes del aprendizaje por vía imitativa. Véase los aspectos claves del aprendizaje en Villavicencio, Arvanitis y Minsberg (1995), Villavicencio (1993, 2006) y Villavicencio, Lara y Martínez (1996).

en un aumento de la actividad inventiva doméstica, sino que ésta se estancó en forma sostenida.

Reflexiones finales: propiedad intelectual y comercio en el mundo global

El ADPIC como mecanismo del sistema comercial

El ADPIC de la OMC ha significado un cambio institucional a nivel global que produjo una transformación importante al conectar los temas de propiedad intelectual con los del comercio mundial. Entre los temas del comercio mundial se encuentran los tópicos públicos relacionados con la actividad económica de las empresas trasnacionales (UNCTAD-ICTSD, 2005). Este fenómeno representa una transformación del sistema de propiedad intelectual de uno relativamente simple y basado en decisiones soberanas, en un sistema relativamente complejo, basado en una autoridad central supranacional. Es un cambio institucional isomorfo que consistió en "armonizar" legislaciones de los diversos países. Sin embargo, dadas las diferentes condiciones de desarrollo en que se aplica la "misma forma" institucional, los efectos no fueron iguales, sino diversos.

Lo característico del ADPIC de la OMC es la manera en que se establece una relación muy estrecha entre comercio y propiedad intelectual, antes ámbitos separados y con diferentes esquemas de gobernancia. En la actualidad, el sistema mundial de propiedad intelectual es gobernado por un organismo comercial, cuando anteriormente se guiaba por intermedio de la discusión entre países dentro de un organismo multilateral de las Naciones Unidas. Como resultado, si un país miembro incumple con algún artículo del ADPIC, puede ser juzgado en el marco de la OMC. En el ámbito de la OMPI esto no era posible, al no existir mecanismo alguno de resolución de conflictos o diferencias.

Entonces, el ADPIC representa un mecanismo supranacional del ámbito comercial de resolución de conflictos sobre propiedad intelectual que descansa en los países miembros de la OMC, los cuales han impulsado las reformas armonizadoras de sus legislaciones nacionales, necesarias para alinearse entre todos a los elementos del sistema. El acuerdo impone la obligación de proteger los derechos de propiedad intelectual conforme ciertas normas y regulaciones mínimas. Tampoco se establecieron determinadas normas "máximas" para evitar el acrecentamiento desmedido de la protección a la propiedad intelectual. En los nuevos acuerdos de comercio entre países desarrollados y países en desarrollo, se han negociado cláusulas ADPIC Plus, significando más protección y fortaleza del monopolio tecnológico que la acordada en el ADPIC en sí.

Conforme lo anterior y en relación con la evidencia de patentes, se ha podido constatar que la propiedad intelectual es un elemento estratégico global para las empresas trasnacionales en el contexto institucional de la era de la economía del conocimiento. Al integrarse la propiedad del conocimiento con las regulaciones sobre transacciones comerciales globales, se contribuyó a fortalecer la dominación del mercado por las empresas trasnacionales. Ello ocurre, fundamentalmente, porque registran la mayoría de los conocimientos como propiedad intelectual y son responsables de la mayor parte del flujo comercial mundial. Al amparo de todas las regulaciones contenidas en el ADPIC de la OMC, se desprende que las empresas trasnacionales podrán ejercer el derecho exclusivo de propiedad intelectual concedido para producir bienes a escala global. Este derecho también podrían utilizarlo para bloquear y evitar que otros puedan comerciar productos parecidos en el mercado o, abiertamente, tratarán de monopolizar industrias y productos específicos, algunos de éstos esenciales para el bienestar social. En otros casos, dadas las carencias de protección jurídica en la actual legislación de propiedad intelectual, podrán apropiarse de la riqueza genética en diferentes partes del mundo, patentando plantas y organismos desconocidos en las culturas occidentales, pero objeto de cultura y propiedad colectiva de las sociedades tradicionales, indígenas o rurales, de los países en desarrollo. Todo esto a una escala global, regional y local.

El ADPIC y las políticas públicas

Con el ADPIC, los países desarrollados lograron que el resto del mundo adoptara regulaciones de propiedad intelectual fortalecidas, y con ello contribuyeron a impedirle a estos países adoptar una política de propiedad intelectual acorde con sus propios niveles de desarrollo. En este sentido, el ADPIC impide elegir con libertad entre políticas que los países desarrollados disfrutaron en su momento conforme se fueron desarrollando. Por ejemplo, la imitación tecnológica como una política para la difusión tecnológica, el aprendizaje y fortalecimiento de capacidades tecnológicas domésticas. Justamente, los países emergentes de la actualidad —Corea, China e India— han operado bajo marcos institucionales mucho menos restrictivos, y sólo recientemente han adoptado a plenitud la norma ADPIC. En este sentido, dichos países han podido continuar durante más tiempo con sus anteriores políticas de innovación y desarrollo tecnológico. Precisamente, lo que debiera imitarse de Corea, India y China es la implantación de políticas públicas a partir de la experiencia de países desarrollados. Una de ellas ha sido el alto grado de libertad con el cual dichos países se han dado a la tarea de imitar tecnologías extranjeras.

El ADPIC incorporado como un elemento del sistema comercial multilateral representa un fenómeno institucional complejo que afecta las prácticas imitativas por parte de los países en desarrollo. El efecto principal de fortalecer los derechos de propiedad intelectual es que han obligado a los países en desarrollo a replantear las políticas públicas relacionadas con la innovación y desarrollo tecnológico. Entre otras, castiga la vía imitativa al enfrentar a los países en desarrollo con un régimen endurecido de propiedad intelectual global a cambio de la promesa de mayores flujos de comercio e inversiones. Por ejemplo, desde una perspectiva comercial, el ADPIC favorece las importaciones de bienes por los países en desarrollo. Desde la perspectiva industrial, obstaculiza el uso de estrategias imitativas como formas de difusión tecnológica y aprendizaje. Cabe preguntarse si a la par de los cambios institucionales para proteger la propiedad intelectual en el marco de los acuerdos de libre comercio también existió la implementación de otras políticas que incentivaran la innovación por otros mecanismos, por ejemplo, una política industrial selectiva que proteja a los sectores nacionales estratégicos con capacidad de invención e innovación. Sin embargo, ésta es casi impensable en el marco del ADPIC, debido a que el patentamiento se ha convertido en una práctica global que traspasa fronteras nacionales.

Lo anterior se logra acentuando el carácter monopólico del derecho de patente por encima del interés público y el bienestar mundial. Al fortalecer institucionalmente el derecho de monopolio en todos los países de manera simultánea, el ADPIC contribuye a debilitar la difusión tecnológica del conocimiento —una de las justificantes más importantes para otorgar el monopolio. Este fortalecimiento de los derechos de propiedad intelectual plantea nuevas restricciones en relación con la salud, los medicamentos, la alimentación, la agricultura, las semillas, las plantas y la genética. Además enfrenta a la biodiversidad, el medio ambiente y al conocimiento tradicional con la posibilidad de que empresas privadas puedan ejercer derechos exclusivos de explotación de diversos elementos naturales, ecológicos y de conocimiento que los constituyen.

En suma, el resultado concreto de aplicar el ADPIC-OMC es que mayores derechos monopólicos no producen, necesariamente, mayores niveles de innovación y creatividad en todos los países por igual. La diferencia estriba en las políticas públicas adoptadas: aquellas que favorecen la imitación tecnológica como forma de aprendizaje, contribuyen más al desarrollo de capacidades tecnológicas domésticas que aquellas políticas que fortalecen y amplían los derechos de propiedad intelectual, inclusive, más allá del mismo ADPIC. Por lo anterior, en el marco de políticas públicas *ad hoc*, se establecen las siguientes proposiciones: *1)* a las economías emergentes y en desarrollo se les puede distinguir por su propensión a imitar las tecnologías de los países desarrollados; *2)* en el caso de los países emergentes, el fortalecimiento de los derechos de propiedad intelectual contribuye a propagar la actividad inventiva doméstica impulsada por una mayor propensión a realizar procesos imitativos, y *3)* en el caso de los países en desarrollo, el fortalecimiento de los derechos de propiedad intelectual inhibió la actividad inventiva doméstica desalentando los procesos imitativos.

Bibliografía

Aboites A., J. y M. Soria L. (1999), *Innovación, propiedad intelectual y estrategias tecnológicas: La experiencia de la economía mexicana*, México, Miguel Ángel Porrúa y UAM-Xochimilco.

Abarza, J. y J. Katz (2002), "Los derechos de propiedad intelectual en el mundo de la OMC", *Desarrollo Productivo*, núm. 118, enero, Santiago de Chile, CEPAL, División de Desarrollo Productivo y Empresarial, Red de Reestructuración y Competitividad.

Coriat, B. y F. Orsi (2001), "The Installation in the United States of a New Regime of Intellectual Property Rights —Origins, Content, Problems", París, IDEE-CEPN, CNRS, Paris 13 University.

________ y F. Orsi (2002), "Establishing a New Intellectual Property Rights Regime in the United States: Origins, Content and Problems", *Research Policies*, vol. 31, issues. 8-9, diciembre, pp. 1491-1507.

Correa, C. M. (2001a), "The TRIPS Agreement: How Much Room for Maneuver?", *Journal of Human Development*, vol. 2, núm. 1, pp. 80-107.

________ (2001b), "Los conocimientos tradicionales y la propiedad intelectual: Cuestiones y opciones acerca de la protección de los conocimientos tradicionales", *Oficina Cuáquera ante las Naciones Unidas* (QUNO), Ginebra, 29 de noviembre.

Dimaggio, Paul y Powell, Walter W. (1983), "The Iron Cage Revisited: Institutional Isomorphism and Collective Rationality in Organizational Fields", *American Sociological Review*, núm. 48, pp. 147-160.

Dutfield y Suthersanen (2005), "Harmonisation or Differentiation in Intellectual Property Protection? The Lessons of History", *Prometheus*, vol. 23, núm. 2.

Encaoua, David, Dominic Guellec y Catalina Martínez (2006), "Patent Systems for Encouraging Innovation: Lessons from Economic Analysis", *Research Policy*, vol. 35 (9), noviembre, Elsevier, pp. 1423-1440.

Ghosh, S. (2004), "Patentes y el Estado regulador: repensando la metáfora del '*patent bargain*' después de Eldred", *Berkeley Technology Law Journal*, núm. 74, Estados Unidos.

Greenpeace (2006), *Informe anual Greenpeace 2005*, 9 de agosto, Greenpeace España.

Gurry, F. (2004), "Chapter 22: A Multilateral View of Change in the Patent System", *Patents, Innovation and Economic Performance*, París, OECD Conference Proceedings, pp. 333-338.

Helpman, E. (1993), "Innovation, Imitación and Intelectual Property Rights", *Econometrica*, vol. 61, núm. 6, noviembre, pp. 1247-1280.

Hunt, Robert M. (1999), "Nonobviousness and the Incentive to Innovate: An Economic Analysis of Intellectual Property Reform", *Working Paper 99-3*, Estados Unidos, Federal Reserve Bank of Philadelphia.

Katz *et al.* (1986), "Insulina y economía política. 'El difícil arte de la política pública'", *Desarrollo Económico, Revista de Ciencias Sociales*, vol. 26, núm. 103, octubre-diciembre.

Kefauver-Harris Amendments to the Food, Drug, and Cosmetic Act of 1938, 1962.

Kim, L. (1997), *Imitation to Innovation: The Dynamics of Korea's Technological Learning*, Management of Innovation and Change Series, Harvard University Press, p. 303.

Mowery, D. C. y N. Rosenberg (1999), *Paths of Innovation; Technological Change in 20th Century America*, Estados Unidos, Cambridge University Press.

Olson, M. (1965), "The Logic of Collective Action", en C. Calhoun, J. Gerteis, J. Moody, S. Pfaff e I. Virk (eds.) (2002), *Contemporary Sociological Theory*, Reino Unido, Blackwell Publishing.

OMPI (2005, 2006, 2007), *World Patent Report.*

Rifkin, J. (1998), *El siglo de la biotecnologia*, Barcelona.

Roffe, P. y M. Santa Cruz (2006), "Los derechos de propiedad intelectual en los acuerdos de libre comercio celebrados por países de América Latina con países desarrollados", en CEPAL, *División de Desarrollo Productivo y Empresarial*, Red de Reestructuración y Competitividad, Santiago de Chile, enero, p. 51.

Slaughter, S. y G. Roades (1996), "The Emergence of a Competiveness Research and Development Policy Coalition and the Commercialization of Academic Science and Technology", *Science , Technology and Human Values*, 21(3), pp. 303-339.

UNCTAD-ICTSD (2005), *Resource Book on TRIPS and Development*, Estados Unidos, Cambridge University Press, p. 829.
Villavicencio, D. (1993), "¿Qué entendemos por aprendizaje tecnológico?", *TECNOINDUSTRIA*, núm. 11, México, Conacyt, septiembre, pp. 22-29.
________, R. Aravanitis y L. Minsberg, (1995), "Aprendizaje tecnológico en la Industria Química Mexicana: capacidades y debilidades para la innovación", en *Perfiles Latinoamericanos*, núm. 4, México, Flacso, septiembre-diciembre, pp. 121-145.
________, A. Lara y A. Martínez, (1996), "Aprendiendo a fabricar TV como en Japon", en J. Micheli (ed.), *Japan Inc. Made in Mexico*, México, M. Á. Porrúa, pp. 225-266.
________, (2006), "Trabajo, aprendizaje tecnológico e innovación", en De la Garza (ed.), *Teorías sociales y estudios del trabajo: nuevos enfoques*, México Antrhopos-UAM, pp. 222-242.

Leyes nacionales y acuerdos

Acuerdo sobre los aspectos de los Derechos de Propiedad Intelectual Relacionados con el Comercio, OMC, 1995.
Tratado de Libre Comercio para América del Norte, 1994.
Ley de la Propiedad Industrial, México, 2006.
Ley Federal de Variedades Vegetales, México, 1996.
Ley Federal de Derecho de Autor, México, 2004.

Estadisticas de propiedad intelectual (disponibles en página electrónica)

www.wipo.com
www.impi.gob.mx
www.concyt.gob.mx

Políticas públicas que sustentan los Sistemas Regionales de Innovación: aportes para la discusión[1]

José Luis Solleiro[2]
Katya Luna[3]
Rosario Castañón[4]

"Cuando se pregunta uno: ¿porqué algunas naciones son ricas mientras otras son pobres?, la idea clave es que las naciones producen dentro de sus fronteras no aquello que la dotación de recursos permite, sino aquello que las instituciones y las políticas públicas permiten".

M. Olson (1982)

Introducción

El concepto de Sistema Nacional de Innovación (SNI) surge a partir de la preocupación de diversas naciones por el impulso de la competitividad de sus economías y los sectores que las componen, así como de la conciencia de algunos países desarrollados sobre los crecientes costos de producción, la escasez de recursos y la importancia que tiene el desarrollo de habilidades técnicas superiores para mantener su superioridad competitiva. Esto dio lugar a la idea de "tecnonacionalismo" de Nelson (1993), la cual se basa en su convencimiento de que

[1] Este trabajo es resultado parcial de un proyecto de investigación auspiciado por el Programa Cidecyt del Centro de Investigación y Docencia Económica.

[2] Investigador del Centro de Ciencias Aplicadas y Desarrollo Tecnológico de la UNAM.

[3] Estudiante del doctorado en Economía de la Tecnología en la Facultad de Economía de la UNAM.

[4] Investigadora del Centro de Ciencias Aplicadas y Desarrollo Tecnológico de la UNAM.

la capacidad tecnológica de las empresas nacionales es la fuente de sus ventajas competitivas, y de que estas capacidades tienen un sentido nacional, por lo que pueden ser construidas a través de una acción local, mediante sistemas nacionales de innovación.

Este concepto fue acuñado por Lundvall (1985), basado en la idea de Frederick List de sistemas de producción nacional, y en el trabajo de Von Hippel sobre la colaboración técnica entre empresas. Así, Lundvall pone énfasis en las interacciones entre productores y usuarios en el contexto de la economía nacional. La observación de que los flujos tecnológicos y el desarrollo de tecnología entre empresas eran mucho más frecuentes dentro de los límites nacionales que fuera de ellos, explicaría entonces la posible existencia de sistemas nacionales de innovación.

Para Lundvall, un sistema nacional de innovación se constituye de todas las partes y aspectos de la estructura económica, así como del establecimiento institucional que afecta al aprendizaje, la adquisición y explotación de conocimientos. Así, el aprendizaje tecnológico tendrá lugar por la interacción de un sistema productivo, un sistema de mercado y un sistema financiero (*apud* Ritter, 2005).

La contribución de Lundvall y sus colaboradores (2002) se relaciona principalmente con un modelo útil para la toma de decisiones en materia de la integración y coordinación entre diferentes áreas de política que afectan el desempeño económico nacional y que suelen ser vistas como separadas e independientes. Así, como modelo de análisis, el SNI facilita la comprensión de la interacción entre empresas e instituciones generadoras de conocimiento y los patrones de cambio tecnológico que se conforman en virtud de dicha interacción. Como tal, el concepto puede servir para diseñar las políticas tecnológica e industrial.

Por su parte, Freeman (1997) utiliza este concepto para definir la red de instituciones de los sectores público y privado, cuyas actividades e interacciones conciben, generan, importan, modifican y difunden nuevas tecnologías. Esta red incluye no sólo aquellas instituciones directamente involucradas en las actividades de I+D, sino todos los medios a través de los cuales son administrados y organizados los recursos disponibles, tanto en el nivel empresarial como en el nacional. Nelson considera a las empresas privadas como el núcleo de este sistema y reconoce como crucial el papel de otras instituciones, como las universidades, laboratorios, corporaciones estatales y agencias gubernamentales para la coordinación y financiamiento, con el objetivo de propiciar la creación y difusión de nuevas tecnologías.

Niosi y sus colaboradores (1993), contrario a Nelson, consideran al Estado como el elemento dominante, no sólo porque financia y muchas veces ejecuta una gran parte de la I+D nacional, sino también porque adopta y exporta arreglos tecnológicos, establece políticas, leyes de propiedad intelectual y otras medidas, además de ser el responsable por redes nacionales a través de sus políticas de educación superior y actividades de información. Considerando la complejidad del SNI, estos autores recomiendan que las interacciones entre los diferentes actores sean medidas a través de indicadores que permitan evaluar el grado de coherencia entre las unidades del sistema.

Para alcanzar su eficiencia, el sistema requiere la existencia simultánea de un patrón de interacción entre una serie de instituciones y la retroalimentación que reciban del ambiente en el que están insertas. Estos patrones de interacción deben actuar de tal forma que el producto de cada institución necesite ser reforzado por la operación de las otras instituciones relacionadas, de manera que se garantice la coherencia y sinergia indispensables para la existencia del sistema.

Por su parte, el concepto de Sistema Regional de Innovación (SRI) es relativamente nuevo a nivel de la definición de políticas. Apenas en la segunda mitad de los años noventa, la Comisión Europea comenzó a ejecutar Planes Tecnológicos Regionales y Estrategias Regionales de Innovación (Cook y Memedovic, 2003). En el caso de Estados Unidos, de acuerdo con Porter (1998), el liderazgo en innovación se basa en la existencia de sistemas regionales y locales de innovación sustentados en *clusters*, principalmente alrededor de sectores de alta tecnología.

El vínculo entre territorio e innovación se deriva del hecho de que en los nuevos espacios económicos la cercanía de las entidades genera procesos que facilitan el aprendizaje tecnológico y organizativo, algunos de los cuales operan a través del mercado (como las relaciones *proveedor-usuario*), y otros a través de interrelaciones entre las instituciones, mercados de trabajo, normas y convenciones, etcétera.

La proximidad geográfica y la afinidad de intereses generan espacios propicios para el flujo de conocimientos, lo cual tiene un papel central en el éxito de los sistemas de innovación locales, dado que los procesos de aprendizaje a través de la interacción tienden a reforzar lo local frente a lo global, consolidando las regiones de aprendizaje (Gertler, 2003).

Al principio de esta década, los ejemplos de políticas de promoción de regiones de innovación como medio de apuntalar la competitividad nacional han proliferado. Las regiones, "especialmente cuando han desarrollado *clusters* y una maquinaria administrativa apropiada para apoyar a la empresa innovadora, representan comunidades más significativas de interés económico, definen flujos genuinos de actividades económicas, y pueden aprovechar vínculos y sinergias entre actores económicos" (Cook y Memedovic, 2003: 2).

Sin embargo, concretar los beneficios de la eficiencia colectiva a nivel regional en innovación no es una cuestión casual; requiere planificación y políticas adecuadas. En este trabajo presentamos una serie de elementos básicos para la definición de políticas regionales de innovación.

La importancia de la innovación y su fomento

La competitividad de las empresas, sectores industriales, regiones e incluso de los países, está determinada por las estrategias de crecimiento que se emprendan para insertarse de forma exitosa en el contexto internacional imperante en la actualidad. Uno de los factores que ha cobrado mayor relevancia es la capacidad de generar, adoptar y difundir innovaciones. Esta capacidad de innovación es un determinante endógeno crucial para el crecimiento económico y la adaptación al entorno de competencia de las empresas y los territorios (Malmberg y Maskell, 2002).

La innovación implica "la búsqueda y el descubrimiento, experimentación, desarrollo, imitación o adopción de nuevos productos, procesos y aspectos organizacionales" (Dosi *et al.*, 1988, p. 221). Permite a las empresas generar productos nuevos y mejorados, ahorros de capital y, en el caso de las mejoras en los procesos de producción, reducciones de costos, mejoras en la eficiencia y en la calidad; todo ello utilizando el conocimiento de manera creativa para responder a demandas del mercado. Por tal razón, la innovación constituye una de las formas más eficientes para que una empresa se diferencie de sus competidores y le permita construir ventajas competitivas reales (Feneuille, 1997). Así, el concepto de innovación integra, además de la tecnología, nuevos medios de distribución, mercadeo o diseño.

Las innovaciones radicales, junto con el compromiso de los empresarios y visionarios que desarrollan las políticas de innovación, han llevado a la creación de nuevos negocios e, inclusive, de nuevas industrias. Por ello, la innovación es considerada en nuestros días por expertos de la OCDE, de la Comunidad Económica Europea y por múltiples estudiosos de la economía, como un impulsor del crecimiento (Comisión de las Comunidades Europeas, 2000b).

La innovación se entiende hoy en día como un proceso interactivo de aprendizaje donde interactúan diferentes departamentos de una misma empresa, distintas empresas, diversas instituciones públicas y privadas, e infraestructura de la ciencia básica (universidades y centros de investigación públicos), es decir, productores y usuarios que convergen en un amplio medio institucional (Salom, 2003). Esta concepción ha conducido al término *Sistemas de Innovación*, el cual, como hemos mencionado, tiene acepciones en cuanto a la dimensión del sistema: nacional, regional, sectorial o local.

Metcalfe (1995) entiende al SNI como el conjunto de distintas instituciones que individual y conjuntamente contribuyen al desarrollo y difusión de nuevas tecnologías, y que, al mismo tiempo, provee el marco dentro del cual los gobiernos crean e instrumentan políticas orientadas a influenciar el proceso de innovación. Se trata de un sistema de instituciones interrelacionadas para crear, almacenar y transferir el conocimiento, habilidades y artefactos que definen las nuevas tecnologías.

Como puede observarse, *el impulso de un sistema de innovación implica la actuación pública deliberada para fomentar las interacciones entre sus actores y los flujos de conocimiento, inversión, productos y servicios.*

De igual forma, en la actualidad se tiene claro que el aprendizaje también depende del contexto organizativo y las redes creadas para la producción, identificación, apropiación, absorción y circulación de conocimiento. Por ello, la existencia de relaciones y redes sociales es un elemento decisivo en el éxito de los territorios (Morgan, 1997). Asimismo, la existencia de "facilitadores" es importante para el proceso de innovación, dado que éstos actúan como agentes para la difusión de conocimiento tácito dentro de las organizaciones (Salom, 2003). De ahí que el tejido de redes se favorezca por la acción de estos facilitadores, por lo que las políticas de innovación han comenzado a promoverla.

Políticas públicas

Por política pública se entiende "una declaración gubernamental, escrita o verbal, que expresa un propósito (los efectos que busca producir) y establezca objetivos o defina metas cuantitativas[…] puede contener criterios para la toma de decisiones y para optar entre diferentes alternativas" (Nadal, 1977: 45). Son estrategias, derivadas de los procesos de toma de decisiones del Estado frente a determinados problemas públicos. Debidamente formulada, contendrá una descripción de la condición de estado deseada y del conjunto de los instrumentos con los que se buscará alcanzar sus metas. Una política puede implicar regulación, distribución de diversos tipos de recursos (incentivos o subsidios, en efectivo o en especie, presentes o futuros, libres o condicionados), intervención redistributiva directa, o dejar en libertad de toma de decisiones a los ciudadanos (Aguilar, 1996).

Una política pública se presenta bajo la forma de un conjunto de prácticas y normas que emanan de uno o varios actores públicos. Estas prácticas de la autoridad pública, en un determinado contexto, pueden ser formas de intervención, reglamentación, previsión, provisión de prestaciones, represión, etcétera.

Cuadro 1. Características de la política pública

Contenido: la actividad política se identifica bajo la forma de una sustancia, de un contenido. Los recursos se aplican para generar resultados o productos. El objeto determinará el proceso de elaboración, tratamiento y acción particular de la política.
Un programa: una política pública debe seguir un marco que integre sus actividades. Una estructura de referencia u orientación. Un marco temporal. Indicadores de resultados.
Una orientación normativa: la actividad pública es la resultante de la expresión de finalidades y preferencias del tomador de decisiones. Refleja un conjunto de deseos. Influencia de distintos intereses y circunstancias. Valores, tendiendo hacia objetivos específicos.
Un factor de coerción: se ejerce la naturaleza autoritaria de que se halla investido el actor gubernamental. Legitimidad que otorga la autoridad legal. El monopolio de la fuerza. La autoridad se impone a la colectividad.
Una competencia social: la política pública afecta la situación, los intereses, los comportamientos de los administrados.

También es esencial considerar que en la elaboración de las políticas públicas intervienen tanto instituciones como individuos. Las instituciones son las que instrumentarán y crearán la estructura necesaria para llevar a cabo la implementación de las políticas. A través de estas instituciones se logra la coordinación y estabilidad social de las que depende la viabilidad de la actividad pública específica.

La necesidad de políticas de innovación

Como ya hemos adelantado, en el contexto de la economía global el aprendizaje tecnológico es necesario para la rápida adaptación a los cambios del mercado y a las nuevas trayectorias tecnológicas. Esto, aunado al acelerado cambio en la demanda de nuevos productos, la creciente desregulación del mercado que trae consigo la entrada de nuevos competidores en la escena, ha ocasionado que la política de innovación se convierta en elemento crucial en el fomento de la actividad económica.

Es importante recalcar que el aprendizaje tecnológico requiere de múltiples interacciones sociales que difícilmente pueden ser fomentadas de forma exclusiva por la vía del mercado, tales como la vinculación universidad-empresa para la realización de investigación pre-industrial, la capacitación del capital humano y, por supuesto, el acceso a nuevas fuentes de financiamiento para la innovación, entre otras. Es por ello que es necesaria la intervención del Estado en la orientación y fomento de las actividades innovadoras.

Otra justificación de la necesidad del apoyo público en cuestiones de tecnología e innovación está dada por las imperfecciones del mercado y el riesgo inherente a todo proceso de innovación: los problemas fundamentales son los que se refieren a la dificultad de convertir el resultado de la investigación básica en nuevos productos o procesos, codificar el conocimiento tácito con la finalidad de que sea efectivamente transferido, difundir con éxito las innovaciones, así como por la necesidad de mantener el nivel de competitividad de los sectores de la economía como elemento determinante del desarrollo de los países (Cotec, 1998).

Para Wad (1996), la justificación de la intervención estatal en ciencia y tecnología (CyT) proviene de la posibilidad de que el progreso de este sector no avance en la dirección deseada, así como de la lenta apropiabilidad de los resultados de la investigación y desarrollo por la vía del mercado que reduce los incentivos empresariales para invertir. De igual forma intervienen las presiones de la competencia internacional, que hace necesaria la protección y fomento de las industrias nacientes, además de la existencia de ciertos ámbitos científicos y tecnológicos que es poco probable que se desarrollen por su propia cuenta y, sobre todo, por la utilización de la CyT como un elemento estratégico para la persecución de fines económicos, políticos y, a menudo, militares.

Otro factor por demás relevante para aquellos países en los que no se cuenta con una tradición de inversión privada en I+D, es la necesidad de que los desarrollos tecnológicos obtenidos en centros de investigación o universidades públicas beneficien a la sociedad, optimizando su tasa de difusión, lo cual sienta la base para un mayor número de innovaciones. Además, Dosi, Giannetti y Toninelli (1992) resaltan que el alto costo y riesgo de la investigación en áreas de frontera han hecho que el Estado fomente directamente dichas actividades, actuando como catalizador de la inversión privada.

Así, una de las prioridades del uso de los sistemas de innovación como marco analítico se orienta hacia el diseño de políticas públicas enfocadas al fomento de la generación, difusión y acumulación de conocimiento técnico, resaltando la importancia de las relaciones proveedor-usuario que promuevan el aprendizaje tecnológico (Lundvall, 1988). Mediante una política de innovación, se busca la coordinación de las actividades de los actores (privados y gubernamentales), con el objetivo de incrementar las capacidades tecnológicas definidas por Cimoli (2000) como los recursos necesarios para la generación y administración del cambio técnico, la adquisición de tecnología incorporada y habilidades de producción, la dirección de la organización y la asimilación del conocimiento.

En la actualidad, los estados buscan ir más allá del diseño de políticas de ciencia y tecnología para dar paso a políticas de innovación, las cuales tienen más amplios objetivos. Lundvall y Borrás (1997) la definen como los elementos de ciencia, tecnología y política industrial que explícitamente promueven el desarrollo, difusión y uso eficiente de nuevos productos, servicios y procesos en mercados o en organizaciones públicas y privadas. Busca potenciar las capacidades tecnológicas, así como también remediar las deficiencias en las empresas o en el contexto en el cual operan, y tiene como objetivo incrementar la tasa y el éxito en la introducción de nuevos productos, procesos y servicios. De igual forma, procura que las empresas reconozcan que la inversión en I+D les dará retornos y una rentabilidad sostenida (Dutrénit, 2005). Recientemente se tiene como un objetivo de la política la articulación de los Sistemas de Innovación (OECD, 1999).

Albornoz (2001) define una política sistémica de innovación como aquella basada en la demanda de conocimientos; su eje es el estímulo a la conducta innovadora de las empresas y en la cual la innovación es vista como un proceso de interacciones múltiples que requiere la existencia de un tejido social innovador como sustento.

La Unión Europea, por su parte, asegura que el desempeño innovador de una región o país depende en gran medida de las decisiones adoptadas por empresarios individuales, los gerentes de las compañías y los inversionistas, basados en sus percepciones de costos, beneficios y riesgos, los cuales determinan, en última instancia, el nivel de innovación. Por ello, la remoción de barreras a la innovación, la creación de incentivos, el apoyo a la investigación y el aseguramiento del libre flujo de información a través de políticas científicas y tecnológicas, desempeñan un papel crucial para impulsar y catalizar el proceso de innovación (Comisión de las Comunidades Europeas, 2000).

Dado que la innovación ocurre en el ámbito de las empresas, es necesario que en la política correspondiente esté presente una línea empresarial moderna como uno de sus ejes principales. Esto significa impulsar una política dirigida a estimular la creación y crecimiento de empresas líderes y el flujo de información de éstas al resto de las empresas, esto último de particular interés para las regiones innovadoras que determinen como su estrategia de desarrollo la creación y fortalecimiento de grandes empresas alrededor de las cuales se conforme un gran número de PYME abastecedoras de insumos y servicios múltiples.

Instrumentos de la política de innovación

La política puede convertirse en mera declaración retórica si no se generan los medios para llevar a la práctica su efecto potencial, para ello se necesitan varios elementos que se incluyen en el término de instrumentos de política. Un instrumento de política es el conjunto de modos y medios utilizados para poner en práctica una política determinada. Constituye el vehículo mediante el cual, quienes tienen a su cargo la formulación y ejecución de las políticas, ejercen su capacidad de influir en las decisiones que toman los demás. También podría decirse que un instrumento de política es el que intenta motivar a individuos e instituciones para la toma de decisiones con la racionalidad de los objetivos colectivos establecidos por la fuente de poder (Sagasti, 1981).

Un instrumento de política es una entidad compleja que comprende uno o más de los siguientes elementos (véase figura 1): *un dispositivo legal*, que podría llamarse el instrumento legal; esto incluye la política o partes de ella en forma de ley, decreto o reglamento. Los acuerdos y contratos formales también pueden considerarse incluidos en esta categoría. La idea principal es que el dispositivo legal va más allá de la política, al establecer obligaciones, derechos, recompensas y sanciones en relación con su cumplimiento.

También comprende la *estructura de organización*, que es la red institucional que se encarga de la puesta en práctica de la política. Bajo el término estructura de organización se incluye: una o más instituciones, los procedimientos, metodologías, criterios de decisión y programas que puedan abarcar una o más instituciones, y, por último, *un conjunto de mecanismos operativos*, que constituye los medios reales por los que la estructura de organización aplica finalmente las decisiones y actúa para obtener el efecto deseado sobre las variables a influir con la política.

Figura 1. Estructura de un instrumento de política

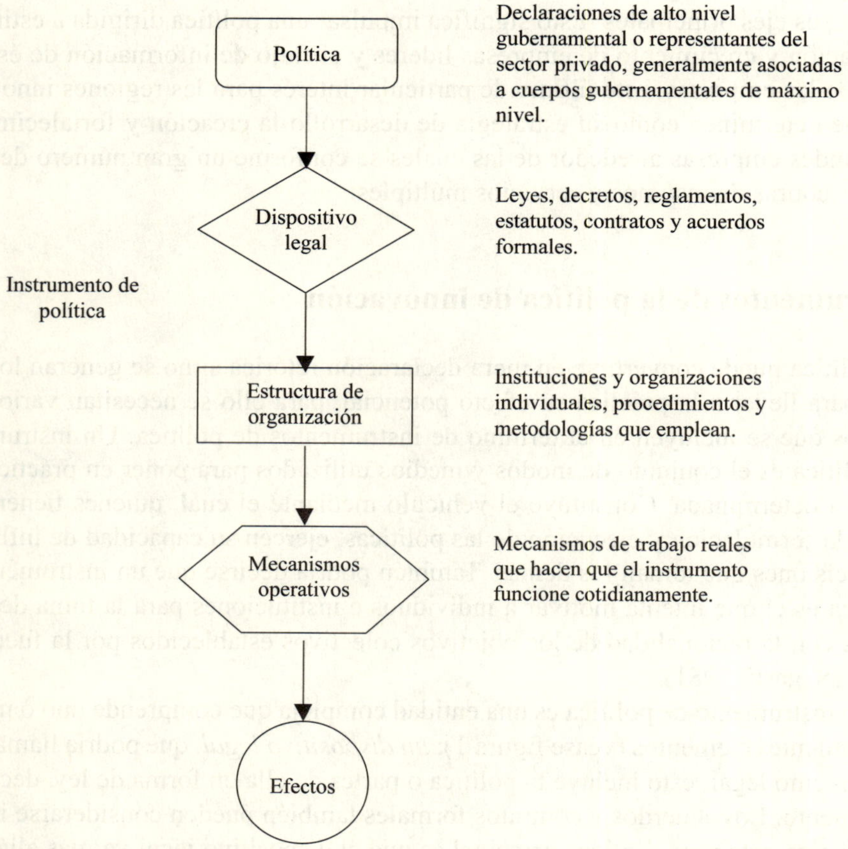

Fuente: Sagasti, 1981.

Existen diversos criterios para clasificar los instrumentos de política tecnológica. Es común clasificarlos entre instrumentos de *fomento* y de *control*, aunque en ocasiones es difícil determinar la diferencia entre una y otra debido principalmente a que a menudo las políticas contienen ambos mecanismos (Nadal, 1977: 45, 47). De hecho, es importante para el diseñador de política el explorar todas las vertientes de intervención estatal.

Cuadro 2. Vertientes de actuación del Estado en materia de política de innovación

- Inducción: instrumentos financieros, premios, mecanismos de mercado.
- Regulación: leyes, normas y reglamentos.
- Concertación: coordinación mediante convenios y/o complementación de esfuerzos.
- Fomento de la cooperación interinstitucional.
- Orientación mediante información oportuna y relevante.
- Fomento mediante la generación de condiciones propicias: capital humano e infraestructura.

Al mismo tiempo, los instrumentos pueden tener distinta orientación: *hacia la demanda*, para influir en la naturaleza de los requerimientos de empresas y organizaciones; las dirigidas *hacia la oferta*, relacionadas con las actividades científico-tecnológicas que producen, como resultado final, nuevos productos, recursos humanos y servicios científicos y tecnológicos; y los instrumentos *orientados hacia el fortalecimiento de las relaciones* entre los elementos de la demanda y oferta que intervienen en los sistemas de innovación, incluyendo aspectos de vinculación para I+D y producción (Wad, 1996).

De acuerdo con estudios recientes, los instrumentos de política científica, tecnológica y de innovación más comunes son (Bosch, 2000; Bianchi, 1996; CEET, 2002):

1. *Instrumentos financieros*:
   a) *Incentivos fiscales*: permiten que las empresas puedan realizar ciertas deducciones en los impuestos en función del gasto realizado en investigación y desarrollo.
   b) *Ayudas directas*: es financiamiento en forma de subvenciones, créditos a bajo o nulo interés para determinados proyectos de innovación.
2. *Compras públicas*: las dependencias gubernamentales compran bienes de alto contenido tecnológico a empresas privadas, motivando así que las empresas mejoren su capacidad tecnológica.
3. *Instrumentos no financieros*: con este tipo de acciones, las empresas no reciben financiamiento público, entre ellos están:

a) *Apoyo de actividades de I+D con fines de desarrollo industrial* en centros de investigación, universidades e institutos.
b) *Otras acciones de apoyo para la generación de innovación* o para las etapas posteriores a la realización de I+D, como son:

- *Sistema de protección de propiedad intelectual (PI)*: cumple una doble función al incentivar la innovación dado el monopolio temporal que implican los títulos de PI y, por otro lado, favorece la difusión del conocimiento tecnológico a través de la posibilidad de otorgar licencias sobre la tecnología.
- *Apoyo a la difusión de innovaciones*: con estos instrumentos se busca el uso de nuevos conocimientos tecnológicos entre el mayor número de usuarios potenciales. Tal es el caso de soporte comercial y estimulación del mercado de exportación, provisión de datos, estudios de soporte y análisis de mercado, servicios de asistencia técnica y consultoría e iniciativas de capacitación, sobre todo en gestión tecnológica.
- *Fomento de la cooperación entre agentes*: permite abordar grandes proyectos al compartir entre los participantes tanto los costos como los riesgos del desarrollo. Destacan las asociaciones de I+D, de transferencia tecnológica (universidad-industria y viceversa), incubadoras y *clusters* de innovación, creación de asociaciones o redes cooperativas.

4. *Regulación*: se puede orientar la actividad científica, tecnológica e innovadora a través de: mantenimiento de un nivel de competencia en los mercados que aporten las condiciones necesarias para la innovación, definiendo las "reglas del juego" para los distintos agentes que participan en el proceso innovador, o promoviendo la existencia de nuevos mercados y productos, el establecimiento de normatividad diversa, esquemas específicos de fomento a sectores, etcétera.

De la correcta articulación del conjunto de instrumentos que se implemente dependerá que las políticas sean efectivas. De igual forma, es fundamental la definición de una estrategia general, usualmente plasmada en la orientación de las políticas, que refleje la ruta trazada en los planes de desarrollo nacionales o, en su caso, regionales, que permitan la creación de sinergias entre los diversos instrumentos.

Los retos en materia de política regional de innovación

Una estrategia competitiva basada en el conocimiento debe fomentar un proceso colectivo de innovación que involucra a múltiples actores. Se reconoce ampliamente que la empresa es el actor decisivo, pero también que el proceso requiere la existencia de condiciones macroeconómicas adecuadas para la creación de un conjunto de externalidades favorables y especificidad regional, acorde con necesidades y condiciones socioeconómicas específicas.

Sin lugar a dudas, en nuestro país, uno de los retos más importantes para la consolidación de los sistemas de innovación es el compromiso por parte de los altos funcionarios y tomadores de decisiones en materia de políticas públicas, de promoción de la ciencia, la tecnología e innovación. Esta característica se deriva, en parte, de la amplia difusión en América Latina de modelos de crecimiento económico basados en la exportación de materias primas como fuente de ventajas competitivas, lo cual contrasta con la evidencia de los países más desarrollados que tienen una clara vocación hacia el desarrollo de sectores de mayor valor agregado. Los países que están a la vanguardia mundial reconocen ampliamente la relevancia de la ciencia y la tecnología como fundamento para alcanzar los mayores niveles de desarrollo y competitividad (Pérez y Rangel, 2005).

Como hemos demostrado en estudios previos (Solleiro, 2006), la ubicación de México en el escenario de la competitividad tecnológica internacional dista mucho de ser cercana a países desarrollados, de desarrollo intermedio y aun de los llamados "de nueva industrialización". Esta condición muestra una falta de correspondencia entre el crecimiento exportador y la preparación de una estructura tecnológica dinámica y competitiva. *México cuenta apenas con capacidades de innovación altamente dispersas y heterogéneas*. Aun cuando se cuenta con un pequeño número de empresas exportadoras, la mayoría de ellas controladas por firmas extranjeras, altamente calificadas, sólo algunas de ellas realizan actividades modestas de I+D, pero el modelo dominante es la adquisición de tecnologías del exterior, por resultar de procesos más sencillos de incorporación de innovaciones, pero que *reducen drásticamente la posibilidad de articulación interinstitucional para el refuerzo de sistemas de innovación.* Peor aún es el caso de otras empresas que no solamente recurren a la adquisición de tecnologías externas, sino que prefieren el suministro de partes e insumos del exterior, quebrando las cadenas de agregación de valor y el incentivo para las de suministro local.

Es claro que aunque existen empresas que pueden destacar solas en el concierto mundial, *son las capacidades productivas y tecnológicas del país y sus regio-*

nes, asociadas a la existencia de un mercado interno fuerte, lo que determina la competencia de una industria. Los encadenamientos internos siguen teniendo una importancia crucial para poder enfrentar los retos de inserción en el comercio mundial. El mercado interno y encadenamientos tecnológicos-productivos domésticos (enfatizamos que no sólo productivos) son "preparadores" en primer término de las capacidades tecnológicas de las empresas.

Ante esta perspectiva, es necesaria la definición de estrategias de desarrollo locales que permitan orientar los esfuerzos plasmados en las políticas, hacia un objetivo de refuerzo de las capacidades tecnológicas para que las empresas puedan innovar y ser más competitivas.

Pero este llamado a la generación de políticas tecnológicas regionales no está exento de problemas. Entre los principales conflictos reportados en la literatura internacional destacan (Cook y Memedovic, 2003):

- Las autoridades regionales no disponen de todo el bagaje de instrumentos disponible a nivel federal, por las limitaciones presupuestales y de competencia.
- La experiencia internacional ganada a nivel de políticas tecnológicas regionales aún es escasa y más bien se refiere a esfuerzos aislados sin la lógica que deriva de un plan tecnológico.
- A menudo se presenta el problema de que las necesidades tecnológicas de las empresas de la región no han sido diagnosticadas, puesto que la mayoría de los estudios y encuestas de innovación se realizan para el nivel nacional.

Por esto último, para la definición de la estrategia a seguir es de gran utilidad la realización de un diagnóstico que permita identificar el cúmulo de capacidades tecnológicas con que se cuenta, incluyendo su nivel de conocimientos, principales actividades orientadas hacia la innovación, y habilidades que puedan dilucidar oportunidades de mejora y el potencial de la región.

Este diagnóstico debe integrarse en un análisis de oferta y demanda de conocimiento y servicios tecnológicos para poder tomarlo como punto de partida para diseñar una estrategia coherente. No debe perderse de vista que un sistema regional de innovación será fuerte solamente en la medida en que cuente con vínculos entre fuentes internas y externas de conocimiento con las empresas de todo tamaño.

En México existen algunos esfuerzos realizados por las entidades gubernamentales para la formulación de sus propios planes y leyes de ciencia y tecnología, a través de lo cual se ha logrado poner a la CyT dentro de las agendas de los funcionarios. Pero éste es apenas un primer paso, pues la meta debe ser definir áreas de oportunidad que se puedan satisfacer (real o potencialmente) y que generen un efecto económico multiplicador en la entidad.

La orientación de la política es otro de los puntos más relevantes al momento de tomar decisiones: ¿hacia el fortalecimiento de las capacidades tecnológicas o hacia la mayor articulación del sistema de innovación? En México se debe trabajar en paralelo, es decir, por una parte, fortalecer las capacidades tecnológicas de los actores que lo requieran, y por la otra, atender a los requerimientos de vinculación entre los involucrados. No puede asumirse una postura ilusoria en la que creamos que nuestras capacidades tecnológicas son competitivas únicamente porque se cuenta con algunos centros de I+D en la región. Desde la perspectiva de la competitividad, es claro que tenemos una necesidad urgente de formación de esas capacidades y de establecer redes para integrarse a otras de innovación fuera de la región que tengan un efecto de impulso a la calidad de los actores internos.

Otro de los elementos que es necesario evitar para la formulación de políticas de innovación constituye un error comúnmente cometido, que se refiere a la noción de la ciencia, tecnología e innovación como un elemento aislado del resto de los elementos de política pública. Hay que concebir los aspectos de ciencia y tecnología en un contexto amplio, que se traduce en la articulación de las distintas políticas (educativa, industrial, comercial, de salud, etc.) con la científica y tecnológica y de innovación.

Finalmente, sin lugar a dudas, el principal obstáculo al que se enfrentan los gobiernos locales para la implementación de las políticas de innovación está relacionado con la posibilidad de financiar sus iniciativas a mediano y largo plazos. Por ello, es indispensable establecer negociaciones clave con los gobiernos nacionales y las grandes empresas para formar una base material, sin la cual la política quedará en el nivel retórico.

Conclusiones

Joan Subirats (2002), una especialista en políticas públicas, cita que en una conferencia sobre la nueva sociedad de la información, el rector de la Open University, John Daniel, afirmó: "Señoras y señores, las nuevas tecnologías son la respuesta. ¿Cuál era la pregunta?". Esto resalta la necesidad de que la política regional de innovación responda a objetivos, condiciones de factores y requerimientos de la sociedad y los sectores productivos de dicha región, por lo que no está de más repetirlo: dichas políticas deben ser definidas en concordancia con las estrategias de desarrollo local.

Una política pública de excelencia corresponde a aquellas acciones y flujos de información relacionados con un objetivo político definido en forma democrática; las que se desarrollan por el sector público y, frecuentemente, con la participación de la comunidad y el sector privado. Una política pública de calidad incluirá orientaciones o contenidos, instrumentos o mecanismos, definiciones o modificaciones institucionales, y la previsión de sus resultados.

Las políticas públicas de excelencia incluyen el aspecto político como su origen, objetivo, justificación o explicación pública. Si las políticas públicas no son enmarcadas en un amplio proceso de participación, ello puede sesgar a los actores públicos. En particular, en una política de innovación, la participación exclusiva de los especialistas suele conducir hacia la tecnocracia y el conflicto de intereses en la asignación de recursos.

Para el diseño de las políticas regionales es importante tener en cuenta las siguientes recomendaciones genéricas y algunas particulares para el tema de innovación:

- Fundamentación amplia y no sólo para la comunidad de ciencia y tecnología. Todos los sectores interesados deben tener claridad sobre la intención y el rumbo.
- Estimación de costos y de alternativas de financiamiento.
- Factores para una evaluación de costo-beneficio social.
- Beneficio social marginal comparado con el de otras políticas con el propósito de aclarar el nivel de prioridad que se asigna a esta política.
- Consistencia interna y agregada, con el objetivo de analizar la coherencia con otras políticas y acciones públicas, y qué marco normativo se plantea para las estrategias de otros.
- Análisis de apoyos y críticas probables (políticas, corporativas, académicas).
- Oportunidad política.
- Lugar en la secuencia de medidas pertinentes (¿qué es primero?, ¿qué condiciona qué?).
- Claridad de objetivos.
- Funcionalidad de los instrumentos.
- Indicadores (costo unitario, economía, eficacia, eficiencia).

En cuanto a cuestiones específicas, es esencial contemplar las siguientes recomendaciones:

- Ampliar de forma sustentada las inversiones para ciencia, tecnología e innovación, incentivando de manera agresiva la participación del sector privado.

Actualmente se ha logrado, a nivel federal, que la meta de inversión de 1% del PIB en investigación se haya elevado a rango de ley, pero nadie cree que dicha meta pueda cumplirse si no hay una multiplicación sustantiva de la inversión privada, la cual solamente puede darse si existen instrumentos de política más efectivos, con clara orientación a objetivos tecnológicos sectoriales, y con un componente de apoyo económico sustantivamente mayor a los actuales, y, en tal caso, si la aplicación de estos instrumentos se hace de manera eficiente y expedita.

- Romper con la concepción lineal del sistema de innovación que prevalece en el aparato institucional del país, dado que constituye un obstáculo a la formación de redes y articulaciones interinstitucionales para favorecer el flujo y la adopción de tecnologías en el sector productivo, a efectos de reforzar su competitividad sectorial, de acuerdo con lo expuesto en la sección respectiva de este trabajo. Debe quedar claro que no todas las innovaciones relevantes tienen que iniciarse en un proyecto de investigación científica ni existe en nuestra sociedad una asignación de papeles exclusivos. Todos los actores pueden hacer aportaciones creativas.
- Expandir y modernizar el sistema de formación de recursos humanos para la ciencia, tecnología e innovación.
- Modernizar y consolidar instituciones, regulaciones y programas de gestión de la ciencia, tecnología e innovación, y los mecanismos para su articulación con otras áreas de la economía.
- Intensificar la cooperación con otras instituciones en los planos nacional e internacional, a través de mecanismos comerciales y no comerciales.
- Incorporar la agenda de ciencia, tecnología e innovación en las relaciones de la región con el gobierno nacional y otros países.
- Promover una red de proveedores de servicios técnicos de apoyo a la innovación con especialización sectorial.
- Identificar mecanismos de fomento específicos orientados a disminuir las disparidades, respondiendo a una composición completamente heterogénea en cuanto a dotación de factores, capital humano, contexto socioeconómico y entorno para la competitividad. De no planearse una intervención diferenciada, la probabilidad de que se acentúe la disparidad económica y social entre los diferentes estados que componen a la nación es muy alta y sus consecuencias serían muy graves.

Por su parte, el gobierno regional debe asumir el papel de integrador del sistema de innovación y dirigir las políticas, pues es el actor social que puede asegurar la formación de sinergias tecnológicas entre sectores, así como entre instituciones y las empresas de diferentes tamaños. Las políticas específicas; los organismos estatales de apoyo, fomento y regulación; los programas; los recursos públicos y mecanismos financieros; las leyes, reglamentos y regulaciones; y los acuerdos que abren el acceso a la colaboración tecnológica internacional, son los "instrumentos" que hacen del Estado un coordinador efectivo de los esfuerzos para conformar las bases de un esquema y un proceso de cambio tecnológico para la acumulación continua de capacidades tecnológicas.

Aceptando que el Estado asume el papel de actor coordinador de la política de innovación, las empresas deben considerarse como los actores principales del proceso de innovación tecnológica. Su posibilidad de innovar se basa, en parte, en sus propias capacidades, pero también en su capacidad de adaptar y aplicar conocimiento que se ha generado en otra parte. Por ello, actualmente resulta muy claro que se puede innovar mediante la generación de conocimiento propio y, de manera cada vez más importante, por adquisición y adopción de conocimientos de otros. Este hecho, aunado a que la complejidad, costos y riesgos asociados a la innovación están creciendo, impone la necesidad de apreciar el valor y la importancia del establecimiento de redes y la colaboración interinstitucional para reducir el posible daño moral y los costos de transacción que llevan las empresas innovadoras. En el diseño de una política de innovación se deben encontrar nuevas formas de cooperación tecnológica, involucrando relaciones bi y multidireccionales encaminadas a compartir conocimientos y colaborar en investigación y desarrollo (I+D), capacitación, manufactura, gestión de información y mercadotecnia. Estas nuevas asociaciones tecnológicas entre instituciones diversas definen vínculos de conocimiento que le dan a las empresas la posibilidad de acceder a las capacidades y pericia de otras organizaciones con la finalidad de innovar.

Finalmente, las áreas mínimas en donde es fundamental construir instrumentos de política con especificidad regional son:

- Capacitación gerencial.
- Sistemas de información empresarial.
- Promoción de productos.
- Asimilación de tecnologías.
- Desarrollo externo de tecnologías.
- Selección de proveedores.
- Capacitación en aspectos básicos de calidad.
- Creación de capacidades en el uso de cómputo e informática.
- Comercio electrónico.
- Créditos para capital de trabajo, equipamiento y desarrollo tecnológico.

Bibliografía

Aguilar, L. (1996), *El estudio de las políticas públicas*, México, Porrúa.

Albornoz, M. (2001), "Política científica y tecnológica: una visión desde América Latina", *Revista Iberoamericana de Ciencia, Tecnología, Sociedad e Innovación*, núm. 1, septiembre-diciembre.

Amin, A. y K. Robins (1992), "Le retour des économies régionales? La géographie mythique de l'accumulation flexible", en G. Benko y A. Lipietz, *Les régions qui gagnent. Districts et réseaux: les nouveaux paradigmes de la géographie économique* (trad. al esp.: *Las regiones que ganan: los nuevos paradigmas de la geografía económica*), Valencia, IVEI, pp. 123-162.

Bianchi, P. (1996), *Nuevo enfoque en el diseño de políticas para las PYME: aprendiendo de la experiencia europea*, Cepal.

Bosch, H. (ed.) (2000), "Políticas de apoyo a la PYME", *Gestión de Tecnología*, disponible en: http://www.campus-oei.org/salactsi/gestec.htm (consultada el 4 de abril 2005).

CEET (2002), Benchmarking *de instrumentos financieros*, Madrid, Centro de Estudios Económicos Tomillo, colección Tecno-logia.

Cimoli, M. (2000), *Developing Innovation Systems. Mexico in a Global Context*, Londres, Continuum.

Comisión de las Comunidades Europeas (2000a), *European Commision's Communication. Challenges for Enterprise Policy in the Knowledge-driven Economy*, Union Europea, disponible en: http://idcrue.dit.upm.es/biblioteca/explorar_carpeta.php?id=27

________ (2000b), *European Commision's Communication Innovation 2000. Innovation in a Knowledge-driven Economy*, Unión Europea, disponible en: http://idcrue.dit.upm.es/biblioteca/explorar_carpeta.php?id=27

Cook, P. y O. Memedovic (2003), *Strategies for Regional Innovation Systems: Learning Transfer and Applications, Policy Papers*, Viena, United Nations Industrial Development Organization.

Cotec (1998), *El sistema español de innovación. Diagnósticos y recomendaciones. Libro blanco*, Madrid.

Dosi, G., R. Giannetti y P. Toninelli (1992), *Technology and Enterprise in a Historical Perspective*, Oxford, Clarendon Press.

________, C. Freeman, R. Nelson, G. Silverberg y L. Soete (1988), *Technical Change and Economic Theory*, Londres, Printer Publishers Limited.

Dutrénit, G. (2005), "Aprendizaje tecnológico, innovación y desempeño económico", ponencia presentada en la sesión 3 "Desarrollo tecnológico e innovación: el rol de la I+D privada" del *Foro Consultivo Científico y Tecnológico. Seminario permanente de discusión sobre las políticas de ciencia, tecnología e innovación en México*.

Feneuille, S. (1997), "Science and Technology in French Industry: Research and Innovation", *Technology in Society*, vol. 19, núms. 3 y 4, pp. 369-383.

Freeman, C. (1997), "The National System of Innovation in Historical Perspective", en D. Archibugi, J. Michie (eds.), *Technology, Globalization and Economic Performance*, Cambridge, Cambridge University Press.

Gertler, M. (2003), "Tacit Knowledge and the Economic Geography of Context, or The Undefinable Tacitness of Being (There)", *Journal of Economic Geography*, núm. 3, pp. 75-99.

Lundvall, B. (1985), *Product Innovation and User-Producer Interaction*, Aalborg, Aalborg University Press.

________ y S. Borrás (1997), *The Globalizing Learning Economy: Implications for Innovation Policy*, Bruselas, European Commision.

________ (1988), "Innovation as an Interactive Process: From User-Producer Interaction to the Nacional System of Innovation", en G. Dosi, C. Freeman, R. Nelson, G. Silverberg y L. Soete, *Technical Change and Economy Theory*, Londres, Printer Pub.

Malmberg, A. y P. Maskell (2002), "The Elusive Concept of Localization Economies: Towards a Knowledge-Based Theory of Spatial Clustering", *Environment and Planning A*, núm. 34, pp. 429-449.

Metcalfe, S. (1995), "The Economic Foundations of Technology Policy: Equilibrium and Evolutionary Perspectives", en P. Stoneman (ed.), *Handbook of the Economics of Innovation and Technological Change*, Oxford, Blackwell Publishers.

Morgan, K. (1997), "The Learning Region: Institutions, Innovation and Regional Renewal", *Regional Studies*, vol. 31, núm. 5, pp. 491-503.

Nadal, A. (1977), *Instrumentos de política científica y tecnológica en México*, México, El Colegio de México.

Nelson, R. (1993), *National Innovation Systems*, Nueva York, Oxford University Press.

Niosi, G., P. Saviotti, B. Bellon y M. Crow (1993), "National System of Innovation: In Search of a Workable Concept", *Technology in Society*, vol. 15.

OECD (1999), *Managing National Innovation Systems*, París, Organisation for Economic Cooperation and Development.

Olson, M. (1982), *The Rise and Decline of Nations: Economic Growth, Tagflation and Social Rigidities,* New Haven, Yale University Press.

Pérez, R. y J. Rangel (2005), *Ciencia, tecnología y proyecto nacional*, México, ANUIES.

Porter, M. (1998), *On Competition*, Boston, Harvard Business School Press.

Ritter, E. (2005), *La gestión de la transferencia de tecnología de la universidad al sector productivo: un modelo para Brasil*, tesis doctoral, México, Universidad Nacional Autónoma de México.

Sagasti, F. (1981), "Una aproximación a la investigación sobre política científica y tecnológica", *Ciencia y Tecnología y Desarrollo Latinoamericano, ensayos de Francisco Sagasti*, México, Fondo de Cultura Económica.

Salom, J. (2003), "Innovación y actores locales en los nuevos espacios económicos: un estado de la cuestión", *Boletín de la A. G. E.*, núm. 36, Valencia, pp. 7-30.

Sierra, P. (2002), "Políticas para la consolidación de los sistemas locales de innovación en la Argentina", *Revista Iberoamericano de Ciencia, Tecnología, Sociedad e Innovación*, núm. 4, septiembre-diciembre.

Solleiro, J. L. (2006), *El Sistema Nacional de Innovación y la competitividad del sector manufacturero en México*, México, Plaza y Valdés.

Subirats, J. (2002), *Los dilemas de una relación inevitable. Innovación democrática y tecnologías de la información y de la comunicación*, Universidad Autónoma de Barcelona.

Wad, A. (1996), "Las políticas científicas y tecnológicas", en J. Salomon, F. Sagasti y C. Sachs, *Una búsqueda incierta. Ciencia, tecnología y desarrollo,* México, Fondo de Cultura Económica.

Sobre los autores

Adina Moloman

Es maestra en Desarrollo Regional por El Colef-Tijuana. Actualmente es gerente de relaciones públicas y *marketing* en Dinamic Comunications.

Adriana Martínez

Es maestra en Economía y Gestión del Cambio Tecnológico por la UAM-X y doctora en Estudios Sociales por la Universidad Autónoma Metropolitana-Unidad Iztapalapa. Su tesis doctoral obtuvo el primer lugar en el Premio Nacional a la Investigación Laboral 2005 por la Secretaría del Trabajo y Previsión Social. Actualmente es coordinadora de Estudios y Política Científica y Tecnológica del Consejo de Ciencia y Tecnología del Estado de Guanajuato y profesora-investigadora en la UIA León. Miembro del SNI. Sus líneas de investigación son: aprendizaje tecnológico, capacidades de innovación y política industrial.

Alejandro Moreno

Maestro en Economía y Gestión de la Innovación por la UAM-X (2006). Ingeniero mecánico por la UAM-Azc. (2003). Especialista en temas asociados a la construcción de capacidades tecnológicas y de absorción en las empresas, evaluación de proyectos, propiedad industrial y transferencia tecnológica. Actualmente colabora en la Dirección de Vinculación Empresarial y Patrimonio Intelectual del Instituto de Ciencia y Tecnología del Distrito Federal.

Alfredo Hualde

Investigador del Departamento de Estudios Sociales del Colegio de la Frontera Norte y desde mayo de 2009 director general académico de dicha institución. Sus áreas de especialización son Territorio, Innovación y Empleo en la Frontera Norte de México, donde ha desarrollado trabajos de investigación sobre la maquiladora electrónica, aeroespacial y la industria del *software*. Ha publicado alrededor de 40 artículos en revistas científicas nacionales e internacionales. Ha sido asesor de OIT y CEPAL, y es miembro, entre otros organismos, del Board RC-3o de la Asociación Internacional de Sociología. También es miembro del Sistema Nacional de Investigadores.

Arturo Lara

Es economista y doctor en Ciencias Sociales por El Colegio de México, con estudios posdoctorales en Administración en la Universidad de Quebec de Montreal (UQAM), Canadá. Profesor-investigador de la Universidad Autónoma Metropolitana-Xochimilco en el posgrado de Economía y Gestión de la Innovación. Es miembro del SNI; sus principales publicaciones y líneas de investigación se relacionan con temas de innovación, industrialización y economía institucional.

Carmen Bueno

Es profesora-investigadora en el posgrado de Antropología Social de la Universidad Iberoamericana, ciudad de México. Estudió el doctorado en Ciencias Sociales por la Universidad Iberoamericana. Pertenece al SNI y es miembro de la Academia Mexicana de Ciencias. Sus temas de investigación y publicaciones giran alrededor de las expresiones locales de lo global y de los procesos de innovación en empresas globales.

Daniel Villavicencio

Es doctorado en Sociología Industrial y de la Innovación por la Universidad de Lyon, Francia (1989). Es profesor-investigador de la Universidad Autónoma Metropolitana-Xochimilco, en el posgrado de Economía y Gestión de la Innovación, del cual fue fundador en 1992 y coordinador de 2004 a 2007. Ha sido consultor para organismos internacionales como OCDE, BID y Banco Mundial. Es miembro del SNI desde 1990 y sus principales temas y líneas de investigación se refieren al aprendizaje tecnológico y organizacional, sistemas de innovación, política de ciencia y tecnología. Ha publicado mas de 40 artículos y capítulos en libros sobre estos temas.

Federico Stezano

Es sociólogo por la Universidad de la República del Uruguay, y maestro en Ciencias Sociales por la Flacso-México. Allí finaliza actualmente su doctorado en Ciencias Sociales, desarrollando una investigación que analiza redes de transferencia ciencia-industria en México, Canadá y Estados Unidos.

Graciela Carrillo

Es profesora-investigadora de la Universidad Autónoma Metropolitana Unidad Xochimilco (UAM-X), doctora en Economía Internacional y Desarrollo Económico por la Universidad de Barcelona, España; maestra en Economía y Política Internacional por el Centro de Investigación y Docencia Económica (CIDE), México, y licenciada en Planificación para el Desarrollo Agropecuario por la Universidad Nacional Autónoma de México (UNAM), ENEP Aragón. Ha publicado varios artículos sobre industria y medio ambiente. Es miembro del Sistema Nacional de Investigadores.

Jorge Carrillo

Es doctor en Sociología por El Colegio de México e investigador del Colef desde su fundación en 1982. Es miembro del SNI y de la Academia Mexicana de Ciencias. Su principales temas de investigación y publicación son: empleo, innovación, desarrollo industrial y cadenas de valor en corporaciones multinacionales en México.

José Luis Solleiro

Es ingeniero industrial (UNAM) y doctor en Gestión Tecnológica por la Universidad Técnica de Viena. Fue fundador del Centro para la Innovación Tecnológica de la UNAM. Es investigador titular del Centro de Ciencias Aplicadas y Desarrollo Tecnológico y miembro del SNI. Ha asesorado empresas, instituciones académicas y organismos internacionales en cuestiones de política y gestión de la innovación. Actualmente es director general de Vinculación de la Universidad Nacional Autónoma de México.

Katia Luna

Es economista con maestría en Política y Gestión del Cambio Tecnológico por el IPN y estudiante del doctorado en Economía de la Tecnología en la UNAM. Ha realizado consultoría en temas de políticas tecnológicas y de innovación e investigación sobre sistemas regionales, sectoriales y nacionales de innovación. Labora en la Coordinación de Innovación y Desarrollo de la Universidad Nacional Autónoma de México.

Manuel Soria

Es licenciado en Economía (UAM-Iztapalapa), doctor en Estudios Organizacionales (UAM-Iztapalapa) y miembro del SNI. Es profesor e investigador del Departamento de Producción Económica y desde 2007 es el coordinador del posgrado en Economía y Gestión de la Innovación en la UAM-Xochimilco. El tema central de su investigación es la economía de la innovación, la propiedad intelectual y el conocimiento tradicional en México y los países en desarrollo. Ha publicado diversos artículos y ensayos sobre la propiedad intelectual y las patentes en México, y sobre los procesos de innovación en las organizaciones de I+D en México.

Mónica Casalet

Es profesora-investigadora de la Facultad Latinoamericana de Ciencias Sociales, sede México, miembro del SNI, miembro fundador de la Academia Mexicana de Tecnología y miembro regular de la Academia Mexicana de Ciencias. Sus líneas de investigación y múltiples publicaciones son sobre innovación y política científica y tecnológica. Es consultora *senior* en CEPAL-BID y otros organismos internacionales.

Pedro Luis López-De Alba

Es doctor en Ciencias con especialidad en Química Analítica Avanzada en la Universidad de Extremadura, España, logrando el Premio Extraordinario a la mejor tesis leída en la Universidad en el ciclo 1992-1993. Su área de especialidad es el desarrollo de nuevos métodos analíticos para la cuantificación de iones metálicos, aditivos alimentarios, fármacos y pesticidas, utilizando como técnicas de detección la espectro-fotometría, la polarografía, la CLAR y la espectrofluorimetría. Pertenece al SNI desde 1986. Pertenece a la Academia Mexicana de Ciencias. Miembro fundador del Consejo Consultivo del propio SNI. Actualmente es investigador en el Instituto de Investigaciones Científicas de la Universidad de Guanajuato y director del Consejo de Ciencia y Tecnología del Estado de Guanajuato (Concyteg)

Raul Pacheco-Vega

Es ingeniero químico por la Universidad de Guanajuato (Guanajuato, México), maestro en Administración de Tecnología Avanzada y doctor en Manejo de Recursos y Estudios Ambientales por The University of British Columbia (Vancouver, Canadá). Especialista en política ambiental, gestión, economía y política de ciencia y tecnología, desarrollo regional. Sus publicaciones más recientes en el área de innovación y teoría de *clusters* examinan la política de innovación en México y el uso de distritos industriales como panaceas en el desarrollo industrial regional.

Redi Gomis

Es doctor en Ciencias Sociales por El Colegio de la Frontera Norte, institución en la que actualmente trabaja como profesor-investigador de tiempo completo. Es miembro del SNI. Se interesa, fundamentalmente, por las cuestiones de industria y trabajo en la frontera norte de México, especialmente relacionadas con las nuevas tecnologías de la información y la industria del *software*, temáticas sobre la que ha publicado diversos artículos en revistas especializadas.

Rosario Castañón

Es ingeniera química, maestra en Planeación y doctora en Administración de Organizaciones por la UNAM. Su principal línea de investigación es la gestión de la innovación tecnológica, en donde se ha especializado en los siguientes temas: inteligencia tecnológica, gestión de la propiedad intelectual y transferencia de tecnología. Actualmente es directora de Transferencia de Tecnología de la Dirección General de Vinculación de la Universidad Nacional Autónoma de México.

Sistemas de Innovación en México: regiones, redes y sectores
se terminó de imprimir en diciembre 2009
en los talleres de Grupo H Impresores,
Sabino número 12, colonia El Manto,
delegación Iztapalapa. C.P. 09830, México, D.F.
El tiraje consta de 1 000 ejemplares